U0156103

铁型覆砂铸造及其应用

黄列群　潘东杰　沈永华　编　著

机械工业出版社

本书全面系统地介绍了铁型覆砂铸造技术。主要内容包括：绪论、铁型覆砂铸造理论基础、覆砂工艺及覆砂材料、铁型覆砂铸造合金熔炼及质量控制、铁型覆砂铸造工艺设计、铁型覆砂铸造的工装设计与制造、铁型覆砂铸造的生产线设备及车间设计、铁型覆砂铸造中的环境治理和节能、铁型覆砂铸件质量控制。本书以作者长期从事铁型覆砂铸造技术的研究和应用成果为基础，反映了我国在铁型覆砂铸造领域的现状和发展水平，具有很强的实用性。

本书可供铸造工程技术人员、工人阅读使用，也可供相关专业的在校师生和科研人员参考。

图书在版编目（CIP）数据

铁型覆砂铸造及其应用 / 黄列群，潘东杰，沈永华编著 . — 北京：机械工业出版社，2019.12（2023.12 重印）
ISBN 978-7-111-64230-5

Ⅰ . ①铁… Ⅱ . ①黄…②潘…③沈… Ⅲ . ①特种铸造 Ⅳ . ① TG249
中国版本图书馆 CIP 数据核字（2019）第 275713 号

机械工业出版社（北京市百万庄大街 22 号 邮政编码 100037）
策划编辑：陈保华 责任编辑：陈保华 李含杨
责任校对：张 薇 封面设计：马精明
责任印制：郜 敏
北京富资园科技发展有限公司印刷
2023 年 12 月第 1 版第 2 次印刷
169mm×239mm · 16.5 印张 · 328 千字
标准书号：ISBN 978-7-111-64230-5
定价：69.00 元

电话服务   网络服务
客服电话：010-88361066   机 工 官 网：www.cmpbook.com
          010-88379833   机 工 官 博：weibo.com/cmp1952
          010-68326294   金 书 网：www.golden-book.com
策划编辑：010-88379734   机工教育服务网：www.cmpedu.com
封底无防伪标均为盗版

序

　　铸造是现代制造业的重要基础工艺，在很多领域已成为关键产品和高端技术装备的重要技术支撑。《中国制造2025》提出要加强"四基"创新能力建设，作为基础工艺的铸造行业要建立和健全基础工艺创新体系，提升铸造工艺技术水平和关键铸件自主制造能力。按照"创新、协调、绿色、开放、共享"的新发展理念，先进铸造行业要走资源节约型、环境友好型发展之路，助推制造强国目标早日实现。

　　铸造是历史最悠久的基础工艺之一，而绿色、节能、高致密、高质量、近净成形已成为先进铸造技术的发展方向。铁型覆砂铸造作为一种先进铸造技术，其历史并不长，但发展潜力巨大。国外对铁型覆砂铸造技术的研究和应用从20世纪50年代后期开始，用于发动机球墨铸铁曲轴、凸轮轴等铸件的生产。从20世纪70年代开始，机械研究总院、浙江省机械科学研究所、浙江大学、华中工学院（现华中科技大学）等开始进行铁型覆砂铸造技术试验研究，20世纪70年代末，在个别企业实现了S195曲轴铸件的小批量生产应用。

　　铁型覆砂铸造技术通过设计合理的铁型壁厚和覆砂层厚度来控制铸件的冷却顺序和冷却速度，使铸件的充型、凝固和冷却过程在一个理想和有利的条件下完成，可最大限度地消除产生铸造缺陷的因素，显著提高了铸件的质量和力学性能，成为一种生产高致密、高质量铸件的先进铸造技术。本书编著者从20世纪80年代开始进行铁型覆砂铸造技术研究，30多年来他们继承和发扬了前人的研究成果，在铁型覆砂材料、工艺、设备等方面进行了系统的研究和开发，实现了铁型覆砂铸造技术在我国的成功应用和扩大推广。据悉，目前我国每年用铁型覆砂铸造工艺生产的高质量铸件达100万t以上，铁型覆砂铸造已成为一种重要的近净成形先进铸造技术。

　　本书作为铁型覆砂铸造领域唯一的专著，比较系统地介绍了该领域现有的研究成果、工艺设计要点及设备等相关配套技术，并提供了大量铁型覆砂铸造成功应用的实例。深信本书能给从事铸造技术及设计的工程技术人员提供技术借鉴和启发，并给铸造行业推荐一种环保、节能、近净成形的先进铸造技术。

中国工程院院士

清华大学教授

前　言

铁型覆砂铸造是指在与铸件轮廓近形的铁型内腔覆上一层型砂而形成铸型的一种铸造技术。该技术既具有壳型精密铸造的高精度和低表面粗糙度值等优点，又具有金属型铸造的组织致密和铸造缺陷少等优点，在生产中得到了日益广泛的应用。

本书编著者30多年来一直从事铁型覆砂铸造工艺和配套技术的研究及应用推广工作。编著者所在的浙江省机电设计研究院拥有一支由5名铸造专业正高级工程师领衔的铸造团队，主要从事铁型覆砂铸造工艺研究、全套工装和生产线设备提供，以及该技术应用领域的拓展和推广等工作，是国家科技部认定的铁型覆砂铸造技术依托单位；20余年来，每年均为100家以上铸造企业提供铁型覆砂铸造技术支持并每年建成10条以上铁型覆砂铸造生产线，累计已为400多家铸造企业提供了600多条生产线，得到了铸造企业的信赖与支持。

本书是编著者所在团队40余年在铁型覆砂铸造领域所做工作的如实记载和总结，内容理论与实际相结合，侧重于生产应用，全书共9章。编写本书的目的是总结和反映铁型覆砂领域铸造技术、生产经验和研究成果等，以更好地服务于生产和科研。

本书专业性和实用性强，内容深入浅出，通俗易懂，可供铸造工程技术人员、工人阅读使用，也可供相关专业的在校师生和科研人员参考。

本书由黄列群、潘东杰和沈永华编著，楼白杨和夏小江参与了资料收集、整理和排版工作。参与早期工作的还有徐汉藩、吴武文、范广业、吴元福、薛存球等。

本书承清华大学柳百成院士撰写序言，谨致以最深切的谢意。

由于编著者水平有限，又兼时间仓促，书中有疏漏不妥之处，请广大读者给予指正。

编著者

目 录

第1章　绪　　论

　　铸造是关系国计民生的重要行业，是汽车、石化、钢铁、电力、造船、纺织、装备制造等产业的基础工业。近年来我国铸件产量已达 4000 多万吨，成为世界第一铸造大国，并正在向铸造强国努力。

　　在这 4000 多万吨铸件的生产中，砂型铸造由于适应性广和生产准备简便等特点，一直是铸造生产中应用最广的基本工艺。但是，砂型铸造生产的铸件常会存在尺寸精度、表面质量和内在质量不高等现象，在生产某些铸件时的技术经济指标也比较低。因此，除了砂型铸造以外，通过改变铸型的材料、浇注的方式、铁液充型的形式和铸件凝固的条件等因素，形成了多种有别于砂型铸造的特种铸造，如熔模铸造、金属型铸造、压力铸造、离心铸造、真空吸铸、磁型铸造、挤压铸造等。

　　铁型覆砂铸造（sand-lined iron mold casting）是通过改变砂型铸造的铸型材料和铸件凝固条件等因素形成的一种特种铸造工艺。当用于生产特定的铸件时，通过正确地设计和控制铁型覆砂铸造工艺工装、专机设备、铁液成分、生产规程等参数和环节，可进行高质量铸件的大批量近净成形生产，具有非常好的技术经济效益。目前我国经济进入高质量和绿色发展时期，"优质铸件"和"节能减排"是当前铸造行业的主题，铁型覆砂铸造因此迎来了发展的大好时机。

　　本书涉及的铁型覆砂铸造是指用于大批量生产、通过射砂方式进行覆砂造型的铁型覆砂铸造工艺和设备等，对于人工覆砂生产大型机车曲轴和钢锭模等铸件的铁型覆砂铸造生产方式涉及很少。

1.1　铁型覆砂铸造发展历史

　　铁型覆砂铸造于 1956 年由 Jack Stoocks 发明，美国称铁型覆砂铸造为 X 法，日本以"型腔衬壳型铸造法"注册，实际生产中都有少量的应用。苏联在 20 世纪 70 年代初对铁型覆砂铸造的传热冷却规律、覆砂层材料成分和厚度、覆砂工艺、铁型结构、生产线及主要专机等进行了系统的研究，并于 1974 年在哈尔科夫"镰刀与锤子"发动机制造厂建成了第一条生产发动机曲轴的双工位铁型覆砂铸造生产线，其主要参数：铁型尺寸（长 × 宽 × 高）为 1300mm×1000mm×200mm，生

产线面积 $43 \times 8.5 m^2$，年产 СМД-14 型曲轴 15 万件，每班 9 名工人操作。与该厂原来的砂型铸造相比，废品率减少了 80%，成本降低了 18%；投资回收期 1.9 年，取得了很好的技术经济效益。

我国铁型覆砂铸造的试验和应用工作是从 1975 年前后开始的，经历了试验研究、个别企业的少量应用、扩大应用和逐步完善、行业认可、规范提高、全面推广应用等阶段，但这些过程往往是交替进行的。例如，规范提高的阶段现在还没有完成，而是边规范提高边推广应用地向前发展的。

1.1.1　试验研究和少量应用阶段

从 1975 年开始，中国机械科学研究院、浙江省机械科学研究所（简称浙江机科所）、上海内燃机研究所、上海冶金研究所、永康拖拉机厂、常州柴油机厂以及浙江大学、华中工学院等单位，开始对铁型覆砂铸造进行比较全面的工艺研究，分别从铁型覆砂铸造工艺本身到实现方法、铁型覆砂铸造对铸件性能的影响、实际生产应用等方面进行了独立或联合研究。

1979 年 11 月 17 日—20 日，农机部在永康拖拉机厂组织召开"铁型覆砂铸造 S195 球墨铸铁曲轴"项目总结和技术鉴定会。当时项目的主要设备和工艺数据为：覆砂层材料是自行冷法混制的 2123 酚醛树脂砂，由改装的 Z8525 射芯机完成覆砂造型，每型布置 2 件曲轴。现场实际生产了 62 件曲轴。经检验和统计：铁型覆砂铸造曲轴简易生产线实用、稳定、投资少，具有 15000 件 S195 曲轴毛坯的年生产能力；QT700-2 曲轴的废品率为 12.9%。从此，我国第一条简易铁型覆砂铸造生产线在永康拖拉机厂铸造车间投产。图 1-1 所示为当时的上下铁型和模板。

图 1-1　铁型和模板

到 1986 年，具有上述特征的铁型覆砂铸造单缸曲轴工艺和简易生产线在上虞动力机厂、望都曲轴连杆厂、皖北曲轴厂、侯马内配厂、永安内配厂、金华内配厂、新乡内配厂等企业试制，并在前 6 家企业成功投入生产应用，部分取代原来的砂型铸造生产单缸曲轴。期间进行了 S195 凸轮轴和 95 缸套的铁型覆砂铸造工艺设计和试验，但未能应用于实际生产。1986 年，常州柴油机厂 S195 曲轴铁型覆砂铸造项目通过机械工业部验收，投入生产。

1.1.2　扩大应用和逐步完善阶段

1987 年，吉林大华机器厂从浙江机科所引进铁型覆砂铸造技术和设备，生产 S195 曲轴；1988 年，长春 133 厂从浙江机科所引进铁型覆砂铸造技术和设备，生产升降机阀体铸件；1990 年，武义球墨铸铁厂从浙江机科所引进铁型覆砂铸造技术和设备，生产 S195 曲轴；1990 年，望都曲轴连杆厂和山西侯马内配厂分别从浙江机科所引进铁型覆砂铸造技术和设备，生产 V8 曲轴，并首次采用"铁芯覆砂"；1991 年，江山铸锻件厂、杭州曲轴厂、望都曲轴连杆厂、洛阳富兴公司等分别从浙江机科所引进铁型覆砂铸造技术和设备，生产 492Q 等曲轴；1992 年，赤峰汽车配件厂、安新机械厂、山东九羊集团、东沟志愿军拖拉机厂、山东振华机器厂等分别从浙江机科所引进铁型覆砂铸造技术和设备，生产六缸和四缸等曲轴；1993 年，全椒柴油机厂、辛集曲轴厂、沈阳第一曲轴厂、百色矿山机械厂、德清双箭耐磨材料厂等分别从浙江机科所引进铁型覆砂铸造技术和设备，生产铸件品种不断扩大。

1993 年 3 月 12 日，机械工业部在上虞动力机厂主持召开四缸曲轴铁型覆砂铸造技术现场鉴定会；1994 年，第一台铁型覆砂铸造覆砂造型专机——2ZF25 双工位覆砂造型机通过浙江省成果鉴定，并正式用于铁型覆砂铸造生产。

铁型覆砂铸造在大量企业的应用，使铁型覆砂铸造工艺和设备有了不断完善和提高的需求和机会，这个阶段铁型覆砂铸造技术的主要进步是：①铁型覆砂铸造工艺积累了大量成功经验，表现在铁型覆砂铸造的应用，成功地实现了从单缸曲轴向多缸曲轴的突破，并被曲轴行业广泛认可，以及铁型覆砂铸造成功应用于阀体、磨盘等非曲轴类件的铸造生产，大大拓展了铁型覆砂铸造的应用领域。②研制成功铁型覆砂专用造型机，解决了原来改装射芯机存在的受力不合理、夹紧力不足和投影面积小等问题；规范了铁型覆砂铸造生产线，使原来比较简单的铁型覆砂铸造生产线得到了改进。③ 随着酚醛树脂性能的提高，尤其是覆膜砂应用的扩大，铁型覆砂铸造型砂使用了覆膜砂，不再由使用单位自行混制，也促进了铁型覆砂铸造的推广应用，提高了覆砂造型质量。

1.1.3　行业认可、规范提高阶段

1995—1999 年，保定电影机械厂、宜兴机械总厂、德阳东工铸锻造厂、上海汽车铸造总厂球墨铸铁厂、路城曲轴厂、哈尔滨曲轴厂、新晃机械制造总厂、南通铸管厂、磁县汽车配件厂、江岸车辆厂、湖北内燃机配件总厂、山东时风集团、西安华兴实业公司、江铃汽车铸造厂、海安机械总厂等企业，分别从浙江省机电设计研究院（以下简称浙江机电院，其前身即浙江机科所）引进铁型覆砂铸造技术和设备，生产的铸件品种不断扩大。众多企业的应用，尤其是一些大型企业的应用，对铁型

覆砂铸造工艺和生产线提出了更高的要求。随着铁型覆砂铸造工艺计算机辅助设计的采用，铁型覆砂铸造企业实际生产问题的不断提出和解决，尤其是大量铁型覆砂铸造技术人员的锻炼成长，进一步促进了铁型覆砂铸造工艺和生产技术的发展。

1996 年 6 月 16 日，机械工业部对"铁型覆砂铸造技术"进行了全面总结和鉴定，认为铁型覆砂铸造节能节材，经济效益和技术效益显著，并给予了高度的评价和认可。1997 年 5 月，机械工业部成果处在上海球墨铸铁厂生产现场主持召开了全国铁型覆砂铸造推广会，100 余位代表参会，浙江机电院和上海球墨铸铁厂分别做了全面的发言介绍。1997 年，机械工业部成立"机械工业部铁型覆砂铸造推广中心"，中心挂靠在浙江机电院，铁型覆砂铸造的应用推广工作得到了机械工业部科技司的直接指导和支持。1999 年，机械工业部科技司把铁型覆砂铸造技术列入"九五"国家科技成果重点推广计划（国科发计【1999】378 号），指定了技术依托单位。1999 年 6 月 15 日，浙江机电院承担的"铁型覆砂铸造球墨铸铁件计算机凝固模拟研究"项目通过鉴定，铁型覆砂铸造工艺设计全面采用计算机软件的辅助设计。2009 年，全国铸造标准化技术委员会设立铁型覆砂铸造组，制定并发布了机械行业标准 JB/T 12281—2015《铁型覆砂造型机》，这是铁型覆砂铸造领域的第一个行业标准。2015 年，中国铸造协会将铁型覆砂铸造列入铸造行业"十三五规划"重点推荐的新工艺和新技术。

1.1.4 全面推广应用提高阶段

这个阶段的主要标志是采用铁型覆砂铸造生产的铸件种类不断增加，铁型覆砂铸造生产线的机械化水平不断提高，主要表现在以下几个方面。

1. 铁型覆砂铸件种类不断增加

从 2000 年开始，武汉江岸车辆厂、北京二七车辆厂、沈阳机车厂等先后应用铁型覆砂铸造生产斜楔和旁承座等火车铸件，并在铁路行业推广。近年来，铁路机车制造行业还应用铁型覆砂铸造生产电机座等高铁铸件，均取得了较好的技术经济效益。

2004 年，德兴铜矿在浙江机电院的帮助下，建成了磨球铁型覆砂铸造生产线；2008 年，甘肃金昌集团紧接着建成了两条磨球铁型覆砂铸造生产线。在中国铸造协会耐磨分会的推动下，先后在宁国、唐山等地建成了多条磨球铁型覆砂铸造生产线。据估计，目前铁型覆砂铸球的年生产量为 60 万 t 以上。

2002 年，荆州拉管厂应用铁型覆砂铸造生产方向器壳体铸件；2003 年，重庆特钢铸造厂应用铁型覆砂铸造生产汽车转向节铸件；2007 年，中集驻马店铸造厂应用铁型覆砂铸造生产铸铁轮毂，均取得成功。近年来，许多企业应用铁型覆砂铸造生产汽车前后悬架、行星架、制动鼓、轮边器壳体、桥壳等各类汽车底盘铸件，作为汽车轻量化的重要毛坯工艺受到重视，是目前铁型覆砂铸造应用推广的重要领域。

2008 年以后，铁型覆砂铸造用于电梯曳引机、压缩机螺杆、飞轮、泵阀等铸件的生产，均取得了较大的成功。其中，电梯曳引机铸件目前已基本采用铁型覆砂铸造进行生产。

目前，超过千家企业在生产中应用了铁型覆砂铸造工艺，近千种铸件采用铁型覆砂铸造工艺进行大批生产，年生产铁型覆砂铸件 150 万 t 以上。部分典型铁型覆砂铸件如图 1-2 所示。

图 1-2 典型铁型覆砂铸件

2. 铁型覆砂铸造生产线机械化水平不断提高

2004 年，德兴铜矿建成了当时机械化水平最高的铁型覆砂铸造生产线；2006年，玉柴配件公司建成了生产多缸曲轴的机械化铁型覆砂铸造生产线；2007 年，中集华骏驻马店铸造厂建成了生产轮毂的机械化铁型覆砂铸造生产线；2010 年，柳机动力公司建成了生产多缸曲轴的机械化铁型覆砂铸造生产线；2011 年，河北奥迪爱建成了生产多缸曲轴的机械化铁型覆砂铸造生产线。机械化铁型覆砂铸造生产线如图 1-3 所示。目前，绝大多数铁型覆砂铸造生产线是机械化铁型覆砂铸造生产线（见图 1-3）或简单机械化铁型覆砂铸造生产线（见图 1-4）。

图 1-3 机械化铁型覆砂铸造生产线　　图 1-4 简单机械化铁型覆砂铸造生产线

铁型覆砂铸造工艺向着近净成形铸造方向发展，铁型覆砂铸造生产线对机械化、自动化、智能化的要求不断提高，是铁型覆砂铸造不断发展提高的努力方向。

1.2 铁型覆砂铸造工艺过程

1.2.1 铁型覆砂铸造概念

铁型覆砂铸造又称为覆砂金属型铸造。金属型铸造的涂料厚度为 0.2~0.4mm。当用于生产球墨铸铁类铸件时，由于铸件冷却速度太快等原因仍有一定的困难；若改为型砂，涂料厚度增加到 4~8mm，就能适应球墨铸铁类铸件的生产。因此，有文献将铁型覆砂铸造归入金属型铸造，而且是涂料很厚的金属型。如果能把金属型铸造的涂料厚度增厚 20 倍左右，金属型铸造就变成了铁型覆砂铸造。

铁型覆砂铸造工艺流程如图 1-5 所示。铁型覆砂铸造是在近形的铁型内腔覆上一层薄砂形成型腔；通过经验设计、工艺试验、计算机模拟和生产验证等方法，确定合理的铁型壁厚和覆砂层厚度，使铸件的充型、凝固和冷却过程在一个比较理想的条件下完成，最大限度地消除了产生铸造缺陷的影响因素，从而大大提高了铸件的质量。铁型覆砂铸造的铸件、覆砂层和铁型的相对位置如图 1-6 所示。

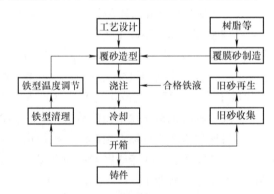

图 1-5 铁型覆砂铸造工艺流程

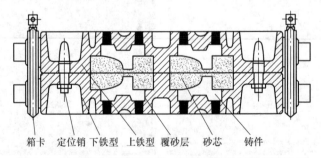

箱卡 定位销 下铁型 上铁型 覆砂层 砂芯 铸件

图 1-6 铁型覆砂铸造的铸件、覆砂层和铁型的相对位置

铁型覆砂铸造充分吸取了壳型铸造和金属型铸造两种特种铸造工艺的优点，当用于特定铸件生产时，具有显著的技术经济优势。此外，铁型覆砂铸造除了可以通过改变覆砂层厚度等参数比较容易调节不同铸件的冷却速度以外，还有比壳型铸造用砂量更少、铸型刚度更好，比金属型工装使用寿命更长等优点。

1.2.2 铁型覆砂铸造的生产实现

铁型覆砂铸造要有效、经济、可靠地用于实际铸件生产，至少必须考虑并解决以下问题：

1）掌握铁型覆砂铸件的结晶凝固和冷却规律，用于指导铁型和覆砂层参数的设计。影响铁型覆砂铸件在铸型中结晶凝固和冷却的因素有铸件壁厚（模数）、铸件材质、浇注温度、覆砂层材料、覆砂层厚度、铁型材质、铁型壁厚以及铸型在浇注前的温度等。在工艺条件基本确定后，对具体铸件结晶凝固和冷却影响最大的是铸件壁厚（模数）、覆砂层厚度和铁型壁厚三个因素。在铁型覆砂铸造应用的早期，就是通过改变三者的数据及不同的组合，找出规律性。图 1-7 所示为试验模型。

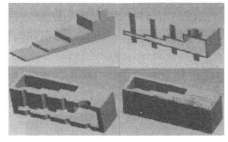

图 1-7 试验模型

2）掌握铁型覆砂铸件的铁液充型规律，用于指导浇注系统的设计。通过试验研究，确定影响铁型覆砂铸件充型能力的铸件成分、潜热、杂质等铁液性能，造型材料的蓄热系数等铸型条件，以及浇注温度、充型压头、浇注条件等因素。针对铁型覆砂铸造覆砂造型的特点，科学设计铁型覆砂铸造浇注系统的形式及参数，消除夹渣、缩孔、缩松、气孔等由于浇注系统设计不合理造成的缺陷。

3）覆砂材料选择和制备、覆砂工艺方法的确定。通过对黏土砂、自硬砂、流态砂、水玻璃砂等的试验研究，确定了酚醛树脂砂作为大批量铁型覆砂铸造生产的覆砂层用砂。酚醛树脂砂的制备从最初的由使用厂家自行混制，逐步发展到直接使用商业化供应的覆膜砂。覆砂工艺也随着覆砂层用砂的确定，由手工、振动、压成型等定型为射砂成型。

4）铁型重量、壁厚及结构设计。综合考虑铸件冷却、铁型使用寿命、生产运行便利等因素，在满足使用要求的条件下，以最小壁厚和最小重量原则确定铁型重量、壁厚及结构。

5）铁型覆砂铸造生产线和各种专机研制。铁型覆砂铸造和砂型铸造的生产过程差别很大，尤其是铁型通常在处于 200℃左右的温度下完成多种操作，需要专门研制满足其工艺过程的各种专机，组成生产线进行生产。现在已有简易铁型覆砂铸造生产线，也有机械化自动化铁型覆砂铸造生产线，可以根据实际情况进行选用。对于重量和尺寸较小的铁型覆砂铸件，也可在多工位转盘式铁型覆砂铸造单元上生产。

6）铁型覆砂铸造生产工艺操作规程的制定。在覆砂造型、修型下芯、合箱浇注、铁液的成分调整和孕育、开箱出铸件等方面，需要制定铁型覆砂铸造生产工艺操作规程，以保证合格铸件的生产和生产线的顺利运行。

1.3 铁型覆砂铸造特点

铁型覆砂铸造与砂型铸造比较，在技术经济方面有以下优点：

1）铁型壁厚和覆砂层有效地调节了铸件的冷却速度，提高了铸件的内在质量。实际运用中，针对不同铸件的冷却需求设计合理的铁型和覆砂层厚度，然后通过覆砂造型设备方便、快捷地实现覆砂造型。例如，在铸铁件生产中，一方面使铸件不因冷速过快出现白口，另一方面又使铸件的冷速大于砂型铸造。图1-8所示为铸件在砂型、铁型覆砂和金属型中的冷却曲线。铁型覆砂铸造可使铸件晶粒细化，组织改善，力学性能提高。铁型覆砂铸造用于生产球墨铸铁件，可使石墨细化1~2级，性能提高1~2个牌号。

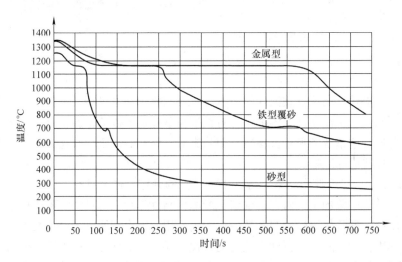

图1-8　不同铸型铸件的冷却曲线

2）铁型的刚性和覆砂层质量保证了铸件的尺寸精度和表面质量。由机器完成的覆砂造型很好地保证了铸型的一致性，并且使刚性很好的铁型和较薄覆砂层组成的铁型覆砂铸型不易变形（见图1-9），其结果是使铸件的尺寸精度大为提高，可达CT7级；在球墨铸铁生产中，有效地限制了石墨化膨胀引起的型壁位移，可实现无冒口铸造。此外，由于覆砂层薄，用砂量少，往往使用的是性能很高的覆膜砂，因此显著改善了铸件的表面质量，表面粗糙度值可达 $Ra12.5\mu m$。

3）铁型覆砂铸造生产节能环保。铁型覆砂铸造生产流程简单，砂处理量是砂型铸造的5%，粉尘少，易于实现环保达标；生产的有些铸件可取消热处理，铸件出品率高；可利用铸件冷却余热实现铁型覆砂层造型固化，工艺过程节能。

4）节约生产成本，经济效益显著。以球墨铸铁曲轴铸造生产为例，由

图 1-9　铁型覆砂铸型

于铁型覆砂铸件实现了无冒口铸造，提高了铸件出品率；通过合理设计开箱时间，取消了正火处理；提高了尺寸精度，减轻了铸件重量和减少了加工余量；提高了表面质量，减轻了铸件打磨和清理工作量；减少了机加工工时等，大大节约了生产成本，具有显著的经济效益。表1-1是某企业1993年485Q曲轴铁型覆砂铸造项目鉴定时，提供的铁型覆砂铸造与砂型铸造生产成本对比。此外，铁型覆砂铸造设备占地小，投资少，回报快。

表 1-1　铁型覆砂铸造与砂型铸造生产成本对比

名称	单价 / (元 /t)	铁型覆砂铸造		砂型铸造		备注
		配料（%）	元 /t	配料（%）	元 /t	
本溪生铁	3600	55	1980	55	1980	平均价
旧铁	3000	40	1200	40	1200	内部结算价
废铁	3500	5	175	5	175	购入价
硅铁	9000	0.6	54	0.6	54	购入价
锰铁	8500	0.4	34	0.4	34	购入价
中间合金	10000	1.2	120	1.3	130	购入价
电解铜	54000	0.35	189	—	—	购入价
锑	68000	0.056	38.06	—	—	购入价
电耗	0.55 元 / (kW·h)	830kW·h/t	456.5	750kW·h/t	412.5	工频炉熔炼
铁液费用			4246.56		3985.5	
铸件成本		铸件出品率97%	4377.9	铸件出品率65.2%	6112.73	

注：此表未考虑筑炉材料、材料损耗、设备折旧、辅助材料和管理等费用。

但是铁型覆砂铸造也存在以下的局限性：

1）铁型覆砂铸造的工装、模样制造成本高，制造周期也比砂型铸造长得多。

2）铁型覆砂铸造生产时，覆砂质量、铁液成分、浇注温度、浇注速度、开箱时间等对铸件质量有较大的影响，需要严格控制。

3）对铸件重量和形状方面有一定的要求。

因此，在决定采用铁型覆砂铸造时，必须综合考虑铸件形状和重量大小，要有

足够的生产批量等因素。铁型覆砂铸造一般适用于专业化和产品已定型的铸件生产。

随着铸造行业高质量发展的要求，作为特种铸造之一的铁型覆砂铸造工艺，在高质量铸件的生产中得到了很大的发展，越来越广泛地得到业界的关注和重视。

1.4　本章小结

本章介绍了铁型覆砂铸造的基本概念和发展历程及现状，通过对铁型覆砂铸造的工艺过程及特点的介绍，给读者提供了一个总体的概念。铁型覆砂铸造是在近形的铁型内腔覆上一层薄砂形成型腔，通过经验设计、工艺试验、计算机模拟和生产验证等方法，确定合理的铁型壁厚和覆砂层厚度，使铸件的充型、凝固和冷却过程在一个比较理想的条件下完成，最大限度地消除了产生铸造缺陷的影响因素，从而大大提高了铸件的质量。

我国铁型覆砂铸造技术的发展经历了试验研究、个别企业的少量应用、扩大应用和逐步完善、行业认可、规范提高、全面推广应用等阶段。目前，超过千家企业在生产中应用了铁型覆砂铸造工艺，近千种铸件采用铁型覆砂铸造工艺进行了大批生产，年生产铁型覆砂铸件 150 万 t 以上。近净成形铸造技术和生产线的机械化、自动化、智能化是铁型覆砂铸造技术未来不断发展提高的方向。

第2章 铁型覆砂铸造理论基础

　　铸造是将金属熔炼成符合一定要求的液体，并浇注入与拟成形的铸件形状及尺寸相适应的铸型中，待其冷却凝固后得到具有一定形状、尺寸和性能的铸件的过程。在这一过程中，金属液的基本物理性质、铸型的物理性质对熔化、浇注、凝固和成形过程具有重要影响。铁型覆砂铸造作为一种特种铸造，区别于其他铸造工艺的就是铸型特性的不同。因此，本章主要从铸型影响角度介绍铸造过程中的传热、充型和冷却凝固理论及铁型覆砂铸造的相关特点，并简述了充型和凝固的计算机数值模拟技术及其在铁型覆砂铸造中的应用。

2.1 铸件成形基础

　　铸造过程是一个非常复杂的物理化学过程，对铸件质量的影响因数众多。液态金属通过充型、冷却凝固，最终获得合格的、满足各种使用要求的铸件。生产过程中需要考虑好以下几个关键问题：

　　1）结晶及凝固组织的形成与控制。液体金属的结构，晶核的形成与长大，晶粒的大小、方向和形态等与铸件凝固后的组织密切相关，它们对铸件的物理性能和力学性能有着重大的影响。控制铸件的凝固过程，获得所希望的组织，就必须对其形成机理、形成过程和影响因素有全面的了解和深入研究。在实际生产中，有效控制组织的方法有变质、孕育、动态结晶、顺序凝固、快速凝固等。

　　2）铸件尺寸精度和表面粗糙度控制。随着产品质量和节能减排的要求不断提高，对铸件尺寸精度和外观质量的要求越来越高，有的要求实现近净形化。然而，铸件尺寸精度和表面粗糙度会受到诸多因素的影响和制约，如铸型表面的作用、凝固热应力、凝固收缩等。

　　3）铸造缺陷的防止与控制。铸造缺陷是造成废品的主要原因。由于凝固成形时条件的差异，缺陷表现的形态和表现部位不尽相同。例如，液态金属的凝固收缩会形成缩孔、缩松；凝固期间元素在固相和液相中的再分配会造成偏析；冷却过程中热应力的集中会造成铸件裂纹和变形。此外，还有许多缺陷，如夹杂物、气孔、冷隔等，出现在充填过程中，它们不仅与合金种类有关，而且还与具体成形工艺有关。应根据产生的原因和出现的程度不同，采取相应措施加以控制，使之消除或降至最低程度。

充型、凝固过程是铸件形成过程的核心，它决定着铸件的组织和缺陷的形成，因而也决定了铸件的性能和质量。从历史悠久的古代铸造技术发展到今天的现代铸造技术，借助于物理化学、金属学、非平衡热力学与动力学、流体学、高等数学和计算数学，从传热、传质和固液界面几个方面进行研究，使充型和凝固理论有了很大的发展，而计算机的广泛应用正从各方面推动着铸造业的发展和变革，它不仅可以提高生产率和降低生产成本，同时又能促使新技术和新工艺的不断出现，使铸造生产正在从主要依靠经验走向科学理论指导生产的阶段。铸造过程的计算机数值模拟分析可以科学地预测液体金属充型过程、凝固过程中的温度场及应力场，以及宏观缺陷和微观组织等，已成为提高铸造业技术水平和铸件竞争能力的关键技术之一。

2.2 传热机理

2.2.1 传热方式

在铸造成形过程中，将高温液态金属浇注入铸型，高温液态金属所含有的热量必须通过各种途径向铸型及周围环境传递，实现逐步冷却并进行凝固，最终形成铸件。这个过程中的热量传递包含了自然界三种基本方式：热传导、热对流和热辐射。图2-1所示为纯金属浇入铸型后发生的传热模型。在金属与铸型的界面，由于它们的接触通常不是完全的，它们之间存在接触热阻或称为界面热阻，或者称为中间层。在金属凝固过程中，由于金属的收缩和铸型膨胀，它们的接触情况也在不断地变化，在一定的条件下，它们之间会形成一个间隙（也称为气隙），因此在这里的传热也不只是一种简单的传导。

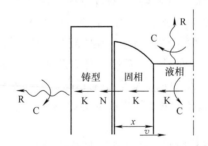

图2-1　纯金属在铸型中凝固时的传热模型

K—传导　C—对流　R—辐射　N—金属与铸型侧界面换热

1. 热传导

热传导简称导热，它属于接触传热，是连续介质间依靠分子、原子及自由电子等微观粒子的热运动进行的热量传递，并没有各部分物质之间宏观的相对位移，如图 2-2 所示。热传导是研究物体内部或物体之间存在温差时，物体内部的温度随时间变化的规律，它满足傅里叶定律：

$$q^* = -\lambda_n \frac{\partial T}{\partial n} \tag{2-1}$$

式中，q^* 为热流密度（W/m^2）；λ_n 为热导率 [$W/(m \cdot \degree\!C)$]；$\frac{\partial T}{\partial n}$ 为沿向的温度梯度；负号表示热量流向温度降低的方向。

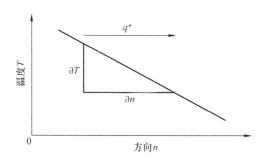

图 2-2　热传导示意图

q^* 是在传热方向上单位时间、单位面积上所通过的热流，负号表示导热的热流永远向温度低的方向传递，即与温度梯度的方向相反。比热流量是个向量，必须说明它的大小和方向。对于任意点，在通过该点的任意给定方向上，如果换热的面积垂直于上述的方向，则可以计算出比热流量。

热导率 λ 是沿导热方向的单位长度上，温度降低 1℃，物质所容许通过的热流量。各向异性材料的热导率具有方向性。大多数液体和固体属于各向同性的物质，所考虑的每点处各个方向上的值都是一样的。此外，λ 值大小还随温度变化，大多数金属的热导率随温度的升高而降低，气体的热导率随温度的升高而增加。在特定的小温度范围内，热导率随温度的变化可以用线性形式表示：

$$\lambda = \lambda_0(1 + \beta T) \tag{2-2}$$

式中，λ_0 为某基准温度条件下的热导率；β 为温度系数，正负取决于所考虑的材料。

在不稳定的导热系统中，给定点上的物质温度随时间而变化，而温度变化的大小又是材料比热的函数。概括起来，比热是材料蓄热能力的量度，而热导率用于表示材料的传热能力。

2. 热对流

热对流是指固体表面与它周围接触的流体之间，由于温差的存在引起的热量交换。热对流可以分为两类：自然对流和强制对流。热对流总与流体的导热同时发生。

可以看作流体流动时的导热。为了同时研究流体的运动和能量传递过程，必须运用力学和热力学的定律。处理对流换热的数学方法通常用牛顿冷却定律：

$$q_c = h_c(T_w - T_f) \tag{2-3}$$

式中，q_c 为热流密度（W/m²）；h_c 为表面传热系数 [W/（m²·℃）]；T_w 为壁面温度（℃）；T_f 为流体温度（℃）。

3. 热辐射

热辐射是指物体受热后，内部原子振动而使物体发射电磁能，并被其他物体吸收转化为热的过程。热传导和热对流都需要有传热介质，而热辐射无须任何介质。辐射能主要是以热能形式发射出的一种能量。在放热体和吸热体之间的辐射是彼此往复的，只是两种物体以不同的速度进行辐射；经过一定时间之后，当两种物体以同等速度辐射时，便可以达到暂时的平衡，如图 2-3 所示。

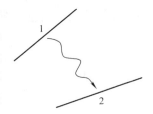

图 2-3　热辐射示意图

物体之间的净热量传递可以用斯蒂芬 - 波尔兹曼方程来计算：

$$Q = \varepsilon \sigma A_1 F_{12}(T_1^4 - T_2^4) \tag{2-4}$$

式中，Q 为热流率；ε 为辐射率（黑度）；σ 为斯蒂芬 - 波尔兹曼常数 [5.67 × 10⁻⁸ W/（m²·K⁴）]；A_1 为辐射面 1 的面积；F_{12} 为由辐射面 1 到辐射面 2 的形状系数；T_1、T_2 分别为辐射面 1、2 的热力学温度。

铸型和周围空气之间存在着热辐射，但由于铸型外表面在浇注后温度并不是很高，而浇口杯虽然温度很高，但表面积却较小，因此整个热辐射并不强烈。

2.2.2　铸型特性对传热的影响

不同铸型对浇注后铸件凝固冷却过程中传热的影响，主要是热传导大小的影响，而热传导主要取决于铸型的导热能力和蓄热系数。按照导热理论，热流量与热导率和温度梯度成正比。热导率与材料的种类及其所处的状态有关，固体、液体与气体，金属与介电质的内部结构不同，导热的机理也有很大的差异。一般来说，材料的热导率是温度的函数（在求解导热问题时常常假定热导率是常量，即不随温度变化）。对于绝大多数材料，现在还不能根据其结构和导热机理来计算其热导率，主要是通过试验的方法得到。蓄热系数是表示铸型从相邻金属吸取并存储在本身中热量的能力，蓄热系数越大，铸型的激冷能力就越强。表 2-1 列出了几种造型材料的热导率和蓄热系数。可以看出，铸铁的热导率是黏土砂型的 40 多倍，铸铁的蓄热系数是黏土砂型的 10 多倍。在铸造工艺设计中，为了加快冷却速度，金属型铸造和冷铁的应用，都是基于铸铁的热导率和蓄热系数较大。

表 2-1　几种造型材料的热导率和蓄热系数

材料	温度 /℃	密度 / (kg/m³)	比热容 / [J/ (kg·℃)]	热导率 / [W/ (m·℃)]	蓄热系数 / [W/ (m²·K)]
铜	20	89.30	385.2	392	3.67
铸铁	20	7200	669.9	37.2	1.34
铸钢	20	7850	460.5	46.5	1.3
镁砂	100	3100	1088.6	3.5	3.44
黏土型砂	20	1700	837.4	0.84	0.11
干砂	900	1700	1256	0.58	0.11
耐火黏土	500	1845	1088.6	1.05	0.145
酚醛树脂砂	100	1650	1150	0.65	0.105

2.2.3　铁型覆砂铸型的传热特点

铁型覆砂铸造的铸型由两种材料形成，即由铸铁制造的铁型和以覆膜砂为造型材料的覆砂层。当液态金属浇入铁型覆砂铸型以后，铸件 - 覆砂层 - 铁型三者之间形成了一个不稳定的热交换系统，是一个非稳态传热中的瞬态导热。在不考虑界面热阻的情况下，覆砂层内侧与铸件直接接触，其温度值接近铸件温度；外侧与铁型内侧直接接触，其温度接近铁型内侧温度。由于覆膜砂的热导率和蓄热系数小，在覆膜砂层的内外表面之间形成了较大的温差。随着冷却时间的推移，铸件的温度不断降低，铁型的温度逐渐升高，覆膜砂层内外的温差不断减小。

图 2-4 所示为 490Q 球墨铸铁曲轴黏土砂型铸造和铁型覆砂铸造两种工艺下的冷却曲线。铁型覆砂铸造取覆砂层厚度为 5mm，铁型壁厚为 20mm。可以看出，在浇注后的前 2~3min 内，铸件的冷却速度基本相同，后续铁型覆砂铸造的冷却速度明显高于砂型铸造。铸件从浇注温度冷却到 900℃，铁型覆砂铸造所用的时间为 8min 左右，而砂型要降到同样温度，就需要 24min，冷却速度提高了 2 倍左右。

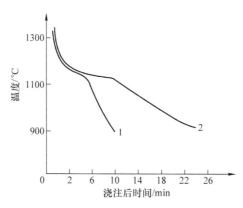

图 2-4　两种成型方法下铸件的冷却曲线

1—铁型覆砂　2—砂型

为进一步讨论"铸件 - 覆砂层 - 铁型"系统的热传导原理,利用"铸件 - 中间层 - 铸型"系统的传热原理,覆砂层当作中间层,不考虑界面热阻。假设铸件是无限大的板件,其厚度(x 方向)为铸型所限,长和宽可伸至无限远,即 y 和 z 坐标方向无热流,从一维角度去研究。根据傅里叶定律,q 值可以用式(2-5)~式(2-7)表示:

$$q = \frac{\Delta_1 t}{X_1} \lambda_1 = \frac{\lambda_1}{X_1}(t_{1中} - t_{1表}) \tag{2-5}$$

$$q = \frac{\Delta_2 t}{X_2} \lambda_2 = \frac{\lambda_2}{X_2}(t_{2中} - t_{2表}) \tag{2-6}$$

$$q = \frac{\Delta_3 t}{X_3} \lambda_3 = \frac{\lambda_3}{X_3}(t_{1中} - t_{2表}) \tag{2-7}$$

式中,λ_1、λ_2、λ_3 分别为铸件、铁型、覆砂层热导率;X_1、X_2、X_3 分别为铸件壁厚的一半、铁型、覆砂层的厚度;q 为比热流;t 为温度;$\Delta_1 t = t_{1中} - t_{1表}$,为铸件中心到表面温差;$\Delta_2 t = t_{2内} - t_{2外}$,铁型内外表面温差;$\Delta_3 t = t_{1表} - t_{2内}$,覆砂层温差。

因为

$$q = -\frac{\Delta_1 t}{X_1} \lambda_1 = -\frac{\Delta_2 t}{X_2} \lambda_2 = -\frac{\Delta_3 t}{X_3} \lambda_3 \tag{2-8}$$

则

$$K_1 = \frac{\Delta_1 t}{\Delta_3 t} = \frac{\lambda_3}{\lambda_1} \times \frac{X_1}{X_3} \quad K_2 = \frac{\Delta_2 t}{\Delta_3 t} = \frac{\lambda_3}{\lambda_2} \times \frac{X_2}{X_3} \tag{2-9}$$

式中,K_1 和 K_2 分别表示铸件与覆砂层、覆砂层与铁型之间热交换强度的两个传热准则或规范数。K_1 是铸件截面的温度差与覆砂层截面温度差之比,是铸件热阻和覆砂层热阻之比,表示了铸件与覆砂层之间的传热特点。K_2 是铁型截面的温度差与覆砂层截面温度差之比,是铁型热阻与覆砂层热阻之比,表示了铁型与覆砂层之间的传热特点。

覆砂层的热导率远远小于铸件的热导率,即 $\frac{\lambda_3}{\lambda_1} \ll 1$ 和 $\frac{\lambda_3}{\lambda_2} \ll 1$,在覆砂层为正常厚度的情况下,传热特点表现为 $K_1 \ll 1$,$K_2 \ll 1$,铸件、覆砂层和铁型断面上的温度分布如图 2-5 所示。可见,在"铸件－覆砂层－铁型"系统中,温度梯度最大的是在覆砂层,覆砂层的热物理量对传热起着决定性作用。理论上,如果中间覆砂层特别薄,隔热作用不明显时,铸件的冷却和铁型的加热都很激烈,传热特点出现 $K_1 \gg 1$,$K_2 \gg 1$ 的情况,此时的铸件、覆砂层和铁型断面上的温度分布如图 2-6 所示。此时传热过程就主要取决于铸件和铁型的热物理量,但实际生产中覆砂层一般做不到这么薄,最薄为 3mm 左右,与金属型铸造中的涂料层还有一定的差距。

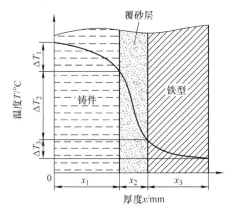

图 2-5　铸件、覆砂层（厚）和铁型断面上的温度分布

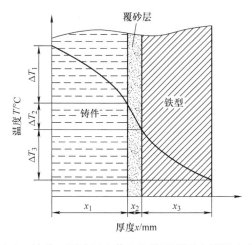

图 2-6　铸件、覆砂层（薄）和铁型断面上的温度分布

当覆砂层的厚度超过某一厚度（约32mm）时，铁型对铸件冷却已不产生影响，$K_1 << 1$，$K_2 \approx 0$。这时就相当于普通的砂型铸造或树脂砂铸造。

2.3　充型理论

液态金属充满铸型的过程，称为充型。液态金属充满铸型，形成轮廓清晰和形状完整的铸件，这种能力称为液态金属的充型能力。液态金属充型过程是铸件形成的第一阶段，铸件的许多缺陷是在这一过程中产生的，如浇不足、冷隔、砂眼、铁豆、抬箱以及卷入性气孔、夹砂等，这些缺陷都是在充型不利的情况下产生的。为了获得形状完整、轮廓清晰的健全铸件，必须掌握和控制这个过程的进行。影响充型过程的主要因数有很多，包括液态金属本身的充型能力和浇注条件，液态金属在浇注系统和铸型型腔中的流动规律，以及液态金属在充型过程中与铸型之间热的、机械的和物理化学的相互作用。因此，液态金属的充型能力是各种因数的综合反映。

2.3.1 液态金属充型能力及影响因素

液态金属本身的充型能力主要是指液态金属的流动能力，即流动性，它与液态金属的成分、温度、杂质含量及其物理性质有关，是影响充型能力的主要因素。流动性越好，不仅容易铸造出轮廓清晰、壁薄且形状复杂的铸件，而且有助于液态金属在铸型中收缩时得到补充，有利于液态金属中气体和非金属夹杂物的上浮和排出，因此在进行铸件设计和铸造工艺制定时，需要考虑合金的流动性。在实际生产中，流动性一般以浇注"流动性试样"的方法来衡量。将试样的结构和铸型性质固定不变，在相同的浇注条件下，如在液相线以上相同的过热温度或同一浇注温度下，浇注各种合金的流动性试样，以试样的长度或试样某处的厚薄程度来表示该合金的流动性。由于影响液态金属充型能力的因数很多，很难对各种合金在不同铸造条件下的充型能力进行比较，因此一般利用在固定条件下所得的合金流动性来表示合金的充型能力。流动性试样类型很多，用得最多的是螺旋形流动性试样，如图2-7所示。

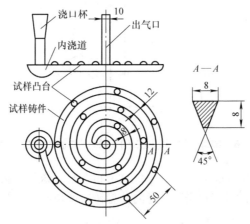

图 2-7 螺旋形流动性试样

合金流动性的好坏以"螺旋形流动性试样"的长度来衡量，将金属液浇入螺旋形试样铸型中，在相同的浇注条件下，合金的流动性越好，所浇出的试样越长。它的优点是：灵敏度高、对比形象和液态金属流动相当长的距离，而铸型的轮廓尺寸不大。但这种试样每做一次必须造型一次，各次的试验所用的铸型条件很难做到一致，一般做同一试样要浇 3 个，取其平均值。表 2-2 是利用螺旋形试样所测得的一些合金的流动性数据。

表 2-2　一些合金流动性（螺旋形试样，沟槽截面 8mm×8mm）

合金		造型材料	浇注温度 /℃	螺旋线长度 /mm
铸铁	w（C+Si）=6.2%	砂型	1300	1800
	w（C+Si）=5.9%			1600
	w（C+Si）=5.2%			1000
	w（C+Si）=4.2%			600
铸钢	w（C）=0.4%	砂型	1600	100
			1640	200
铝硅合金		金属型（300℃）	680~720	700~800
镁合金		砂型	700	400~600
锡青铜	w（Sn）=9%~11%	砂型	1040	420
硅黄铜	w（Sn）=1.4%~4.5%	砂型	1100	1000

　　液态金属充型过程涉及复杂的物理、化学和流体力学，其自身的物理、化学性质和铸件的性能、尺寸等因素都会对充型过程产生影响，这些因素通过影响液态金属与铸型间的热交换，以及液态金属在铸型中的流体力学两个途径发生作用。影响液态金属充型能力的因素主要有以下 4 个方面。

1. 金属性质的影响

　　金属性质是内因，决定合金的流动性。

　　（1）结晶特点　对于铁碳合金而言，共晶合金的结晶是在恒温下进行的，结晶时液态金属从表层逐渐向中心凝固。由于已经结晶的金属固体层内表面光滑，对金属液的流动阻力较小；同时，共晶成分合金的结晶温度最低，因此共晶成分合金的流动性最好。其他成分的合金是在一定温度范围内逐渐凝固，即存在液固两相共存区域，金属液在一定宽度的凝固区内同时进行，已结晶生成的树枝状晶粒使固体层表面粗糙，故合金的流动性较差。合金成分越偏离共晶成分，则流动性越差。图 2-8 所示为铁碳合金的流动性与碳含量的关系。

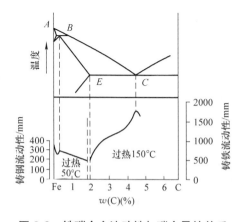

图 2-8　铁碳合金流动性与碳含量的关系

根据铁碳合金相图，纯铁的流动性最好。对于碳素钢，随着碳含量的增加，铁碳合金结晶温度范围扩大，流动性下降。在碳含量达到2.11%（质量分数）时，结晶温度范围最大，流动性最差。铸铁的结晶温度范围一般比铸钢的大，但铸铁的熔点低，过热度大，铸型中的散热速度慢一些，因此铸铁的流动性比铸钢好。对于铸铁，随着碳含量增加，结晶温度范围逐渐缩小，流动性逐渐提高，碳含量越接近共晶成分，流动性越好；对过共晶铸铁，随着碳含量增加，则流动性变差。铁碳合金的流动性与相图的关系如图2-9所示。铸铁中的其他元素也会对流动性产生一定的影响。

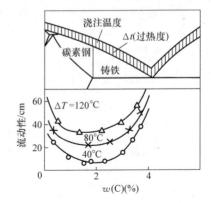

图2-9　铁碳合金的流动性与相图的关系

（2）结晶潜热　结晶潜热约占液态金属热含量的85%~90%，但它对不同类型合金流动性的影响是不同的。

纯金属和共晶成分合金在恒温下结晶。在一般的浇注条件下，结晶潜热的作用能够发挥，是评估流动性的一个重要因素。结晶过程中释放的潜热越多，则结晶进行越缓慢，流动性越好。

对于结晶温度范围较宽的合金，散热约20%潜热后，晶粒就连成树枝状而阻塞后续液态金属的流入，大部分结晶潜热的作用不能发挥，因此对流动性的影响不大。

Al-Si合金的流动性与成分的关系如图2-10所示。在共晶成分处并非最大值，而在过共晶成分区继续增加，这是因为初生硅为块状，对后续液态金属的流入影响小，结晶潜热得以发挥。硅相的结晶潜热比α相大3倍。

对于铸铁，石墨结晶潜热为383×10^4J/kg，为铁的14倍，由于有较大的结晶潜热而使流动性在过共晶区域继续增加。

（3）金属的比热、密度和热导率　比热和密度较大的合金，因其本身含有较多的热量，在相同过热条件下，保持液态时间长，流动性好。热导率小的合金，热量散失慢，保持流动时间长，而且热导率

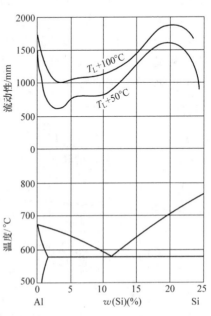

图2-10　Al-Si合金的流动性与成分的关系

小，在结晶期间液固并存的两相区小，流动阻力小，故流动性好。

金属中加入合金元素后，一般都使热导率下降。但当加入的合金元素使初生晶变为发达的树枝晶时，流动性就会显著下降。例如，在铝中加入铁和镍时，就会产生上述现象。

（4）液态金属的黏度和表面张力　液态金属的黏度与其成分、温度、夹杂物含量和状态有关。黏度对层流运动的流速影响较大，金属液体在浇注系统中的流动大都是紊流，这种情况下黏度对流动性的影响不明显。只有在充型的最后很短时间内，由于通道面积缩小或液流中出现液固混合相时，特别是因温度下降而使黏度显著增加时，黏度对流动性才表现出较大的影响。表面张力对薄壁件、铸件的细薄部分和棱角的成型有影响。型腔越细薄、棱角的曲率半径越小，则表面张力的影响越大。为了克服附加压力的阻碍，必须在正常的充型压头上增加一个附加压头，但通过计算发现这个压头值很小，实际生产中一般不予考虑。

2. 铸型性质的影响

铸型的阻力影响金属液的充型速度，铸型与金属的热交换强度影响金属液保持流动的时间，因此铸型性质对金属液的充型能力有重要的影响。通过调整铸型性质来改善金属液的充型能力，也往往能得到较好的效果。

（1）铸型的蓄热系数　铸型的蓄热系数是指铸型从液态金属中吸取并储存在本身热量的能力，以 b_2 表示。蓄热系数 b_2 越大，铸型的激冷能力越强，金属液于其中保持液态的时间就越短，导致充型能力下降。几种常用铸型材料的蓄热系数见表 2-1。

在铁型覆砂铸造中，一般来说，增加覆砂层厚度，会使铸型的热导率和蓄热系数下降，使液态金属保留流动性时间延长，有利于充型。实验已证明，当厚度超过20mm 时，其蓄热能力与砂型相同。为了让浇冒口的金属液冷却缓慢，一般浇冒口的覆砂层要加厚设计。

（2）铸型温度　预热铸型能缩小金属液与铸型的温差，从而有利于充型，这在金属型中应用较多。当采用金属型浇注灰铸铁时，铸型温度不仅影响充型能力，而且影响铸件是否产生白口。铁型覆砂铸造生产中铁型连续循环使用，一般在浇注时铸型温度在 100~250℃，只有在每天第一班浇注时铸型是常温的。

（3）铸型中气体　铸型具有一定的发气能力，能在金属液与铸型之间形成气膜，会减少流动的摩擦阻力，有利于充型。但铸型发气能力过大，会产生大量气体，如果铸型的排气能力又小，型腔中气体反压力增大，会阻碍金属液充型，因此铸型中的气体对充型能力有很大影响。铁型覆砂铸造的覆砂层为覆膜砂，覆砂层表面光滑，树脂燃烧的发气对充型有利，但由于铁型的排气能力较差，容易产生反压力，不利于充型，因此应选用低发气量的覆膜砂。

3. 浇注条件

（1）浇注温度。浇注温度对液态金属的充型能力有决定性的影响。在一定温度范围内，充型能力随浇注温度的提高而直线上升，超过某极限后由于金属吸气多，氧化严重，充型能力的提高幅度将越来越小。

对薄壁铸件或流动性差的合金，在实际生产中常会采用提高浇注温度改善充型能力的措施，也是执行起来比较方便的措施。但是随着浇注温度的提高，铸件一次结晶组织粗大，容易产生缩孔、缩松、粘砂和裂纹等缺陷，必须综合考虑。

（2）充型压头　液态金属在流动方向上所受的压头越大，则充型能力越好。生产中常用增加压头的方法来提高充型能力，如压铸、低压铸造、真空吸铸等，这些都可提高充型能力。铁型覆砂铸造中一般采用加高浇口杯的方式。

液态金属的充型速度也不是越高越好，太高会产生喷射和飞溅现象，并使金属氧化和产生"铁豆"缺陷；有时因型腔中气体来不及排出，反压力增大，还会造成"浇不足"或"冷隔"缺陷。

（3）浇注系统结构　浇注系统的结构越复杂，流动阻力越大，在静压头相同情况下充型能力就越低。在铸铁件上常用的阻流式、缓流式浇注系统也影响液态金属的充型能力。浇口杯对金属有净化作用，但其中的液态金属散热很快，充型能力有所下降。在设计浇注系统时，必须合理地布置内浇道在铸件的位置，选择恰当的浇注系统结构和各浇道的截面。

对于铁型覆砂铸型，由于冷却速度较快，降低了金属液的流动性，浇注系统在满足充型条件下更要力求简单，不宜行程过长。整个浇注系统还应考虑便于覆砂造型。在设计浇注系统时，为了兼顾挡渣和内浇口大小，铁型覆砂铸造一般采用半封闭浇注系统，金属液充型能力介于全封闭浇注系统和开放式浇注系统之间。

4. 铸件结构

衡量铸件结构特点的因素是铸件的折算厚度和复杂程度，它们决定了铸型型腔的结构特点。

（1）折算厚度　折算厚度也称为当量厚度或模数，为铸件体积与表面积之比，用 R 表示。如果铸件体积相同，在同样的浇注条件下，由于折算厚度大，热量散失慢，充型能力就好。当铸件壁厚相同时，垂直壁比水平壁更容易充填。折算厚度的关系式为

$$R=\frac{V（铸件体积）}{S（铸件散热表面积）} \quad 或 \quad S=\frac{F（铸件断面面积）}{P（断面周长）} \quad (2\text{-}10)$$

（2）铸型的复杂程度　铸件结构复杂，厚薄部分过渡面多，则铸型结构复杂程度增加，流动阻力增大，铸型的充型就困难。

通过从以上4个方面对充型能力影响因素的分析，明确了提高充型能力的具体途径。由于影响因素多，在实际生产中它们又是错综复杂的，必须根据具体情况进行分析，找出其中的主要矛盾，针对主要矛盾采取措施，才能有效地提高充型能力，防止和消除浇不足和冷隔缺陷，提高铸件的质量。

2.3.2　提高液态金属充型能力的措施

为了提高液态金属的充型能力，在金属方面可以采用以下措施：

（1）正确选择合金成分　在不影响铸件使用性能的情况下，可根据铸件大小、壁厚和铸型性质等因素，将合金成分调整到实际共晶成分附近，或者选用结晶温度范围较小的合金。对某些合金进行变质处理，细化晶粒，也有利于提高充型能力。

（2）合理的熔炼工艺　正确选择原材料，去除金属材料上的锈蚀和油污，熔剂要烘干，熔炼过程中尽量使金属液不接触或少接触有害气体。在实际生产中，常采用高温出铁、低温浇注。高温出铁能使一些难熔化的固体质点熔化，未熔化的质点和气体在浇包中镇静，有机会上浮，使铁液净化，有利于提高铁液流动性。

2.4　冷却凝固理论

在铸造过程中，高温液态金属经历液相冷却、液相转变成固相和固相冷却至室温的过程。在这一过程中，高温液态金属所含的热量通过各种途径向铸型和周围环境传递，逐步冷却并凝固，最终形成铸件。铸件的凝固过程主要研究铸件与铸型的温度变化，铸件断面上凝固区域的大小、凝固方式、凝固时间等，许多常见的铸造缺陷，如缩孔、缩松、热裂、气孔等，都是在凝固过程中产生的，因此认识凝固规律，研究凝固过程的控制途径，对于防止产生铸造缺陷、改善铸件组织和提高铸件性能有着十分重要意义。

2.4.1　铁型覆砂铸造条件下铸件冷却的影响因素

铸件的凝固过程与铸件和铸型的温度场变化关系比较大，通过调节凝固过程中的温度场，控制凝固速度和时间，配合浇冒口设计，可以有效防止上述铸造缺陷的产生。研究温度场的方法很多，有实测法、数学解析法、数值模拟法等。浙江机电院组织相关研究人员，通过对铁型覆砂铸造过程中的温度场进行实测研究和数值模拟，得到铸件壁厚、覆砂层厚度、铁型壁厚对铸件冷却的影响结果。

1. 铸件壁厚对铸件冷却的影响

采用阶梯形铸件，测试不同铸件壁厚的冷却曲线，如图 2-11 所示。

在铁型壁厚为 20mm，覆砂层厚度为 6mm 实验条件下，测得的阶梯形铸件 A、B、C、D 四个阶梯面铸件中心位置的凝固冷却温度曲线 $A1$、$B1$、$C1$ 和 $D1$。A、B、C、D 四个阶梯面形状相同，仅壁厚存在差异，壁厚分别为 6mm、15mm、30mm、60mm，呈逐渐增厚。从图中可以看出，$A1$、$B1$、$C1$、$D1$ 四条曲线在到达熔点温度以前，其各曲线斜率随铸件壁厚增加逐渐减小，冷却速度变慢；待温度降到熔点附近时，曲线出现拐点，时间分别为 20s、60s、130s、300s；进入凝固过程，曲线出现平台面，各平台面经历的时间随铸件壁厚的增加而变长。由此可知，铸件壁厚越大，其凝固时间越长，冷却速度越慢。其他各组试验温度曲线变化趋势与上述一致。可以看出，在铁型壁厚与覆砂层厚度不变时，铸件壁厚越小，铸件冷却速度越快，此铸件所需的凝固时间越短。

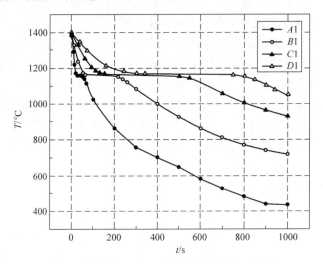

图 2-11　不同铸件壁厚中心冷却温度曲线对比

2. 铁型壁厚对铸件冷却的影响

不同铁型壁厚对同一覆砂层厚度、同一铸件壁厚的冷却曲线如图 2-12 所示。图 2-12a 所示为覆砂层厚度为 8mm，铁型壁厚分别为 20mm 和 40mm 时阶梯面 C 铸件中心温度曲线对比图，图 2-12b 所示为覆砂层厚度为 10mm，铁型壁厚分别为 20mm 和 40mm 时阶梯面 C 铸件中心温度曲线对比图，图中曲线 A 表示铁型壁厚为 20mm，曲线 B 表示铁型壁厚为 40mm。从图中可见，在液态冷却过程中，曲线 A 的斜率略小于曲线 B，表明铁型越厚的铸件，其冷却速度快一些，这是因为铁型厚，其蓄热量大的原因。其中也观察到铸件的冷却曲线差异不大，较明显的差异存在于 1150~1100℃ 的冷却范围内，由于铁型壁厚的不同，造成热量由覆砂层向外传递的速度不同，导致了曲线的差异性，但是总体来说，两条冷却曲线还是比较接近的。由此可以得出结论，铁型对铸件的冷却有一定的影响，但影响并不是非常大。

图 2-12a 中曲线 A、曲线 B 到达第二拐点时间分别为 520s、530s，图 2-12b 中曲线 A、曲线 B 到达第二拐点时间分别为 550s、560s，也说明铁型壁厚越大，铸件完全凝固的时间越短，冷却速度快些。

从图 2-12 还可以看出，第二拐点以后曲线 A 和曲线 B 的斜率基本一致，表明不同壁厚铁型的冷却速度也基本相同，这是因为后期铁型温度上升了，对铸件的冷却不再依靠铁型的蓄热，而是通过铁型与外界的热量传递，铁型的壁厚对铁型与外界的热量传递基本没有影响。

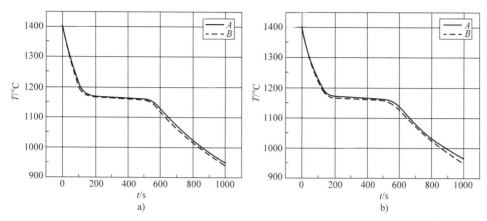

图 2-12 不同铁型壁厚对同一覆砂层厚度、同一铸件壁厚的冷却曲线

a) 覆砂层厚度为 8mm b) 覆砂层厚度为 10mm

3. 覆砂层厚度对铸件冷却的影响

同一铸件壁厚、同一铁型壁厚在覆砂层厚度不同下铸件的冷却曲线如图 2-13 所示。其中图 2-13a 所示为铁型壁厚度为 20mm，铸件阶梯面 C 中心温度曲线对比图；图 2-13b 所示为铁型壁厚度为 40mm，铸件阶梯面 C 中心温度曲线对比图，曲线 A~ 曲线 D 分别表示覆砂层厚度为 6mm、8mm、10mm、13mm 下的冷却曲线。由图可以看出，曲线 A、B、C、D 在液态冷却阶段斜率依次减小，在图 2-13a 中，曲线 A、B、C、D 到达第二拐点时间分别为 500s、520s、550s、580s，随覆砂层增厚其完全凝固时间变长；在图 2-13b 中，曲线 A、B、C、D 到达第二拐点时间分别为 510s、530s、560s、590s，变化趋势与图 2-13a 一致。表明随覆砂层厚度增加，冷却速度变慢，而且覆砂层厚度的变化对冷却速度的影响比较明显。

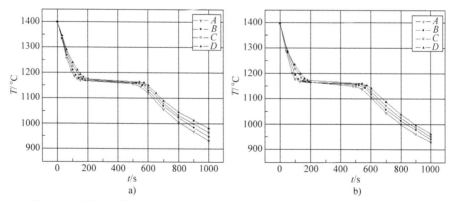

图 2-13 同一铸件壁厚、同一铁型壁厚在覆砂层厚度不同下铸件的冷却曲线

a) 铁型厚度为 20mm b) 铁型厚度为 40mm

由此可见，铸件壁厚、铁型壁厚及覆砂层厚度对铸件冷却过程的影响是不同的。一般在铸造工艺设计中，铸件的壁厚是确定的，在已知铸件壁厚的情况下，如何确定是否可以采用铁型覆砂铸造工艺，以及确定铁型壁厚和覆砂层厚度，目前大部分采用经验方法判断，但也有一种图标法，可以作为参考。图 2-14 所示为铁型壁厚、覆砂层厚度、铸件壁厚与铸件冷却速度的关系曲线，适用于铸件壁厚 b_c 为 10~80mm，开箱温度为 600℃ 的条件。纵坐标为冷却时间。

图 2-14 右侧曲线的横坐标上标有覆砂层厚度，它可以从已知的铸件冷却到 600℃ 所需要的时间以及各种铸件壁厚而查定，而且在所求的铸件壁厚中（10mm、20mm、40mm、80mm）已知一个，那么覆砂层厚度及铁型壁厚的确定是很方便的。从左半部曲线的横坐标上找到相应的 b_c（如 b_c=20mm）画一条水平线，如果这两条线相交在画有剖面线的曲线范围里，那么表明这种铸件适宜采用铁型覆砂铸造。把这条水平线向右延伸，它便伸入 b_c=20mm 的区域，在这个区域引一根垂线，向下就可得到所需要的覆砂层厚度。但应使这根垂线尽可能地向右侧画，以便得到最小的覆砂层厚度及铁型壁厚 b_m。如果所需确定的覆砂层厚度不在这个范围以内，则可按照类似方法从邻近的曲线范围中去找。

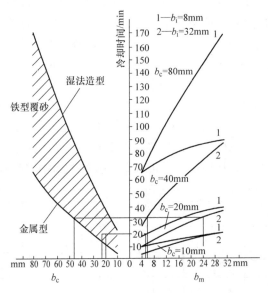

图 2-14　铁型壁厚、覆砂层厚度、铸件壁厚与铸件冷却速度的关系曲线

如果铸件的壁厚不均匀，则先看一下这个铸件能否采用铁型覆砂铸造，然后按照各个壁厚来确定其覆砂层厚度及铁型壁厚。例如，一个铸件具有 15mm、30mm 和 45mm 三种不同的壁厚，在图 2-14 的左半部按照这 3 个壁厚数值引三根垂线，然后使其与一根水平线相交，它们的交点应尽可能处在铁型覆砂范围。把这根水平线向右半部引伸，在那里可以获得各个壁厚所需要的覆砂层厚度，利用水平线可以得到铸件冷却到 600℃ 所需的时间。对壁厚为 15mm 的部分，其垂线选在 b_c 为

20~10mm 之间；对壁厚为 30mm 的部分，其垂线选在 20~40mm 之间；而对于壁厚为 45mm 的部分，只要查 b_m 等于 4mm 的地方就可以了。覆砂层厚度确定以后，可从图 2-14 确定铁型的壁厚。

当前，随着计算机仿真技术的发展，应用计算机技术计算温度场和凝固模拟技术已经比较成熟，用计算机模拟来进行工艺验证和优化，对于工艺、工艺参数的选择更加科学化。

2.4.2　金属的凝固过程

凝固是指从液态向固态转变的相变过程。近几十年来，人们对金属凝固过程中的传热、传质以及对流现象有了比较充分的认识，在传热、传质、对流及热动力、动力学的基础上建立起的凝固过程模型，可对凝固组织和缺陷、结晶状态及晶体结构缺陷做出较准确的预测。同时，人们通过改变传热、传质条件或施加各种物理场，或者通过化学方法控制热力学平衡和动力学过程，对凝固进行控制，以期得到最理想的组织和最低程度的缺陷。凝固过程研究的对象是液 - 固相变过程，对于小尺寸铸件而言，凝固过程时间较短，溶质的扩散和自然对流的作用不明显，导热成为凝固过程的控制环节。

从热力学分析，液态金属结晶是一个降低体系自由能的自发进行过程，金属原子从高自由能的液态结构转变为低自由能的晶体结构。液态金属结晶的驱动力是由过冷提供的，过冷度越大，结晶驱动力也就越大。整个液态金属的结晶过程就是金属原子在相变驱动力的驱使下，不断借助于起伏作用来克服能量障碍，并通过生核和生长方式而实现转变的过程。铸件的凝固组织对其性能，特别是力学性能的影响很大，就宏观状态而言，主要指晶粒的形态、大小、取向和分布等；晶粒内部的结构形态，如树枝晶、胞状晶等亚结构形态，共晶团内部的两相结构形态，以及这些结构形态的细化程度等，构成了铸件凝固组织的微观结构。铸件的凝固组织是由合金的成分及冷却条件决定的。在合金成分给定后，形核及生长这两个决定组织的关键环节是由传热条件控制的。由此可以看出，铁型覆砂铸造特有的传热条件，对铸件的组织形成和性能有着重要的影响。

铸件在凝固过程中，除纯金属和共晶合金外，断面上一般都存在 3 个区域，即固相区、凝固区及液相区。图 2-15 所示为某瞬间的铸件断面凝固区域，通过断面温度场直接确定这一时刻凝固区域的位置和宽度。

图 2-16 所示为凝固区域的结构示意。其

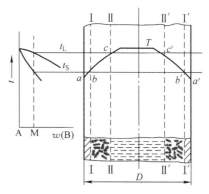

图 2-15　瞬时铸件断面凝固区域

中凝固区域又可以划分为两部分：液相占有优势的液固部分和固相占优势的固液部分。在液固部分，晶体处于悬浮状态，固相可以自由移动。在固液部分，还可以划分为两个带：在右侧的带中，晶体已连成骨架，但液体还能在其间流动；在左侧的带中，只存在少量的液体存在于骨架之间，并且被分割成一个个互不沟通的小"熔池"，这些小熔池进行凝固而发生体积收缩时，是得不到液体的补缩，因此固液部分中两个带的边界称为补缩边界。可以看出，对铸件质量影响最大的就是左侧这一个带，在实际生产中可通过缩短凝固区域来缩短这个带。

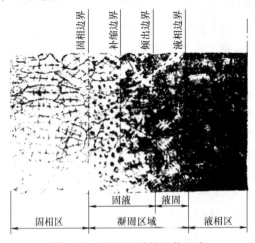

图 2-16　凝固区域的结构示意

2.4.3　凝固方式及宏观结晶组织的控制

根据凝固区域的宽度，金属的凝固方式分为 3 种类型：逐层凝固、体积凝固（或称糊状凝固）和中间凝固。纯金属和共晶成分合金的凝固区域宽度为零，是典型的逐层凝固方式。凝固方式主要受合金的结晶温度范围和铸件截面的温度梯度影响。如果合金的结晶温度范围很小，或者断面温度梯度很大，凝固区域较窄，也属于逐层凝固方式，如低碳钢、铝青铜倾向于逐层凝固。如果铸件断面上温度场较平坦，或者合金的结晶温度范围很大，即铸件断面上某一时刻的凝固区域很宽，甚至贯穿整个铸件断面，这种属于体积凝固，如高碳钢、球磨铸铁倾向于体积凝固。中间凝固方式是介于逐层凝固方式和体积凝固方式之间的凝固方式。逐层凝固的凝固区域宽度小，容易获得致密的铸件，因此在选定合金的成分后，只有通过增加铸件截面的温度梯度，使合金的凝固方式向逐层凝固方向发展。铸件的温度梯度受合金性质、铸型条件、浇注温度和铸件壁厚等因素影响。在确定了铸件形状、结构和材质后，只有通过改变铸型条件和浇注温度来调节凝固方式。铸型的蓄热能力和导热性好，对铸件的激冷能力越强，铸件温度梯度越大。显然，铁型覆砂铸造可以有效增加铸件的温度梯度。另外，浇注温度高会影响铸型的冷却能力，从而降低铸件的温度梯度，一般在保证充型能力的前提下，应尽量降低浇注温度。

　　铸件在凝固过程中，由于合金的液态收缩和凝固缩松，往往在铸件最后凝固部位出现孔洞，形成缩孔或缩松缺陷。一般情况下，逐层凝固方式下容易产生缩孔缺陷，工艺设计时多采用顺序凝固，在最后凝固的地方通过冒口补缩；糊状凝固方式下，较宽的凝固区域很难得到补缩，对于铸铁来说，可以充分利用石墨析出的体积膨胀，实现自补缩，因此在工艺设计时采用同时凝固。当然，实际生产中铸件比较复杂，顺序凝固和同时凝固往往被复合使用，如从整体上采用同时凝固，为了个别部位热节的补缩，局部采用顺序凝固，或者相反。通用公司卡赛博士提出了均衡凝固理论，西安理工大学魏兵教授也对均衡凝固技术有深入研究。均衡凝固也类似于同时凝固，都是强调浇注系统或冒口应从铸件薄壁部位引入，减小铸件不同部位的温差，避免发生局部过热。同时凝固强调的是减小残余应力，避免裂纹与变形的产生，而不考虑补缩。均衡凝固是从补缩出发，强调薄壁件、小件、壁厚均匀件的补缩，而且浇冒口离开铸件的热节位置，在满足补缩的同时，也减小了应力和变形并裂的趋势。因此，采用均衡凝固理论设计薄小件工艺，可以有效减少缩孔、缩松等缺陷，显著提高铸件的内在质量。均衡凝固是一种复合凝固原则，即利用收缩和膨胀的动态叠加，采取工艺措施，使单位时间的收缩与补缩、收缩与膨胀按比例进行的一种凝固原则。灰铸铁件和球墨铸铁件在冷却、凝固过程中，既有液态收缩、凝固收缩，又有石墨析出产生的膨胀。宏观上，铸件成形过程中所表现出来的体积变化，是膨胀与收缩相抵的净结果。均衡凝固技术就是依据石墨铸铁件"胀缩相抵"的自补缩作用与浇冒口外部补缩的规律，提出的反映铸件凝固、收缩与补缩特点的工艺设计原则和生产技术。

　　铸件的宏观结晶组织可能包括 3 个不同的晶区：表面细晶粒区、中间柱状晶区和内部等轴晶区。铸件的质量和性能与结晶组织密切关系，由于表面细晶粒区一般比较薄，对铸件的质量和性能影响不大。铸件的质量和性能主要取决于柱状晶区和等轴晶区的比例以及晶粒的大小。3 个晶区的形成是相互联系、彼此制约的。随着合金的性质和具体的凝固条件，晶区数目及宽度均会有所变化。凡能强化熔体生核，促进晶粒游离，以及有助于游离晶粒的残存与堆积的各种因素都将抑制柱状晶的形成和发展，从而扩大等轴晶的范围，并细化等轴晶组织，从而提高铸件的性能。铸型性质就是其中的因素之一，但其影响比较复杂。对于薄壁铸件，激冷可以使整个断面形成较大的过冷，铸型的蓄热系数越大，整个熔体的生核能力越强，因此采用铁型覆砂铸造比采用砂型铸造更易获得细等轴晶的断面组织。对于壁厚较大的铸件，铸型的激冷作用只产生于铸件的表面层，铸型的蓄热系数高，一方面有助于柱状晶的生长，另一方面熔体热量散失快，有利于已游离晶粒的残存，从而增加等轴晶的数量，但前者是主因，因此激冷作用强更易获得柱状晶。通过促使非均质生核与晶粒游离的其他因素，是可以抵消上述不利影响的，而且在相同的情况下，铁型覆砂铸造获得的等轴晶比砂型铸造更细。

2.4.4　铁型覆砂铸造对球墨铸铁凝固的有利条件

铁型覆砂铸造用于生产球墨铸铁件，优势明显。球墨铸铁作为一种常用的高强度铸铁材料，成功应用在一些受力复杂，强度、韧性、耐磨性要求较高的零件，所谓"以铁代钢"，主要是指球墨铸铁。球墨铸铁的凝固特性具有显著的特点，主要表现在以下几个方面。

1）球墨铸铁有较宽的共晶凝固温度范围。由于球墨铸铁共晶凝固时石墨 - 奥氏体两相的离异生长特点，使球墨铸铁的共晶团生长到一定程度后（奥氏体在石墨球外围形成完整的外壳），其生长速度明显减慢或基本不再生长。此时共晶凝固的进行要借助温度的进一步降低来获得动力，产生新的晶核。因此，共晶转变需要在一个较大的温度区间才能完成。据测定，通常球墨铸铁的共晶凝固温度范围是灰铸铁的 1 倍以上。

2）球墨铸铁的糊状凝固特性。由于球墨铸铁的共晶凝固温度范围较灰铸铁宽，从而使得铸铁凝固时，在温度梯度相同的情况下，球墨铸铁的液 - 固两相区宽度比灰铸铁大得多，这种大范围液 - 固两相区使球墨铸铁表现出具有较强的糊状凝固特性。此外，宽的共晶凝固温度范围，也使得球墨铸铁的凝固时间比灰铸铁及其他合金要长。

3）球墨铸铁具有较大的共晶凝固膨胀。由于球墨铸铁的糊状凝固特性以及共晶凝固时间较长，使凝固时球墨铸铁件的外壳长期处于较软的状态，在共晶凝固过程中，当溶解在铁液中的碳以石墨的形式结晶出来时，其体积约比原来增加 2 倍。这种由于石墨化膨胀所产生的膨胀力可高达（$5.065 \sim 10.13$）$\times 10^5 Pa$（$5 \sim 10 atm$），此力通过较软的铸件外壳传递给铸型，将足以使砂型退让，从而导致铸件尺寸胀大。

铁型覆砂铸型具有高的热导率和蓄热系数，激冷能力强，冷却速度也快，同时铸型基本没有退让性，可以减小球墨铸铁的共晶凝固温度范围和液 - 固两相区宽度，有利于凝固过程的补缩，同时可以充分利用石墨化膨胀的自补缩作用，实现小冒口或无冒口铸造。对于强度要求较高的球墨铸铁件，一般采用砂型铸造，往往需要后续的正火处理才能达到强度和伸长率的要求，但应用铁型覆砂铸造，由于冷却速度快，有利于细化石墨球和晶粒，同时可获得致密的组织，一般铸态可以获得QT800-2 的牌号，大大节省了生产成本和生产工序。

当采用铁型覆砂铸造生产球墨铸铁件时，为了实现无冒口铸造，工艺设计中利用均衡凝固理论，可以取得较好的效果。理想的均衡凝固，是假想有一种铸铁合金成分，其总收缩量和总石墨化膨胀量相等，如果能控制在单位时间内的收缩量和膨胀量自始至终按 1∶1 的比例进行，铸件任何时候都不会产生体积亏损和盈余，石墨化膨胀被 100% 地利用，如图 2-17 所示。均衡凝固胀缩完全叠加，铸件可以不用冒口，既不会产生缩孔、缩松，也没有型腔扩大。这种膨胀和收缩按比例进行的模式就是均衡凝固的物理模型。

理想的均衡凝固是难以实现的，但实际铸件仍然会出现良好的自补缩。这是因为一般工程上冷却曲线的测定只是在被测点一处的冷却情况，不能代表整个铸件。换句话说，铸件在凝固过程的某一时刻，一部分正在收缩，相邻部分可能已经进入石墨化膨胀，收缩和膨胀同时进行，而铁液是相通的，可以相互补给。这时胀缩叠加相抵，铸件表现出来的收缩值就会变小，实际上这是胀缩相抵的净结果，如图 2-18 所示。

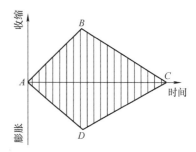

图 2-17　胀缩完全叠加时的理想模型

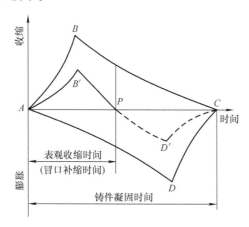

图 2-18　铸件的膨胀与收缩的叠加

在图 2-18 中，A 点为充型开始点，进入型腔的金属液温度随之下降，伴随着凝固收缩，收缩量随充填体积增加而增大；同时，受铸型激冷作用，铁液凝固并开始部分石墨化膨胀。B 点为型腔充填完毕，铸件整体冷却速度达到最大值。C 点为铸件凝固结束时刻。D 点为石墨化膨胀速率最大值。曲边三角形 ABC 表示铸件的总收缩，包括了液态收缩与凝固收缩在内。曲边三角形 ADC 表示铸件的石墨化膨胀。曲边三角形 AB'P 表示铸件胀缩相抵的净收缩，又称为铸件的表观收缩，是铸件所表现出来能被测量得到的值。AC 表示铸件总的凝固时间。AP 表示铸件表观收缩时间，即铸件存在自补不足的差额的时间，也是冒口发挥外部补缩作用的时间。P 为均衡点，对应的时刻是铸件胀缩相抵的时刻，这时铸件表观收缩为零，即为冒口停止发挥补缩作用的时刻。由于石墨化膨胀的存在，铸铁件收缩时间只占总凝固时间的一部分，把 AP/AC 称为铸件收缩时间分数。

一个铸件之所以可以实现自补缩，基于两方面原因：首先，各个区域的冷却速度是不同的，薄壁部分比厚壁部分冷却速度快，铸件的棱角边缘比中心冷却速度快；其次，就某一点而言，收缩在前，膨胀在后，即时间上收缩和膨胀的分离。对于铸件整体，各个区域进入收缩、膨胀的时间是不同的，有先有后，相互交错、重叠。因此，同一点在时间上的胀缩分离，使得空间上不同点之间胀缩互补成为可能。对于小型铸铁件，散热速度相对较快，单位时间内的收缩量（收缩速度）大，即收缩来的集中，石墨化膨胀相对后移，表观收缩量加大。这时石墨化膨胀起不到补缩作用，必须加强冒口的外部补缩。反之，对于厚大铸铁件，其收缩速度慢，石墨化膨胀相对提前，有利于胀缩相抵，使均衡点前移，缩短了表观收缩时间，即冒口补缩时间。综上所述，凡是有利于铸件收缩推迟和石墨化膨胀提前的影响因素，都会有利于胀缩的早期叠加，有利于减小冒口尺寸。另外，提高铸型刚性可以提高石墨化膨胀的利用程度，减小因型壁外移所消耗的膨胀量，也有利于均衡点 P 前移，利于减小冒口尺寸。由此可见，铁型覆砂铸造是一种非常有利于球墨铸铁件实现均衡凝固的工艺方法。

2.5　铸造 CAD/CAE

2.5.1　铸造 CAD/CAE 的概念

采用计算机技术对铸造工艺过程进行辅助设计和模拟仿真，对铸件缺陷和质量进行模拟控制，是铸造业的重要发展方向，已受到越来越多的铸造技术人员的关注和研究，在改造传统铸造方法、提高铸件质量、降低铸造成本和缩短投产时间等方面起着越来越重要的作用。

铸造工艺计算机辅助设计及铸造过程计算机模拟仿真（简称铸造 CAD/CAE）主要包括计算机辅助绘图、计算机辅助工艺与工装设计和充型凝固过程模拟仿真 3 部分内容。铸造 CAD/CAE 是在数学模型和算法的基础上，在计算机平台上通过使用铸造辅助设计软件，形成了更具有理论与科学依据的工艺设计流程，如图 2-19 所示。

仿真工艺需将铸造工艺三维模型、铸件与铸型材质、相关热物性参数、初始和终止条件设置等内容输入至铸造仿真软件中，通过软件中的数值模拟计

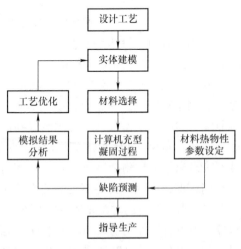

图 2-19　铸造辅助工艺设计流程

算，便可得到直观的仿真结果与动画，通过分析仿真结果确定工艺是否合格，若不合格依此提出工艺改进方案，再次进行工艺仿真，直到得到合格的工艺为止。铸造CAD/CAE 是传统铸造技术与计算机技术、信息处理技术相结合的产物，是铸造向数字化、网络化、智能化发展的基础。

1. 铸造 CAD 技术

铸造 CAD 技术主要是指铸造工艺的计算机辅助设计和绘图，包括铸造浇注系统、冒口和冷铁的设计、型芯设计，铸造分型面、加工余量和拔模斜度的确定，以及采用通用的 CAD 软件进行绘图造型，如 AutoCAD、UG、SolidWorks、Pro/Engineer 等，完善的 CAD 技术还包括浇注系统库、冒口库、芯头库等数据库支撑，实现铸造工艺的快速准确设计。随着计算机软硬技术的迅速发展，铸造工艺 CAD 依托成熟的三维平台，已经从二维铸造工艺 CAD 走向三维铸造工艺 CAD。三维铸造工艺 CAD 具有二维无法比拟的优点：设计人员可以直接在三维零件造型上进行工艺设计，过程直观、计算准确；三维零件造型上几何信息完整，易于与铸造工艺 CAE 系统及后续的 CAM 系统衔接和实现数据共享。

铁型覆砂铸造工艺 CAD 技术也已经从二维走向了三维，一般也是利用现有成熟的三维软件平台，在这些平台上的软件二次开发比较少，没有形成标准零件库、浇注系统库、芯头尺寸库等一些数据库，对工艺设计的技术支撑比较少，未来还需要进一步开发相关技术的专家系统，提高工艺设计的效率和准确性。

2. 铸造 CAE 技术

铸造 CAE 技术是通过有限分析技术，如有限差分法、有限元法，对铸造的充型、冷却、凝固过程进行数值计算模拟，在计算机上实现"试浇"，从而指导设计合理的铸造工艺。铸造 CAE 技术是典型的多学科交叉，涉及铸造成型理论、计算机图形学、多媒体技术、可视化技术、三维造型、传热学、流体力学、弹性塑性力学、金属学等多种学科。铸造 CAE 技术主要研究的内容包括以下几个方面：

1）凝固过程温度场模拟。利用传热学原理模拟铸件凝固过程中的温度场分布，预测凝固过程中相关缺陷。

2）充型过程流动场模拟。利用流体力学原理分析浇注充型过程，优化浇注系统，预测卷气、夹渣等缺陷。

3）流动与传热的耦合计算。利用流体力学与传热学原理，在模拟流动场的同时计算传热，可以预测铸造充型过程浇不足、冷隔等缺陷，并且可以得到充型结束时的温度分布，为后续的温度场分析提供准确的初始条件。

4）应力场模拟。利用力学原理（有 Heyn 模型、弹塑性模型、Derzyna 模型、统一内状态变量模型），分析铸件应力分布，预测热裂、冷裂、变形等缺陷。

5）组织模拟。可分为宏观组织模拟、介观组织模拟和微观组织模拟，利用一些数学模型（确定性模型、Monte Carlo 法、CA 模型等）来计算形核数、枝晶生长速度、组织转变，预测力学性能。

6）其他过程模拟。如冲天炉熔炼过程模拟、型砂紧实过程模拟、射砂过程模拟等铸造过程的数值模拟。

常用的数值求解方法有：有限差分法（FDM）、有限元法（FEM）、直接差分法（DFDM）、边界元法（BEM）等。铸造 CAE 技术中主要应用有限差分法和有限元法。

铁型覆砂铸造所用铁型数量多，投资大，如果设计的铸造工艺参数不合理，在原来基础上进行修改的余地较小，容易形成整套铁型报废，造成严重的经济损失和时间损失，因此在铁型铸造工艺设计中，利用 CAE 技术开展凝固过程的温度场模拟、充型过程的流动场模拟以及流动和温度场的耦合模拟，提前预测可能产生的缺陷，从而优化铸造工艺设计，争取设计一次成功，对于铁型覆砂铸造技术的应用与推广具有重要意义。

2.5.2　铸造 CAE 软件组成

铸造 CAE 软件一般包括三大基本模块：前处理模块、计算分析模块和后处理模块。对于一些成熟的 CAE 系统，它还会包括一些辅助的模块，如工程管理模块、工程数据库等。

铸造工艺辅助设计的前处理主要包括几何建模和网格划分。前处理是进行铸造工艺模拟的前提和重要保障，它决定了后续模拟的精确性，也影响模拟速度的快慢。

1. 几何建模

几何建模主要是通过将要进行分析的对象输入计算机来完成的。几何建模有两种途径：

1）利用铸造仿真软件自带的建模功能建模。

2）通过其他的三维制图软件（如 UG、Pro/Engineer 和 SolidWorks 等）建模后导出可被铸造仿真软件接受的实体格式（如 STL、PARASOLID、IGS 和 STEP 等），再导入到仿真软件中。

由于通用的三维造型软件已非常成熟，完全可以满足各种不同场合的需要，因此许多 CAE 软件已不提供单独的建模功能。

2. 网格划分

网格划分是将输入的对象剖分成计算所需的网格单元，得到原本连续对象的离散模型，是一种空间上的离散。网格形状主要分为两种：三角形和四边形。三角形单元划分灵活，可适应复杂的几何形状，精度高，如发动机缸体、汽车轮毂等的建模；四边形单元则要求铸件结构比较规则。

网格划分的结果将直接影响后期模拟计算的速度和精度。在网格划分过程中要综合考虑各种因素，包括网格形状和大小的选择等。网格的大小决定了网格的数量和密度。对于同一铸件的网格划分，网格越小，网格数量和密度越大，精度越高，但是模拟速度越慢。确定网格大小的基本原则是零件的最薄壁厚要大于网格的单元长度。

计算分析模块是利用前处理模块剖分所得的离散模型进行各物理场的模拟分析。技术分析模块一般包括以下步骤：首先对数学模型进行离散，求出前处理模块剖分所得到的离散模型对应的离散格式；然后设置对应的初始条件和边界条件；最后进行求解并保存各物理场的分布情况。离散是 CAE 软件系统的重要概念，数值模拟的本质就是求物理场的离散空间和时间的数值解。

后处理模块的任务是实现数据的可视化，一方面通过仿真结果的图片、视频片段等直观展示，另一方面可通过旋转、剖切、透射等手段有针对性和选择性的展示，将各物理场的计算结果真实、生动、形象地显示出来。

2.5.3　铁型覆砂铸造过程数值模拟

铁型覆砂铸造与普通砂型铸造的不同之处为铸型，以及铸型带来的刚性和冷却速度的不同，因此在铁型覆砂铸造过程数值模拟中，主要应设置好铸型的参数。凝固过程数值模拟可以实现预知凝固时间、开箱时间，确定生产率；预测缩孔和缩松形成的位置和大小；预知铸型的表面及内部的温度分布，方便铸型（特别是金属型）的设计；控制凝固条件，为预测铸件应力、微观及宏观偏析、铸件性能等提供必要的依据和分析计算的数据。因此，铁型覆砂铸造过程数值模拟的主要应用领域是凝固过程的数值模拟。

铁型覆砂铸造传热比较复杂，用于球墨铸铁件生产比较多，为此浙江省机电设计研究院专门开发了铁型覆砂铸造球墨铸铁件凝固模拟软件 ForeCAST。针对铁型、覆砂层、铸件、排气系统等多种材料、体系的相互作用的传热条件和球墨铸铁凝固特点，从宏观传热机理对铸造过程进行分析，归纳为以下几种边界。

1. 铸件 - 覆砂层 - 铁型 - 大气

由于存在石墨化膨胀与刚性铸型，可以认为界面是紧密接触的，该边界为典型的第三类边界。由于铁型温度较高，必须考虑铁型外表面辐射与对流散热，则综合边界换热系数为

$$h = \frac{1}{\delta_{覆砂}/\lambda_{覆砂} + 1/(\lambda_{铁型}/\delta_{铁型} + h_c + h_r)} \qquad (2\text{-}11)$$

式中，h_c 为铁型外表面等效传热系数；h_r 为铁型外表面辐射等效传热系数；$\lambda_{覆砂}$、$\lambda_{铁型}$ 为覆砂、铁型的热导率；$\delta_{覆砂}$、$\delta_{铁型}$ 为覆砂层、铁型厚度。

2. 浇注系统

球墨铸铁件无冒口设计的一个准则是内浇口要适时封闭，防止铁液反流，一般内浇口呈薄片状。因此，计算整个浇注系统并无多大意义，仅选取一段内浇道，认为截面是绝热边界。即可将其归入第二类边界，热流密度为零。

3. 型芯和冷铁等

此类边界可归入第三类边界，其传热系数称为等效传热系数。

目前铸造领域的商品化数值模拟软件较多，国外软件有德国的 MAGMASOFT、美国的 PROCAST、韩国的 AnyCasting；国内的有华中科技科技大学的华铸 CAE、清华大学的 FT-STAR 等，这些软件在铸造领域得到了较为广泛的应用，取得了良好的应用效果。对于铁型覆砂工艺，也可采用这些通用的数值模拟软件。一般采用砂型铸造模块，在铸型的造型过程中，将覆砂层与铁型分别造型，形成三个边界，即铸件与覆砂层、覆砂层与铁型、铁型与大气，其中铸件与覆砂层，铁型与大气的边界条件参数可以参考砂型铸造和金属型铸造，而覆砂层和铁型的边界条件参数是铁型覆砂铸造的特殊条件，需要通过理论与试验验证确定，浙江机电院在这一方面做了大量的研究工作。

以 MAGMASOFT 软件为例，为了提高凝固模拟的准确性，一般加入流动与传热的耦合，从充型开始模拟，直至铸件全部凝固。铁型覆砂铸造数值模拟操作步骤如下：

（1）几何建模　建构正确的实体模型是进行数值模拟工作的关键。一般采用通用的三维 CAD 软件，构建铸造系统中的铸件、浇注系统、冒口、铁型、覆砂层的三维模型，并转换为 .stl 文件，为 MAGMA 分析做好准备。文件保存中要注意选择坐标系 Z 轴向上。

（2）在 MAGMASOFT 软件中新建工程　启动 MAGMA，进入主界面。在主界面中选择 Project 菜单→ creat project，创建新项目。在 Project Management 界面中，根据模拟的铸件材质，选择 Iron Casting 铸铁模组或 Steel Module 铸钢模组，并设置结果存放的文件夹和项目名称。项目的文件夹结构按照新的结构创建，选择 Empty Project，新的结构按照自带项目文件夹结构，通常选择 MAGMA Structure。

（3）前处理　把建好的 .stl 文件存到盘符 :\MAGMAsoft\ 方案名 \v01\CMD 文件夹下。定义铸造系统中的各个组成部分，如铸件、浇注系统、冒口、型芯、冷铁等。

前处理的几个原则如下：

1）将一个复杂的几何体分成几个简单的几何体。

2）确保各个几何体之间存在相连部分。

3）设置共同的基准点，通常可设为三维坐标系。

4）用层（sheet）进行几何体的保存和管理。

5）注意覆盖（overlay）原则。

6）使用 cmd 文档。

7）命名各输入的几何体。

8）对称件用 cut box 命令。

9）最后用"save all as 1"命令将所有几何体保存入"sheet0"中。

10）Z 轴正方向与重力方向相反：在载入时一定要确保重力方向向下，一般在实体建模时便给出正确的重力方向，如果方向错误也可在 MAGMA 内修改。

具体操作如下：

1）载入 .stl 文件。在主界面中选择 preprocessor，进入前处理界面。注意，加载前一定要确定群组属性的正确。单击 Material，进入选择材料组。欲载入同样的群组另一组件，则需要在单击 LOAD SLA 操作之前，按下 MAT ID+ 键。有时 .stl 文件不能载入，可能是文件名太长。退出修改文件名重新载入 CMD 文件夹内。加载文档时出现没有完全转出，需检查实体档案有无错误。

也可在 MAGMA 内添加几何体。

命名几何体。Shift+ 中键选择 Model，此时会提示已选择的实体，或者在 select 菜单下的 VOLUME 中选择物件。选择后按 F2 快捷键出现 name sel，输入名称，也可以直接在左下角的文本框内输入 name sel sandm 进行重命名。

2）调整顺序。保存所有已导入及创建的对象：File → SAVE ALL AS 1 → YES。

调整对象顺序：选择 Select → VOLUNE，弹出对话框，选择要移动的对象，单击第一个按钮"---"，选择要移动到位置的对象，单击第二个按钮"---"，选择 Move Before 或 Move After。参考 overlay 原理进行排序，一般砂模（sandm）放在最前面，之后依次为灌口（inlet）、浇道（gating）、冒口（feeder）、入水口（ingate）、型芯（core）、冷铁（chill）、铸件（cast）放在最后面。

调整顺序后保存现在的各组件：File → SAVE ALL AS 1 → YES。

（4）网格剖分　整个铸造系统几何资料前处理（preprocessor）后必须网格化（enmeshment）才能执行模拟工作。一个好的网格化处理可以得到好的分析结果，并且不需太长的时间。理论上网格越细，"解析度"越高，但计算时间越长。最好是该细分的地方细，不需细分的地方粗，这完全取决于经验。

网格化品质决定于参数的设定，并将结果存成 project_name.grd 和 project_name.bnd。网格化之前要记得前处理完成的最后需要"save all as 1"。

网格化的基本准则如下：

1）网格化质量的好坏将严重影响模拟的结果。

2）不能有太多的针状单元体。

3）灌口（inlet）在充型方向上至少划分成三层。

4）尽可能地减少薄体单元和边对边单元。

5）不存在充型时不能计算的坏单元。

6）铸件最少应分为三层。

7）网格化数量越多，则模拟所需时间越长，但结果越精确。

8）网格化的数量越少，则模拟所需时间越短，但结果越粗糙。

网格剖分有 4 种模式（Method）：automatic 自动、standard 标准、advanced 高

级和 advanced2 更高级模式。下面的划分参数是基于这 4 种模式的，如 automatic 自动模式，划分参数就没有了；选择 advanced 高级模式，才能看见高级划分参数。

对特定材料指定特定的网格密度，如铸型和铸件采用不同的格子密度，必须采用高级方法。主要参数设置说明如下：

1）Accuracy：精确度。每个单元再划分为 n 份，配合 Element size 使用，如果细分的网格大小小于 Element size 就不会细分下去。

2）Wall thichness：最薄壁厚处为划分网格依据，根据几何模型自动判断，默认值为 5。导入模型边界和 .stl 三角体的所有点投影在 X 轴上的间距作为划分网格依据（首要划分判据）。

3）Element size：单元尺寸或最小单元尺寸，单位为 mm，默认值为 5。会对 Wall thinness 无法切到的部分进行进一步的细切。一般 Wall thichness 和 Element size 设成一样大小。Element size 定义网格的三维值，它的优先度高于 Accuracy。

4）Option：选项。Smoothing 相邻单元允许的最大长度 Ratio 值，否则划分相邻单元，光滑参数，默认值为 2，针对曲面，效果明显。Ratio 为单元高度与宽度（长度）之比的最大值，等于 1 时为立方体，默认值为 5。

5）Core generation：泥芯网络是否划分，前提前处理中有泥芯的几何模型。

6）Solver5：笛卡儿分割单元算法，尤其是对薄壁铸件特别有效，常应用于外部复杂气体力学结构计算（计算模样与金属的多孔性，考虑了气体与涂层影响），默认不选，采用 Solver4。

7）检查网格质量：选择 postprocessor → on geometry，弹出窗口。在页面中输入数值后按 Enter 键，单击 OK，跳转窗口。运行完成后单击 Next。在 material 中选择需要显示的对象后，单击 apply，显示几何体。选择 results → mesh_quality → apply，显示网格质量，视图右上角会显示网格信息。黄色表示 cast 材料与其他材料只有边接触，这样会有问题，因为热及材料流动只可以从接触面进出。淡蓝色表示 cast 材料与 inlet 材料没有连接起来，这可能是因为 inlet 没有建好。深蓝色表示几何材料的壁厚为一层网格，正常几何边与边接触面积至少要 3 个网格，否则金属液流速过快，会导致冲击与摩擦，得到不正确的流动仿真结果。

（5）参数设置　参数设计一般流程：模型与过程计算选择→材料设置→传热系数定义→充型定义→凝固定义→应力定义→准备仿真内容。具体操作如下：

1）模型与过程计算选择。金属模（permanent）和砂模（sand mold）。金属模只有批次执行（循环）和应力计算，砂模有充型计算、凝固计算、应力计算。一般铁型覆砂铸造数值模拟选择砂模的充型计算、凝固计算。

2）材料设置。选择材料类型：单击 select data，选择具体材料。

3）传热系数定义。选择材料组接触对，单击 select data，选择具体的传热系数。在铁型覆砂铸造中，传热系数一般设定为恒定值 cast/core 为 C600；cast/sand mold 为 C1500；Core/sand mold 为 C600；core/chill 为 C600；sand mold/chill 为 C1000。

4）边界条件。描述铸件的边界传热是热辐射和热对流，这取决于砂腔的温度。此处铸件和外模的边界条件一般都选择为 default（默认）。

5）特殊工艺设置。选择需要定义的选项，在铁型覆砂铸造中该项选择默认。

6）充型定义。求解器（use solver）选择：一般对系统的仿真采用 Solver4，准确性较高。

充型依据（filling depends on）：时间、速率、压力。铁型覆砂铸造一般选用充型时间为依据，根据铸件情况设置好充型时间（filling time）。

数据存储（storing data）：单击 automatic，弹出对话框，选项有 automatic、time 和 percent。automatic：每 10% 储存一次；time：指定任何时间来存储资料，输入格式为起始时间 终止时间 时间间隔（中间以空格隔开），然后按 Enter 键；percent：指定任意百分比来存储资料，输入格式为起始百分比 终止百分比 百分比间隔（中间以空格隔开），然后按 Enter 键。

7）凝固定义。用于设定凝固开始温度（temperature from filling）。选择 yes 表示凝固的开始温度是根据前一充填仿真过程计算而得的温度资料；如果选择 no，则是使用资料库中固定的温度，一般定义为 yes。

选择 use solver：Solver1，这个处理程式可以得到较粗略但较省时的仿真结果，当程式发生不稳定时，会自动调整计算间距以加快计算速度；Solver2，这个处理程式的计算间距比 Solver1 小；Solver3，这个处理程式的计算间距比 Solver2 更小，但在计算精度和花费时间可取得平衡；Solver4，这个处理程式的计算精确度最好。

设置停止计算依据（stop simulation）:automatic，当铸件温度已低于凝固温度时，MAGMA 就自动停止计算，自动默认；time，指定时间作为停止准则；temperature，指定温度值作为停止准则。

激活补缩计算（calculate feeding）：一般选 yes。

定义补缩效率（feeding effectivity）：用于定义收缩比率（凝固后体积与液体体积比）。

标准温度 1（temperature criterion1）：根据 Niyama 收缩准则所设定的温度，内定值是固态温度加上凝固区间（Tliquidus-Tsolidus）的 10%。

标准温度 2（temperature criterion2）：这个温度是计算冷却速率和冷却梯度的准则，内定值是液态温度加 2℃（Tliquidus +2℃）。

数据存储（storing data）：单击 automatic，弹出对话框。选择 automatic、time、percent，输入数据，输入数据之间要有空格，具体步骤与充型存储操作相同。根据需要设置，以节省硬盘占用。

8）铸造品质（iron casting）。

接种方式（inoculation method）：一般默认选择 good。

处理数量（treatment yield）：一般选择 80%~100%。

砂型质量（mold dilatation）：包括 die、stable mold 和 weak mold，在铁型覆砂铸造过程模拟中选择 die。

石墨效果（graphite precipitation）：有 10 个等级，一般取 7~9。

设置完成后，单击 OK，进入快速后处理界面（fast postprocessing preparation），选择 new conversion，单击 OK，跳转界面。

（6）模拟和开始控制视窗（online job simulation control）

Start：单击 start，模拟计算开始。

Stop：模拟计算终止。注意，当按下 stop 时，必须等到视窗出现模拟结束才可以继续下一步骤操作。

dump：单击 dump，包括模拟的状态（结果）及所有的讯息都会存到一个档案中，但模拟照常继续。若后面终止模拟状况发生停止和错误，则只要再单击 restart，模拟又会接续计算。

Restart：和 dump 配合使用，只有当 dump 储存当时的结果后离开再进入模拟计算时，单击 restart 又再启动计算，即使改变一些参数，如储存模拟结果百分比，程式会忽略而再依新设定来计算。

Dismiss：离开关闭模拟控制视窗。

Read：读取模拟纪录，中断模拟再启动模拟后可查看上次的结果，视窗左侧是模拟进度（%）显示。如果在模拟中你想查看某个材料的模拟进度，从 MAGMA 主界面的 info 选择 percent filled 会启动操作界面。

视窗中间画面显示目前模拟中的温度状态（对应时间轴），可对整体计算状态有一个大概的了解。其中有不同颜色的温度线显示，其含义如下：

1）红色线（Tmax）显示熔融状态的最高温度。

2）绿色线（Tavg）显示熔融状态的平均温度。

3）蓝色线（Tmin）显示熔融状态的最低温度。

4）淡蓝色线（Tsol）表示熔融金属固态线。

5）黄色线（Tliq）表示熔融金属液态线。

计算中，可能会显示信息提示框：Warning 和 Error，其区别如下。

Warning：告诉操作者可能有问题会发生，但模拟照常进行。许多的警告信息是输入的参数可能不对，或者可能导致计算时间变长或产生错误结果。建议使用者检查参数、几何、网格或热传条件，若一切无误再继续模拟。

Error：告诉操作者遇到程式无法自行克服的问题发生。错误信息一般会告诉使用者如何处理。

（7）模拟结果分析 后处理器（postprocessor）运算结果结束后单击 dissmiss 退出。选择主界面中的 postprocessor → on geometry，进入后处理。在 Material 中

选择要显示的物件后单击 apply。Results 中有所设置的计算结果：Filling、Geometry、Solidification 等，在这里能看到最终的结果。

1）剖视功能。lipping：包括 X Y Z、Screen、Angle、Vector 等多种方式（可组合使用）。其中 X Y Z、Screen、Angle 也可以进行动态剖切。操作步骤：从 X Y Z、Screen、Angle、Vector 中选择一种剖切模式；单击 Active，激活该选项；根据个人需求拖动滑块或进行播放观看。

Slicing：也属于剖切功能，静态、动态方式均可以打开剖切功能，都需要选择 Active，激活该选项后，根据个人需要进行观察。

Rotate：手动旋转调整模型查看角度。选择 X、Y、Z 任意一项作为旋转轴；拖动滑块或打开 Angle 播放，或者选择 Absolute Rotation 通过输入角度观看。

2）查看或生成结果图片（Images）。从 Format 中选择存储视频文件格式；从 Result → Name 中选择要制作的过程文件，单击 Add Result 添加；选择 save 进行命名保存；单击 Generate 执行结果存储。

3）动画演示（Animation）。从 Result → Name 中选择要观看的过程，单击 Add Result 添加；单击 Active 激活该选项；从 Fast mode（单次）和 Loop mode（连续）选择播放模式；单击 start，即可观看动画过程。

4）充型结果分析（Filling）。充型判据（Criteria）：Fill time 充型时间；F-Air contact 充型时金属与空气接触时间（越大，氧化越严重）；F-Flow len 金属流动的长度；F-Material age 充型材料期；F-Wall contact 接触时间。

充型压力（Pressure）：在后处理界面中选择 Result → Filling → Pressure，采用 X-Ray 透视功能，勾选 Activate，点击 apply，视窗中出现结果。

充型温度场（Temperature）：在后处理界面选择 Result → Filling → Temperature，采用 X-Ray 透视功能，勾选 Activate，点击 apply，视窗中出现结果。

充型矢量速度场（Velocity）：在后处理界面中选择 Result → Filling → Velocity，采用 X-Ray 透视功能，勾选 Activate，点击 apply，视窗中出现结果。

5）凝固结果分析（Solidification）。凝固缺陷判据（Criteria）：

① 梯度（Gradient）。

② 冷却速度（Coolrate）：显示局部的冷却速度，值越高则金属的微观结构越好。

③ 液相到固相（Liqtosol）：是晶粒开始成长范围，可以估计晶粒大小，偏白晶粒差。

④ 凝固时间（Soltime）。

⑤ 冒口模数（冒口体积 / 面积）（Feedmod）。

⑥ 尼亚玛准则（Niyama）：用于判断中心缩孔。

⑦ 补缩效果（Feeding）：查看结果时通常结合 X-Ray 透视效果分析查看（X-Ray → range mode，设 0~95）。隐藏补缩率高的，显示补缩效果不好的。补缩率

越高越不容易出现缩孔，补缩效果越好。

在后处理界面中选择 Result → Feeding，采用 X-Ray 透视功能，勾选 Activate，range mode 选择 0~95，单击 apply，视窗中出现结果。

⑧ 缩孔缩松（Porosity）：在后处理界面中选择 Result → Porosity，采用 Slicing 剖视功能，勾选 Activate，选择 X、Y、Z 轴作为剖切方向，拖动滑块，查看各个截面的缩孔、缩松情况。

⑨ 热节（Hotspot）：在后处理界面中选择 Result → Hotspot，采用 X-Ray 透视功能，勾选 Activate，单击 apply，视窗中出现热节分布结果。

凝固过程液相分数分布（Fraction_liquid）：

在后处理界面中选择 Result → Fraction_liquid，采用 Slicing 剖视功能，勾选 Activate，选择 X、Y、Z 轴作为剖切方向，拖动滑动，查看各个截面的液相分布情况。

凝固过程温度场（Temperature）：

在后处理界面中选择 Result → Temperature，采用 Slicing 剖视功能，勾选 Activate，选择 X、Y、Z 轴作为剖切方向，拖动滑动，查看各个截面的温度分布情况。图 2-20 所示为铁型覆砂铸造曲轴某时刻的典型温度场。

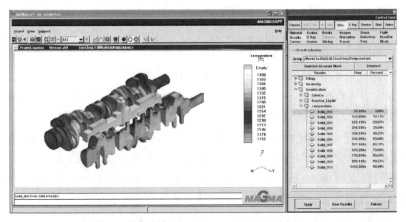

图 2-20　铁型覆砂铸造曲轴某时刻的典型温度场

2.6　本章小结

本章着重分析了铁型覆砂铸造的传热机理、充型机理和冷却凝固机理，指出了在铁型覆砂铸造工艺过程中，铸件壁厚、覆砂层厚度与铁型壁厚是影响铸件凝固冷却速度的重要因素，其中覆砂层厚度对铸件冷却速度影响较大，铸件温降主要出现在覆砂层上，为后续铁型覆砂工艺设计提供了理论基础。本章还介绍了铸造过程CAD/CAE 技术，指出了铁型覆砂铸造 CAD/CAE 技术的重要性及特殊性，并介绍了通用铸造数值模拟软件在铁型覆砂铸造中的应用。

第3章 覆砂工艺及覆砂材料

　　铁型覆砂铸造最关键的工序之一是覆砂造型，即把满足厚度和性能等要求的型砂贴覆在铁型内腔，形成覆砂层。覆砂材料的选择很关键，将直接影响覆砂层的性能，从而影响生产的铸件质量。另外，覆砂材料还要适合覆砂造型工艺的要求，确保造型质量。覆砂造型有离心、压实及射砂等方法，离心覆砂造型法应用在铸管的生产比较多，压实覆砂造型法主要应用在单件小批的大铸件生产，而大批量铸件铁型覆砂铸造生产是采用射砂形成覆砂层的方法。本章讨论采用射砂方法形成覆砂层的工艺及所涉及的造型材料。

3.1　覆砂造型

　　铁型覆砂铸造的覆砂造型工艺和覆砂造型材料的选择从一开始就是紧密联系在一起的。虽然试验工作中曾经采用过黏土砂、水玻璃砂和自硬砂等进行覆砂造型，但成功应用于铁型覆砂铸造生产线的都是采用酚醛树脂砂射砂方法实现覆砂造型的。了解覆砂造型的原理和工艺流程，以及铁型覆砂铸造对造型用砂的要求，有助于了解覆砂造型材料的组成和性能。

3.1.1　覆砂造型原理

　　覆砂造型就是按铸件生产的要求在铁型内腔形成覆砂层。对覆砂层的要求包括厚度、强度、高温性能、表面质量以及溃散性能等，而这些性能由覆砂材料和覆砂工艺共同决定。

　　用于铁型覆砂铸造生产的覆砂造型有射砂、离心、压实3种方法。离心覆砂造型中的覆砂厚度和覆砂质量主要由覆砂时间、覆砂温度及离心力大小等决定。压实法中的覆砂厚度和覆砂质量主要由压实模样、造型工具和技工的操作水平等决定。离心法适用于生产不同规格的套筒类、齿轮类铸件；压实法适用于模样简单、高度低的砂型紧实。一般来说，大批量铸件铁型覆砂铸造生产采用射砂法进行覆砂造型，如图3-1所示。从图可以看出射砂头1、覆砂层2、铁型3和模板4的相对位置。其中，模板4和铁型3合型后形成的间隙就是覆砂层厚度；通过射砂头1向这个间隙中射入覆砂造型材料，然后经过固化起模，就形成了覆砂层。覆砂造型的质量和精度主要由覆砂工艺和覆砂材料决定。

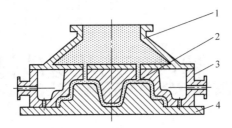

图 3-1　射砂覆砂造型方法

1—射砂头　2—覆砂层　3—铁型　4—模板

3.1.2　覆砂造型工艺

　　覆砂造型一般要经过覆砂准备→合型→射砂→固化→开模→修型→下芯→合箱等工艺流程。20 世纪 90 年代，即铁型覆砂铸造广泛应用的初期，由于覆砂造型设备自动化程度较低，覆砂过程主要由操作人员来完成，因此需要制定详细的工艺操作规程，以指导进行覆砂造型。表 3-1 列出了当时常见的"覆砂造型工艺操作要点"。

表 3-1　覆砂造型工艺操作要点

序号	工序名称	操作要点
1	设备准备	调整覆砂造型机射砂和开合型机构，保证射砂起模动作灵活可靠
2	工装准备	检查射砂板的射砂孔是否通畅，清除模板表面的粘砂及积碳，清除射砂板和底座上的积砂
3	铁型预热	接通电热棒电源，预热模板至 200~300℃；如果是未覆砂的冷铁型，可将铁型合上模板一起预热，使铁型稳定至 150~200℃
4	上涂料	模板表面喷洒脱模剂，每造型 3-4 次喷洒一次，脱模剂罐喷前要摇匀
5	合型	铁型和模板合型后，上升工作台使铁型上平面与射砂板结合
6	射砂	射砂时间 2~3s，然后工作台下降
7	固化	固化时间视铁型和模板温度高低而不同，一般至覆砂层硬结变黄
8	开模	下降模板完成开模后，移出已覆砂的铁型
9	清理型板	喷洒脱模剂，重复上述序号 4~8
10	修型	覆砂层如有缺损，可用专用的修型用砂趁热修补
11	下芯	注意，在上箱中的型芯要涂黏结剂，以防松动
12	合箱	注意清除浮砂、动作平稳
13	上箱扣	要求每副铁型的箱扣同步拧紧

　　随着覆砂造型设备的不断完善和自动化水平的提高，现在的操作大大简化，基本工序没变，但大部分工序已经不需要人工操控了。从以上工艺操作要点中可以看

到，覆砂造型用到的造型材料包括脱模剂、型砂（覆膜砂）、修型用砂、芯砂胶合剂等，其中最重要的是用于直接形成覆砂层的覆膜砂。

3.1.3　覆砂造型对覆砂材料的要求

覆砂造型用到的造型材料包括型砂（覆膜砂）、脱模剂、修型用砂、芯砂和胶合剂，后面分别进行叙述。铁型覆砂铸造对覆砂层型砂的要求如下：

1）具有适宜的强度性能。由于铁型覆砂过程中，型砂外面有铁型支撑，故覆膜砂的强度不必像壳型（芯）铸造那样需选用高强度砂，铁型覆砂选用中强度砂即可。

2）具有优良的流动性和成型性，能够满足铁型覆砂薄覆砂层的成型需求，在压缩空气的作用下即能完成覆砂造型。

3）造型后的铸型表面质量好，致密无疏松，即使少施或不施涂料，也能获得较好的铸件表面质量。保证铸件尺寸精度可达 CT7~CT8 级，表面粗糙度 Ra 值可达 6.3~12.5μm。

4）发气量小、热膨胀性小等使用性能符合不同铸件要求。

5）具有良好的溃散性，有利于铸件及铁型清理，改善产品性能，提高生产率。

6）易于存放、运输及使用。造型后铸型的存放时间长，铸型不会因为存放时间长而需要重新覆砂。

铁型覆砂早期曾试验和试用过水玻璃砂、呋喃树脂自硬砂、黏土砂及酚醛树脂砂等型砂作为覆砂层材料。黏土砂作为覆砂层材料仅在早期苏联研究覆砂层厚度对铸件冷却的影响实验工作中有过介绍，由于其流动性、与铁型贴合性能和生产率等方面较差而没有应用。20 世纪 90 年代初，磨球铁型覆砂铸造中曾经试验水玻璃砂作为覆砂层材料，主要是由于与铁型的结合力不好而被弃用；早期苏联也曾试验用呋喃树脂自硬砂作为覆砂层材料，但最后用于生产时采用的是酚醛树脂砂。我国 1975 年后开始研究铁型覆砂铸造及其应用，从一开始就选择了酚醛树脂砂作为覆砂层材料，这可能与苏联 1974 年成功建成的铁型覆砂铸造曲轴生产线及其后来的铁型覆砂铸造生产线用的都是酚醛树脂砂有很大的关系。

我国 1979 年正式投产的第一条铁型覆砂铸造生产线的覆砂层材料成分如下：石英砂：2123 酚醛树脂：乌洛托品：硬脂酸钙：工业酒精 =100：3：18：4：5（乌洛托品、硬脂酸钙、工业酒精的比例是占树脂的百分比）；采用冷法自行混制。这种型砂与后来出现的覆膜砂的成分非常接近，基本满足了铁型覆砂铸造生产对型砂的要求。从 20 世纪 90 年代初开始，随着我国铸造行业壳型铸造、铁型覆砂铸造的应用扩大，对"覆膜砂"的需求也越来越大。随着酚醛树脂的品种和质量的提高，以及更为先进覆膜砂生产设备及工艺的采用，覆膜砂性能提高很快，并形成了专门的技术和设备，促进了铁型覆砂铸造的发展。

3.2 覆砂造型材料（覆膜砂）

铁型覆砂铸造覆砂层材料从开始就采用了与覆膜砂相近的成分和混制工艺，随着覆膜砂应用的日益广泛，覆膜砂已经成为铸造行业的一个专门产业，而且铁型覆砂铸造目前已经全部采用覆膜砂作为覆砂层材料了。因此，本节专门讨论覆膜砂的成分、性能、选用、混制和再生等内容。

3.2.1 覆膜砂的成分和性能要求

1. 覆膜砂成分

铁型覆砂铸造用覆膜砂由原砂、酚醛树脂、固化剂、润滑剂和添加剂组成，不同用途覆膜砂的配比会有所不同。铁型覆砂铸造用覆膜砂的基本配方见表3-2。

表 3-2 铁型覆砂铸造用覆膜砂的基本配方

成分	原砂	树脂	固化剂	润滑剂	添加剂
质量比	100	1.0~3.0	10~15（相对树脂）	5~7（相对树脂）	0.1~5（相对树脂）
备注	硅砂、锆砂等	酚醛树脂	乌洛托品等	硬脂酸钙等	改善性能的物质

（1）原砂 作为覆膜砂的骨料，对覆膜砂的性能影响非常大。选择原砂时主要考虑原砂的粒形、粒度、成分、含泥量和含水量等性能指标。

1）粒形：原砂的粒形一般表现在其圆整度上，用角形系数来表示。角形系数越小，原砂的圆整度越高，形状越接近球形。原砂粒形主要影响覆膜砂的透气性、流动性、耐火度和强度等。

2）粒度：原砂粒度大小与分布对覆膜砂的透气性、流动性、耐火度和强度等有很大的影响。在不影响铸件表面粗糙度的条件下，砂粒适当加粗，对透气性增加很是有利。例如，原砂的粒度为50/100，这样的原砂粒度较大，树脂砂的透气性较好。

3）成分：不同种类原砂的化学组成有很大差异，会影响覆膜砂的耐热度、灼烧减量等。特种砂的耐热度一般都会高于普通硅砂。就硅砂而言，原砂中 SiO_2 含量越高，杂质越少，覆膜砂的耐热度越高，灼烧减量越小。

4）含泥量：当原砂中的泥分和细粉含量比较高时，会消耗大量的黏结剂，降低覆膜砂的强度。

5）含水量：原砂的含水量高会降低覆膜砂硬化后的强度，含水量应小于1%。

常用的原砂有硅砂、锆砂、铬砂等，简述如下。

1）硅砂：常用于覆膜砂，形状从多角到圆形。一般选用天然擦洗硅砂，这主要是由于其储量丰富，价格便宜，能满足铸造要求。只有特殊要求的铸钢件或铸铁件才采用锆砂或铬铁矿砂。对硅砂的一般要求是：a）SiO_2 含量高，铸铁及有色

铸造用砂要求 $w(SiO_2)>90\%$，铸钢件要求 $w(SiO_2)>97\%$；b）含泥量 $\leqslant 0.2\%$；c）粒度分布宜采用 3~5 筛分散度；d）AFS 细度应根据铸件表面粗糙度要求来选定不同的细度，一般为 AFS50~65；e）粒形尽可能选用圆整性好的硅砂，角形因素应 <1.3；f）pH 值 <7；g）硅砂需用水擦洗，如有特殊要求，可将硅砂酸洗或进行高温活性处理（900℃焙烧）。通常硅砂通过二级擦洗即可满足要求，但为了提高覆膜砂的性能，可将硅砂酸洗或进行高温活性处理（900~1200℃焙烧）。

2）锆砂：没有（α→β）晶相转变状态，膨胀率约为 0.3%。与硅砂相比，锆砂具有良好的导热性。由于锆砂的密度大、价格高、型号有限等，限制了其应用。锆砂更适用于小型、对质量要求高的铸件，因为这种铸件对尺寸的稳定性要求很高。

3）铬砂。与锆砂一样，也不存在晶相转变。虽然它的膨胀率较大（约为 0.6%），但它的价格却比锆砂便宜得多。但与硅砂和锆砂相比，铬砂有许多缺点，它是一种破碎了的矿物质，颗粒形状不规则，而且表面化学物质大多是碱，这就导致了用铬砂生产出的覆膜砂强度偏低。

（2）酚醛树脂　酚醛树脂是一种合成塑料，分为热固性塑料和热塑性塑料两类。合成时加入不同组分，可获得功能各异的改性酚醛树脂，具有不同的优良特性，如耐碱性、耐磨性、耐油性、耐蚀性等。制取酚醛树脂的化学方程式为

酚醛树脂起到黏结原砂的作用，其性能和加入量对覆膜砂质量和再生等影响较大，一般应满足黏结强度高、黏度低、聚合速度快、发气量低、游离酚量低和固化后抗潮性好等要求。铁型覆砂铸造用覆膜砂采用的黏结剂是热塑性酚醛树脂，该树脂是在酸性介质中，以酚相对醛过量的条件下由酚与醛缩聚而成，其产物为多羟基多苯甲烷。由于树脂分子结构中不含羟甲基及其他可进行缩合反应的官能团，树脂在反复加热的情况下，分子之间不会相互缩聚转变成体型结构的大分子，表现为热塑性，在射砂时覆膜砂表现出良好的流动性，覆砂层的表面质量也好；当加入固化剂，如六次甲基四胺（即乌洛托品）后，树脂才可反应，形成具有三维网络结构的固化树脂。

酚醛树脂的性能对覆膜砂的质量有重要影响，目前普遍采用在酚醛树脂合成中加入不同的附加物及合成工艺对其进行改性的方法，改变和提高了酚醛树脂的性能，出现了高强韧型、快固型、易溃散型、低膨胀型、低气味型、耐热型、激光选择性烧结型等改性酚醛树脂，满足了不同铸件的生产要求。

（3）固化剂　固化剂能使酚醛树脂在热作用下进行固化反应，形成一种不熔不溶的物质，将砂粒牢固地黏结在一起。因此，选择性能好的固化剂，确定其合适的

加入量，对于提高覆膜砂的性能，降低生产成本具有十分重要的意义。

对于树脂覆膜砂，由于热塑性酚醛树脂在树脂合成中甲醛用量不足，大分子呈线型结构，分子内留有未反应的活性点。当加入固化剂后，使甲醛得到补充，导致缩聚反应继续进行，直至完全交联。当前，覆膜砂最普遍使用的固化剂是乌洛托品，其加入量约为树脂含量的 10%~15%。

乌洛托品学名也称为六亚甲基四胺或六次甲基四胺，其分子式为 $C_6H_{12}N_4$。其固化机理表现为，用乌洛托品为固化剂的酚醛树脂为线型酚醛树脂，线型酚醛树脂属热塑性树脂，软化点为 85~95℃，其分子量分布比较宽。在碱性介质下，加入乌洛托品并加热，乌洛托品受热分解出的甲醛与未反应的邻、对位活性点反应，同时失水形成次甲基键桥，使树脂由热塑性转变为热固性，进一步缩聚得到不溶不熔的体型结构固化产物。酚醛树脂在成型过程中必须发生交联反应，使之形成体型三向大分子结构，同时该结构可使覆砂层性能更好。促进交联反应的助剂包括固化剂和固化促进剂。

酚醛树脂的固化剂除了乌洛托品外，工业上应用的还有多聚甲醛、三羟甲基苯酚、多羟甲基三聚氰胺和唑啉类化合物等。多聚甲醛为高甲醛含量的固态甲醛，在较高的温度下能变成甲醛蒸气，易于代替高浓度甲醛与酚醛树脂反应；三羟甲基苯酚、多羟甲基三聚氰胺等其他固化剂与酚醛树脂也通过交联反应，使酚醛树脂变成热固性树脂。但在文献中未看到多聚甲醛、三羟甲基苯酚、多羟甲基三聚氰胺和唑啉类化合物等固化剂用于覆膜砂中。

（4）润滑剂 润滑剂的主要作用是防止覆膜砂结块，提高流动性和脱模性。润滑剂应尽量选用熔点高的产品，以防止覆膜砂在使用过程中产生脱壳现象。

酚醛树脂覆膜砂的润滑剂通常为硬脂酸钙，它对覆膜砂的流动性、结块性、发气量、强度和热韧度都有改善。硬脂酸钙均匀地分布在覆膜砂中，在覆砂温度下树脂和硬脂酸钙先后软化熔融，形成相互贯穿的网络，增加了树脂的柔软性，增大了覆砂层的挠度，从而提高了热韧度。硬脂酸钙的润滑性能改善了覆膜砂的流动性，使得型芯的紧实度增加，从而提高了覆砂层的强度。

（5）添加剂 添加剂的主要作用是改善覆膜砂的性能。在覆膜砂中添加一些特殊的添加剂，覆膜砂的性能常常会发生很大的改变。这些添加剂的加入往往是为了提高覆膜砂某一方面的性能，如提高覆膜砂的强度，加快覆膜砂的固化速度，降低覆膜砂的气味，提高耐高温性能，改善溃散性能等。目前广泛使用的添加剂主要有耐高温添加剂、易溃散添加剂、增强增韧添加剂、防粘砂添加剂和湿态添加剂等。许多覆膜砂企业都有独特的添加剂配方，添加剂的性能对特种覆膜砂的生产起重要作用，是目前覆膜砂市场的核心竞争力之一。例如，铸件中皱皮和凹坑的形成与硅砂的热膨胀和树脂燃烧产生大量碳化氢有关，加入 0.25% 的氧化铁粉，可缓和型砂膨胀，而减小碳化氢的生成在于控制树脂用量。

2.铸造对覆膜砂性能的要求

对铸造覆膜砂性能的总体要求为粒度要适中、流动性要好、熔点要适当高些，固化时间在保证制壳质量的前提下尽量短，起模强度好、高温性能好、高温膨胀性能低、发气量小和溃散性能好。具体性能要求如下：

1）为了保证铸型形状精确，以及在浇注时与铁液接触而引起物理化学反应过程的热稳定性，以保证铸件的质量，要求覆砂层有一定的耐高温强度和耐高温时间。

2）为了适应高效率生产的要求和获得轮廓清晰、表面光洁、尺寸精确的铸型，要求覆砂层具有良好的成型性，即有良好的流动性、可塑性和起模性。

3）为了适应铸型在生产过程中翻箱、搬运的要求，以及避免浇注时由于铁液的冲刷、静压力的作用使铸件产生冲砂、砂眼、粘砂、胀箱等缺陷，要求覆砂层具有一定的常温抗拉强度和抗弯强度。

4）考虑到在金属液浇注后铸件的收缩，因此覆砂层的高温强度不宜过大，以免使铸件产生裂纹；同时由于其残留强度大，会给铸件的清砂处理工作带来困难。因此要求覆砂层不仅要具有良好的退让性，还要有优异的溃散性能。

5）为防止高温铁液的作用下覆砂层熔化等造成铸件粘砂、覆砂层的热变形而造成起皮夹砂、树脂的发气性造成铸件气孔等缺陷，还要求覆砂层具有较高的热化学稳定性、小的膨胀和收缩性，以及低的发气性能。

3.2.2　覆膜砂的牌号、分类和选用

1.铸造用覆膜砂的牌号

覆膜砂的牌号和表示方法应遵循 JB/T 8583—2008《铸造用覆膜砂》的规定。

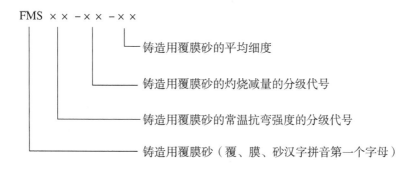

按常温抗弯强度，覆膜砂可分成 7 个等级，见表 3-3。

表 3-3　铸造用覆膜砂按常温抗弯强度分级　　　　（单位：MPa）

代号	10	8	7	6	5	4	3
常温抗弯强度	≥10	≥8	≥7	≥6	≥5	≥4	≥3

按灼烧减量，覆膜砂可分成 7 个分级，见表 3-4。

表 3-4　铸造用覆膜砂按灼烧减量分级（质量分数）　　（%）

代号	15	20	25	30	35	40	45
灼烧减量	≤ 1.5	≤ 2.0	≤ 2.5	≤ 3.0	≤ 3.5	≤ 4.0	≤ 4.5

对于铁型覆砂铸造，因为有铁型当背衬，选用覆膜砂不追求高的强度，一般选用低强度、低发气量的覆膜砂。如果覆膜砂强度过高，浇注后残砂的溃散性差，会造成清箱难度增大；而且，提高覆膜砂强度，则树脂含量高，发气量也就高，会引起铸件的气孔缺陷。在不影响铸件表面粗糙度的条件下，砂粒适当加粗，对透气性增加很是有利。一般铁型覆砂的可选型号为 FMS06-25-70~100，参考粒度为 50/100 或 70/140。

2. 铸造用覆膜砂的分类

覆膜砂也可以按工艺要求、性能特点等进行分类。

1）按使用的工艺要求，覆膜砂可分成普通覆膜砂、易溃散覆膜砂、耐高温覆膜砂和低膨胀覆膜砂 4 种类型，分别用 P、Y、N 和 D 表示，见表 3-5。

表 3-5　覆膜砂按使用的工艺要求分类

类别	普通覆膜砂	易溃散覆膜砂	耐高温覆膜砂	低膨胀覆膜砂
代号	P	Y	N	D

2）按覆膜砂的性能特点来划分，覆膜砂又可分为干态和湿态两大类。其中干态类包括普通类、耐高温类、高强度低发气类、易溃散类、离心铸造类等；湿态覆膜砂包括机械类和手工类两种。

3. 各类铸造用覆膜砂的特点与选用

（1）普通覆膜砂　普通覆膜砂通常由石英砂、热塑性酚醛树脂、乌洛托品和硬脂酸钙等组成，不加有关添加剂。其树脂加入量通常在一定强度要求下相对较高，不具备耐高温、低膨胀、低发气等特性，适用于一些要求不高、结构较简单的铸铁件生产。

（2）高强度低发气覆膜砂　高强度低发气覆膜砂是在普通覆膜砂的基础上，通过加入有关特性的"添加剂"和采用新的配制工艺，使树脂用量大幅下降，发气量显著降低，并能延缓发气速度。该覆膜砂具有高强度、低膨胀、低发气、慢发气等特点，特别适用于铸铁件、中小铸钢件中要求发气量低的型芯，如阀体型芯等。

为了防止厚大断面铸铁件及铸钢件产生"橘皮"和针孔缺陷，覆膜砂树脂用量要低，铸钢件用覆膜砂的树脂含量最好为 2%~2.5%。近几年来，发展的高强度壳型铸造树脂扩大了覆膜砂用途。这种树脂熔融黏度较低，增加了覆膜与砂粒表面的附着强度。采用合成分子量比较低（约 400）的酚醛树脂，也可采用双酚（二酚基丙烷）来改性，从而生产出柔韧性好的酚醛树脂。防止覆膜砂发气侵入铸件，还可控制铸件凝固速度。凝固速度取决于覆膜砂的吸热能力，我国生产的特种覆膜砂，热扩散能力优异，是理想的铸钢件用覆膜砂。

（3）耐高温覆膜砂　该覆膜砂一般是指热强度大、耐热时间长、高温变形小的覆膜砂，而不是指其耐火度很高。它是通过特殊的工艺配方技术（一般都是在硅砂覆膜时加入一定量的惰性材料，如锆砂、高铬矿砂、含碳材料或其他惰性材料等）制备而成，具有耐高温、高强度、低膨胀、低发气、慢发气等特点。特别适用于复杂薄壁精密的铸铁件（如汽车发动机缸体、缸盖等）以及高要求的铸钢件（如集装箱角和火车刹车缓冲器壳体等）的生产，可有效消除粘砂、变形、热裂和气孔等铸造缺陷。

（4）易溃散覆膜砂　易溃散覆膜砂是针对有色金属（特别是铝合金）铸件不易清砂而研制的一种覆膜砂。该砂在具有较好强度的同时具有优异的低温溃散性。用它生产有色金属（铝合金、铜合金等）铸件，不需要将铸件重新加热来清砂，只需将浇注后的铸件冷却 24h 后，即可振动落砂。

对于铸铝件的铁型覆砂铸造，覆膜砂中树脂固化后在低于 500℃时，温度是稳定的。铸铝浇注温度为 700℃左右，铸型（芯）表层温度低于此温度，而型（芯）中大部分温度为 400~500℃，不足以分解树脂，这样铸件从型壳中脱出困难，固结的覆膜砂不易溃散，并且型壳粉碎困难。为解决这问题，可配制分解温度低于 400℃的非酚树脂、在铸铝温度可以溃散的覆膜砂。

（5）离心铸造覆膜砂　该覆膜砂适用于离心铸造工艺，可用它替代涂料生产离心铸管等。根据铸管材质与直径大小及技术要求不同，可加工成不同性能的离心铸造覆膜砂。与其他各类覆膜砂的不同之处是该覆膜砂的密度较大、发气量较低且发气速度慢。

（6）湿态机械类覆膜砂　它是一种在室温下呈湿态的覆膜砂。在室温下长期存放不会自然固化（可存放 1 年以上），根据不同铸件的技术要求，可使用湿态高强度、低发气等各种不同特性的覆膜砂，该覆膜砂可完全替代热芯盒砂（射芯机射头不用改装来生产各种材质和各种类型的铸件）。

（7）湿态手工类覆膜砂　该覆膜砂湿压强度可在 0.1~0.3MPa 内任意调整。存放期可超过 3 个月，适用于手工造型或制芯（类似于桐油砂和合脂砂）。在室温下脱模后，将型（芯）放入烘箱或烘炉内加热，加热温度为 250~350℃，加热时间为 3~10min。固化后的型（芯）具有强度高、发气量低、蠕变形量小、不吸潮等特点。该覆膜砂适于单件、小批量及精度要求较高铸件的生产，特别适于乡镇企业采用。值得注意的是，在型（芯）加热固化时，必须等待炉温达到所需的温度时才能放入加热，切忌随炉升温加热。

（8）其他特殊性能要求的覆膜砂　为了满足不同产品的需求，已开发出系列特种覆膜砂，如防粘砂、防脉纹、防橘皮等覆膜砂。

3.2.3 覆膜砂的混制与回用

1. 覆膜砂的混制

覆膜砂的混制方法根据使用的树脂是液体或固体，混制时的温度是室温还是需加热，分为冷法、温法和热法。采用固态树脂的热法混制工艺称为干热覆膜法，以树脂用量少、覆砂质量好及生产率高等优点成为目前的主流工艺，用该法易获得树脂用量少、质量高的覆膜砂。干热覆膜法的混制工艺：原材料称量→砂加热→混制→破碎及砂冷却，如图3-2所示。将固态树脂加入到加热的硅砂中，由热来使树脂熔融。在干热覆膜法工艺中，原砂的预热温度不宜低于130℃，通常以高出树脂熔点50~100℃为宜，否则大颗粒树脂不能完全熔化，导致树脂分布不均匀，影响了树脂的黏结效率；加乌洛托品水溶液时，砂温以降至105~110℃为宜。

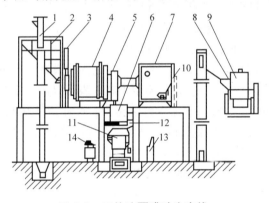

图 3-2 干热法覆膜砂生产线

1、8—斗提机 2—砂斗 3—除尘罩 4—滚筒 5—集砂斗 6—保温筒 7—反射炉 9—筛砂机 10—炉风机 11—混砂机 12—冷却风机 13—电器柜 14—液料筒

冷法覆膜法的混制工艺：原砂、附加物→粉状树脂、乌洛托品→边混边加乙醇→出砂→晾干、破碎→过筛。冷法覆膜法的主要缺点是生产周期长、生产成本高，各批覆膜砂的质量不均匀，占地大，存放时易结团，但不需要专用混砂系统，可用于少量使用混制的情况。

温法也叫半干热覆膜法，是将原砂和液态树脂等在常温下放入混砂机中，吹80~100℃热风，乙醇挥发得到覆膜砂。目前温法仅有少量应用。

2. 覆膜砂的回用

随着人类对环保要求的不断提高，覆膜砂的旧砂回用显得越来越重要和迫切。旧砂再生的主要目是对砂粒表面进行净化处理，去除残留的黏结剂薄膜。目前，旧砂再生方法主要有干法机械再生和热法再生。干法机械再生有机械冲击式、振动摩擦式和气流冲击式等形式，主要用于呋喃树脂自硬砂旧砂的再生；热法再生首先对旧砂进行破碎、筛分和磁选，然后送入沸腾式再生炉中焙烧、冷却、筛分，完成旧砂再生，主要用于酚醛树脂覆膜砂的旧砂再生。经热法再生后的回用砂性能可达：灼烧减量（质量分数）<0.3%；粒度集中率（质量分数）为80%~90%；发气量<3mL/g。

3.3　铁型覆砂铸造辅助材料

3.3.1　脱模剂

脱模剂是一种喷（或涂）于模样和覆砂层之间的功能性物质，主要用于防止覆砂层黏附于金属模样上，方便脱模。另外，还可调节模样各部分的温度，起到保持模样温度平衡、改善覆砂层质量的作用。

脱模机理包括以下几个方面：

（1）脱模过程　在模样表面喷涂脱模剂之后，硫化成型时的实际界面如图3-3和图3-4所示。图中成型物与脱模剂的接触面为 A 面，脱模剂面为 B 面，脱模剂与模样的接触面为 C 面。脱模剂层又称为凝聚层。脱模时，当在 A 面和 C 面剥离时成为界面剥离，而在 B 面剥离时称为凝聚层破坏。

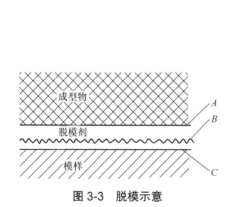

图 3-3　脱模示意　　　　图 3-4　脱模剂转移率与隔离性的关系

（2）脱模剂的转移率　脱模剂的转移率是指脱模剂在脱模过程中转移到成型产品上的百分率。由图可见，由 A 面剥离脱模，脱模剂不转移；由 A 面剥离及 B 面凝聚层破坏脱模，脱模剂发生少量转移（约22%）；只因凝聚层的破坏而脱模，脱模剂转移较多（44%~70%）；由 B 面、C 面剥离及凝聚层的破坏而脱模，引起大量的脱模剂转移（约93%）；成形物与脱模剂接触，发生混合、粘接。当勉强脱模时，就会使部分成形物（产品）的表面、界面破坏而脱模。通常使用的脱模剂，要求在 B 面或 A 面、B 面剥离脱模。由凝聚层引起的脱模，其脱模效果最好。

脱模剂的隔离性取决于其表面性质，而表面不湿润性物质的物性值是根据其临界表面张力（γ_c）的概念得出的。当物质表面上液体表面张力 γ_L 大于物质的临界表面张力 γ_c（$\gamma_c > \gamma_L$）时，液体不湿润物质的表面；当 $\gamma_L < \gamma_c$ 时，液体就会湿润物质的表面。因此，临界表面张力小的物质是隔离性最好的脱模剂。

一般要求脱模剂的热分解温度要高于成型的模样温度，不然会发生炭化结垢现象。为防止污染环境，要选用不易燃烧，气味和毒性小的脱模剂。在脱模剂选用中，经济性是不可忽视的一个重要因素。质量差的脱模剂会使产品表面产生龟裂、皱纹，影响产品外观和模样使用寿命，并带来环境污染。选择高质量的喷雾脱模剂，价格较高，但综合经济效益也高。

铸造覆砂和制芯中常用脱模剂按材料成分可分为氟系脱模剂、硅系脱模剂、蜡（油）系脱模剂和界面活性剂系脱模剂等。覆砂造型对脱模剂的要求除了脱模和调节模样温度以外，还需满足不污染模样、少烟气和半永久性等要求。硅系脱模剂中的有机硅组分具有热稳定性高的特点，不与覆膜砂、型砂起反应。有机硅聚合物，如聚硅氧烷的黏度不太受温度的影响，这对覆膜砂型砂的制作是十分有利的。有机硅溶液属于聚硅氧烷溶液，因具有高的沸点，在向加热的金属模板进行涂覆时，不会引起蒸发和分解，对模样污染小。此外，因其具有好的覆盖性，可获得高的覆盖性能及良好的脱模性。只要涂覆一次，可进行 5 次以上的脱模。因此，覆砂造型一般选用的脱模剂是硅系脱模剂。

例如，某企业使用的铁型覆砂铸造脱模剂的配方和混制方法为：甲基硅油 30%、汽油 30% 和水 40%。混制工艺为：先将硅油和汽油混合，摇动搅拌 2~3min，然后加水混合均匀。使用前摇晃喷出枪，不许油水分离，一般现配现用。

3.3.2 修型用型砂、型芯胶合剂和涂料等

1. 修型用型砂

铁型覆砂造型过程中有时候由于磕碰等会造成覆砂层缺损，这时就要进行修型，以保证覆砂层完整。由于用量比较小，而且随着覆砂造型设备和模样制造水平的提高，覆砂层破损的情况也越来越少，因此一直没有商业化供应的铁型覆砂铸型修型材料，一般都是企业自行配置使用。生产中，铁型覆砂铸造修型用型砂的配方为：酚醛树脂覆膜砂 100%、糊精 1%、陶土 1.5% 和水（或工业酒精）适量。修型用型砂的制备工艺：先将覆膜砂和陶土干混，再加糊精和水进行均匀混合，呈面团状备用，一般为现用现配。

2. 型芯胶合剂

铁型覆砂铸型下芯，尤其是型芯位于上箱时，一般都要使用型芯胶合剂。由于使用量比较少，可以参考酚醛树脂砂制芯中使用的胶合剂，一般选用牙膏状的快干胶合剂。

3.涂料

铁型覆砂铸造一般不使用涂料,但也有使用的,如生产制动毂、炮弹壳铸件等。

(1)涂料在覆膜砂中的作用　覆膜砂以其制造成本低、生产周期短、工艺尺寸稳定等特点得到广泛应用,但由于树脂分解温度低(约750℃),在浇注过程中受到高温铁液强烈的热作用后,树脂迅速分解,使砂型(芯)强度降低、砂粒间隙增大,铁液易渗入砂型(芯)中,形成机械粘砂,使铸件易形成粘砂、脉纹等缺陷。另外,由于树脂及固化剂的分解,易使铸件产生气孔等缺陷,并且树脂分解的气体对低碳合金钢有表面增碳作用,从而降低了某些铸钢的耐蚀性及耐热性;对球墨铸铁件而言,由于固化剂受热分解产生含硫气体,使球墨铸铁表面层出现细小石墨或无石墨层等异常组织,这些缺陷的产生对覆膜砂的推广应用十分不利,因此除合理的工艺设计外,必须采用合适的涂料,以保证铸件的内在质量和外观质量。

(2)涂料的组成

1)悬浮剂。醇基快干涂料悬浮剂主要有钠基膨润土、有机膨润土或锂基膨润土。钠基膨润土对溶剂(水或醇)的稠化能力没有锂基膨润土强,故其悬浮稳定性没有锂基膨润土好。钠基膨润土在醇类溶剂中具有极高的膨胀性、弥散性和增稠性,其加入量一般为耐火骨料的2%~6%,加入量越大,悬浮稳定性越好,但加入量太大,涂料高温易裂且降低涂料的耐火性。

2)黏结剂。醇基涂料黏结剂使用较多的为松香、酚醛树脂、虫胶及纤维素类等。由于松香易产生针孔缺陷,而虫胶及纤维素类强度偏低、发气量大,故选用醇溶性酚醛树脂。在保证涂层强度情况下,酚醛树脂应少加,防止铸件产生气孔倾向。

3)载体。醇基涂料载体大多为异丙醇、乙醇、甲醇等溶剂。由于国内异丙醇货源紧缺、价格较高,故多用乙醇溶剂。工业酒精由于含水(约5%),影响涂料的点燃性,常出现中途熄火现象,因此需加助燃剂,消除水分对涂料点燃性的影响;同时,助燃剂使工业酒精的黏度提高,减少了溶剂渗入砂型的深度,对防止铸件形成气孔倾向十分有利。

4)耐火骨料。针对树脂砂易产生的缺陷,要求耐火骨料不但有足够的耐火度,并且能轻度烧结,阻碍铁液向砂型(芯)的渗入,也阻碍树脂燃烧时产生的气体向铸件的侵入,不同的合金种类选用不同的主耐火骨料,如石墨粉涂料用于铸铁件,铝矾土用于中小铸钢件及铸铁件,铬英粉用于铸钢件及大型铸铁件,镁砂粉用于高锰钢件。

5)附加物。为使涂料具有较高的触变性,提高涂料的抗载体流失性,通常采用聚乙烯醇缩丁醛作为涂料附加物。它可使酚醛树脂黏结力明显提高,涂料悬浮性更好，同时也可消除膨润土产生裂纹的倾向，使涂料涂刷性更好。为使涂料对砂型表面有一定的润湿能力，应加少量表面活性剂，以降低涂料的表面张力或涂料与基底材料的界面能力，提高涂料对砂型的附着强度。

（3）涂料的作用　涂料的作用主要有以下几点：

1）防止铸件粘砂。

2）降低铸件表面粗糙度值。

3）提高铸型表面对液体金属冲蚀的耐力，可降低铸件产生砂眼缺陷。

4）涂料层的隔绝作用使发气率显著降低，可降低铸件产生侵入性气孔缺陷。

5）通过涂料在高温下发生放热或吸热反应而改变铸型某些部位的导热能力，实现顺序凝固等工艺要求。

（4）涂料的分类（见表3-6）

表 3-6　涂料的分类

分类法		种类
铸件材质	铸铁	一般铸铁、球墨铸铁、其他铸铁
	铸钢	一般碳钢、高锰钢、其他铸钢
	轻合金	镁合金、铝合金
	铜合金	
	其他合金	
铸型材质	砂型	一般型砂，湿砂、自硬树脂砂、水泥砂型，水玻璃砂型，壳型、冷芯盒型芯、热芯盒型芯等，发泡模、消失模、v法工艺等
	金属型	离心铸造、挤压铸造、一般重力铸造、其他
溶剂种类	水基	水
	醇基	甲醇、乙醇、异丙醇等
	其他	汽油或石脑油类、混合溶剂等
试涂方法		刷涂、浸涂、流涂、喷涂等
耐火粉料		石墨系、石墨-氧化物系、锆英系、氧化镁系、石英系、氧化铝系等

（5）醇基涂料在覆膜砂中的应用　由于物理化学性能制约，覆膜砂易产生冲砂、夹砂、粘砂、烧结等外观缺陷，而且部分铸件热节大且集中，易产生缩孔、缩松，需要涂料调节冷却速度，因此涂料在覆膜砂生产中是必不可少的辅材。由于使用水基涂料需要增加烘干设备，并未充分发挥树脂砂自硬的优势，而且生产率较低，而醇基涂料由于其特有的自干性、操作简单、生产率高等特点，能很好地匹配覆膜砂的工艺性能，应用日趋广泛。因此，覆膜砂用醇基涂料对推动覆膜砂的应用具有积极的作用。

（6）醇基涂料配比　常见覆膜砂的醇基涂料配比见表3-7和表3-8。

表 3-7　常见覆膜砂的醇基涂料配比（质量分数）　　　　（%）

涂料名称	耐火骨料	锂膨润土	酚醛树脂	固化剂	PVB	助剂	乙醇	助燃剂
TC21	锆英粉 100	2~6	1~5	8	0~1	0~1	适量	适量
TC24	高铝粉 100	2~6	1~5	8	0~1	0~1	适量	适量
TC25	镁砂粉 100	2~6	1~5	8	0~1	0~1	适量	适量
TC26	石墨粉 100	2~6	1~5	8	0~1	0~1	适量	适量

表 3-8　常用适合中小型铸铁件的醇基涂料配方（质量分数）　　　　（%）

锆石粉	棕刚石	七状石墨	鳞片石墨	铝矾土	硅石粉	氧化铁粉	锂基或机膨润土	酚醛树脂	乌洛托品	甲醇或乙醇	附加物	适用范围
80		15	15			3~8	1~5	1~4	0.8~1	适量	微量	大型铸铁件
	80	15	5			3~8	1~5	1~4	0.8~1	适量	微量	大型铸铁件
		15	5	80		3~8	1~5	1~4		适量	微量	中小型铸铁件
		15	5		80	3~8	1~5	1~4		适量	微量	中小型铸铁件
			80	滑石粉 20			1~5	1~4	0.8~1	适量	微量	小型铸铁件

　　某企业在汽车轮毂的生产中使用了醇基涂料。由于汽车轮毂是汽车的重要部件，关系着汽车的运行安全，因此必须要保证汽车轮毂的质量。由于铁型覆砂铸造的特点，采用该工艺生产的轮毂材质一般为铸铁件，但受覆膜砂物理化学性能，以及射砂覆砂造型时铸型表面不致密等因素的影响，铸件易产生冲砂、夹砂、粘砂、烧结等外观缺陷，因此常通过在铸型表面喷涂或涂刷醇基涂料，以减少覆膜砂生产中出现的上述问题。根据轮毂本身材质与铸件结构、重量等特点，铁型覆砂铸造轮毂的铸型表面醇基涂料配方：松香（含量 >99%）、悬浮剂、PVB（固含量 >98%）、工业乙醇（含量 >99.93%）石英粉（SiO_2 含量 >99.5%）、莫来石（Al_2O_3 含量 42%~45%）。

　　某企业在炮弹壳体的生产中也使用了醇基涂料。炮弹壳体是一种曲面类零件，原主要采用机械加工制作，工序多、时间长，并且浪费原材料。现根据用户针对零件性能方面提出的要求，结合零件结构特点和加工难度，采用铁型覆砂铸造工艺。经优化设计，制造了炮弹壳体铁型覆砂铸造用模样和工艺装备，成形零件的外表面只需进行少量的机械加工，内表面不需机械加工就可以直接使用。炮弹壳体材质一般为普通铸钢件，为了解决铸型覆膜砂耐火度不够、铸型表面砂层粗糙度差等问题，得到良好的铸件表面质量，覆膜砂铸型表面需要喷涂或涂刷锆英粉涂料或镁砂粉醇基涂料，涂料配方见表 3-9。

表 3-9　炮弹壳体用醇基涂料配方

材料名称	橄榄石砂	锂膨润土	酚醛树脂	PVB	A 型高温黏结剂	添加剂	乙醇
配比（质量比）	100	2.5~3.5	1.0~1.5	0.2~0.5	0.7~1.0	适量	适量

3.3.3 典型铁型覆砂铸件用覆膜砂

1.六缸曲轴

六缸曲轴被称为发动机的脊梁，在运行中要承受复杂的交变应力，是发动机中最重要的铸件之一。曲轴外形比较复杂，壁厚不均，铸造过程中容易产生缩松、缩孔等缺陷。采用铁型覆砂铸造工艺，一型两件，每根曲轴毛坯质量约 78 kg，铁型尺寸（长 × 宽）为 1200 mm × 660 mm。六缸曲轴曲拐需要下芯，曲拐又有油孔，也需要下芯，曲拐型芯采用铁芯覆砂，油孔型芯全部采用覆膜砂。

生产中，6105 曲轴铁型覆砂铸造选用型号为 FMS-6-25-Q 的覆膜砂（见 JB/T 8583—2008），目数为 50/100 或 70/140。企业可选择商品覆膜砂，也可自己投资混砂设备自制。

2.铸造磨球

磨球是粉磨行业消耗量最大的易磨损件，磨球铁型覆砂铸造工艺有半覆砂和全覆砂两种，磨球部分覆砂层厚度为 3~6mm，如图 3-5 和图 3-6 所示。

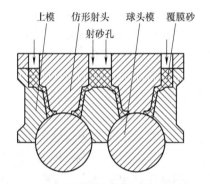

图 3-5　半覆砂铁型覆砂铸造工艺　　　图 3-6　全覆砂铁型覆砂铸造工艺

磨球铁型覆砂铸造工艺对覆砂层的要求：

1）覆膜砂固化速度要快，满足生产率高的要求。

2）覆砂层强度要高，满足铸型输送的要求。

3）覆砂层高温性能要好，防止铁液冲刷造成磨球表面粘砂。

4）覆砂层发气量要低，避免形成气孔缺陷。

2004 年，第一条磨球铁型覆砂铸造生产线的覆膜砂成分和主要指标：

1）改性酚醛树脂为 2.2%~2.6%（占原砂）。

2）乌洛托品为 12%~16%（占树脂）。

3）硬脂酸钙为 4%~7%（占树脂）。

4）耐火材料微粉添加剂为 0.5%（占原砂）。

5）熔点为 98~110℃。

6）灼烧减量为 1.6%~2.2%（1000℃，30min）。

7）热抗拉强度为 1.5~2.2MPa（232℃ ±5℃，3min）。

8）高温抗压强度为 0.6~1.5MPa（1000℃，1min）。

9）耐热时间为 140~160s（1000℃）。

10）热膨胀率为 0.3%~0.6%（1000℃）。

11）发气量为 9~12mL/g（850℃，3min）。

经试生产成功后，与专业覆膜砂生产企业合作，实现了铸球用覆膜砂的商品化供应。现在磨球生产一般选用覆膜砂的牌号为 FMS-6-25-Q。

3. 闸瓦托

制动梁是铁路车辆基础制动装置的重要部分，当车辆制动时，把制动力通过制动梁传到闸瓦，使车辆停止前进。图 3-7 所示为 L-B 制动梁右闸瓦托的装配图。

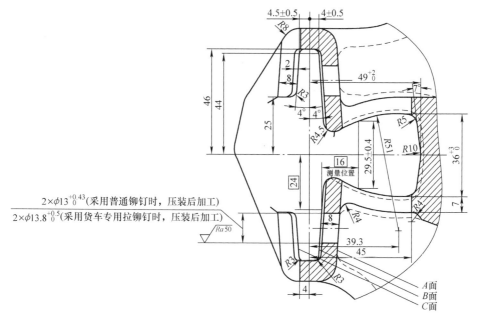

图 3-7 L-B 制动梁右闸瓦托的装配图

L-B 制动梁闸瓦托采用 B 级钢制造，闸瓦托的尺寸、外形和表面质量要求为：需采用精铸工艺制造；壁厚在 7mm 及以下浇注困难时，允许向不影响作用的方向增厚至 8mm；表面上的型砂、浇口、冒口及毛刺等应清除干净，但允许在不影响组装与作用处有局部高度不超过 3mm 的浇口、粘砂及凸起存在。

图 3-8 所示为闸瓦托的铁型覆砂铸造工艺。其中，模样和芯盒缩尺 18‰，其余为现尺。采用铁型覆膜砂造型，射芯机制芯。铁型覆膜砂造型工艺方案有 3 个：

1）第一方案为一型 6 件。左右只用一套外模，各 3 件；左右各用一套芯盒。砂型内轮廓尺寸（长 /mm× 宽 /mm× 高 /mm）为 768×444×145（上）/85（下），需用砂箱 12 付。

2）第二方案为一型 4 件。左右只用一套模样，各 2 件；左右各用一套芯盒。砂型内轮廓尺寸（长 /mm × 宽 /mm × 高 /mm）为 664 × 444 × 145（上）/85（下），需用砂箱 18 付。

3）第三方案为一型 6 件。左右各做一套模样；左右各用一套芯盒。砂型内轮廓尺寸（长 /mm × 宽 /mm × 高 /mm）为 768 × 444 × 145（上）/85（下），需用砂箱左右各 12 付。

4）第四方案为一型 4 件。左右各用一套模样；左右各用一套芯盒。砂型内轮廓尺寸（长 /mm × 宽 /mm × 高 /mm）为 664 × 444 × 145（上）/85（下），需用砂箱左右各 18 付。未注起模斜度为 3°；未注芯头间隙，下型为 0.5mm，上型为 1mm。

现采用某企业生产的覆膜砂进行了批量生产。该覆膜砂的主要性能指标：粒度为 78、灼烧减量为 2.5%、热态抗弯强度为 3.1MPa、常温抗弯强度为 7.8MPa、熔点为 103℃、发气量为 17.6mL/g、集中率为 94%、安息角为 29°。

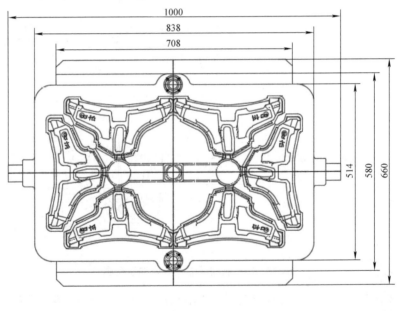

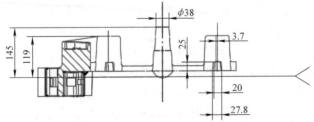

图 3-8　闸瓦托的铁型覆砂铸造工艺

3.4　本章小结

　　本章介绍了覆砂造型的原理及对造型材料的要求，指出了铁型覆砂铸造应用在批量生产过程中大都采用酚醛树脂砂，即覆膜砂，并介绍了覆膜砂的成分、牌号、性能、混制和再生，以及铁型覆砂铸造一般选用的覆膜砂牌号和性能要求。采用覆膜砂造型，常用的辅助材料主要有脱模剂、覆膜砂、修型用砂、型芯胶合剂等，这些材料的性能对铁型覆砂铸件的质量影响也很大。

第4章 铁型覆砂铸造合金熔炼及质量控制

金属熔炼是将炉料（金属材料及其他辅助材料）投入加热炉中，炉料在高温炉内发生一定的物理、化学变化，形成金属液的过程。同一成分的金属液经不同的处理，便能获得不同性能的铸造合金，因此必须对铸造合金的熔炼过程进行科学的控制，以便既能得到必需的强度指标等力学性能，又能保证铸造合金具有良好的工艺性能。

本章主要介绍铸造合金的化学成分、金相组织、熔炼工艺、力学性能和生产应用，对合金组织性能的影响因素进行了分析，并对铁型覆砂铸造生产过程中，熔炼及质量控制提出了具体要求。

4.1 铸造合金

铁型覆砂铸件常用材料有铸铁、铸钢和铸造有色金属。它们的组织性能特点、制备技术和应用范围各不相同。

4.1.1 铁碳合金基础

铁碳合金根据碳含量的不同可分为工业纯铁、钢和铸铁三大类。铁型覆砂铸造常用于铸铁件的生产，其次是铸钢件的生产，而在有色金属铸件生产应用中甚少。

铸钢是指碳的质量分数小于2.14%，或者组织中具有共析组织的铁碳合金。工业上所用的铸钢还会加入其他合金元素。铸钢的成分范围大致是：$w(C) \leqslant 0.5\%$，$w(Si) \leqslant 0.6\%$，$w(Mn) \leqslant 0.9\%$，$w(P) \leqslant 0.035\%$，$w(S) \leqslant 0.035\%$。

铸铁是指碳的质量分数大于2.14%，或者组织中具有共晶组织的铁碳合金。工业上所用的铸铁，实际上都是以铁、碳、硅为主要元素的多元合金。铸铁的成分范围大致是：$w(C)=2.4\%\sim4.0\%$，$w(Si)=0.6\%\sim3.0\%$，$w(Mn)=0.2\%\sim1.2\%$，$w(P)=0.04\%\sim1.2\%$，$w(S)=0.04\%\sim0.20\%$。为了改善铸铁的某些性能，有时还会有目的地加入不同种类和含量的合金元素，形成不同类型的合金铸铁。

铸铁中的碳主要以石墨形式存在，也可以以渗碳体形式存在，故铁碳合金存在 Fe-C（石墨）和 Fe-Fe$_3$C（渗碳体）双重相图，如图 4-1 所示。其中，虚线表示 Fe-C（石墨）相图，实线表示 Fe-Fe$_3$C（渗碳体）相图。石墨为稳定相，渗碳体为亚稳定相，在一定条件下，渗碳体可以转变成石墨。

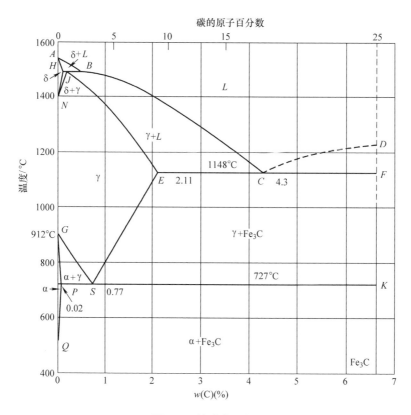

图 4-1　铁碳合金相图

铁碳合金相图是研究铁碳合金的工具，是研究碳钢和铸铁成分、温度、组织和性能之间关系的理论基础，也是制订各种热加工工艺的依据。

4.1.2　灰铸铁

1. 灰铸铁的牌号和组织

常用的灰铸铁牌号有 HT100、HT150、HT200、HT250、HT300、HT350，其牌号及化学成分见表 4-1。

灰铸铁的金相组织主要由片状石墨、金属基体和晶界共晶物组成。

就石墨而言，由于凝固条件不同（化学成分、冷却速度、形核能力等），灰铸铁的片状石墨可出现不同的形状和分布。GB/T 7216—2009 将灰铸铁石墨分布形状分为六种，见表 4-2。

表4-1 常用灰铸铁的牌号及化学成分

化学成分（质量分数，%）

牌号	铸件主要壁厚/mm	C 砂型铸造	C 铁型覆砂铸造	Si 砂型铸造	Si 铁型覆砂铸造	Mn 砂型铸造	Mn 铁型覆砂铸造	P 砂型铸造	P 铁型覆砂铸造	S 砂型铸造	S 铁型覆砂铸造
HT100	所有尺寸	3.2~3.8	3.4~3.8	2.1~2.7	2.3~2.7	0.5~0.8	0.5~0.8	≤0.20	≤0.20	≤0.15	≤0.15
HT150	<15	3.3~3.7	3.4~3.7	2.0~2.4	2.2~2.4	0.5~0.8	0.5~0.8	≤0.20	≤0.20	≤0.12	≤0.12
	15~30	3.2~3.6	3.3~3.7	2.0~2.3	2.2~2.3						
	30~50	3.1~3.5	3.3~3.7	1.9~2.2	2.0~2.3						
	>50	3.0~3.4	3.0~3.4	1.8~2.1	2.0~2.2						
HT200	<15	3.2~3.6	3.3~3.7	1.9~2.2	2.0~2.2	0.6~0.9		≤0.15		≤0.12	
	15~30	3.1~3.5	3.2~3.6	1.8~2.1	1.9~2.1	0.7~0.9					
	30~50	3.0~3.4	3.1~3.5	1.5~1.8	1.7~2.0	0.8~1.0					
	>50	3.0~3.2	3.0~3.4	1.4~1.7	1.6~2.0	0.8~1.0					
HT250	<15	3.2~3.5	3.2~3.6	1.8~2.1	2.0~2.2	0.7~0.9		≤0.15		≤0.12	
	15~30	3.1~3.4	3.1~3.5	1.6~1.9	1.8~2.1	0.8~1.0					
	30~50	3.0~3.3	3.0~3.4	1.5~1.8	1.8~2.1	0.8~1.0					
	>50	2.9~3.2	2.9~3.3	1.4~1.7	1.7~2.1	0.9~1.1					
HT300	<15	3.1~3.4	3.1~3.5	1.5~1.8	1.7~2.2	0.8~1.0		≤0.15		≤0.12	
	15~30	3.0~3.3	3.0~3.4	1.4~1.7	1.7~2.1	0.8~1.0					
	30~50	2.9~3.2	2.9~3.32.8	1.4~1.7	1.6~2.1	0.9~1.1					
	>50	2.8~3.1	≈3.2	1.3~1.6	1.6~2.0	1.0~1.2					
HT350	<15	2.9~3.2	2.9~3.4	1.4~1.7	1.6~2.0	0.9~1.2		≤0.15		≤0.12	
	15~30	2.8~3.1	2.8~3.3	1.3~1.6	1.6~2.0	1.0~1.3					
	30~50	2.8~3.1	2.8~3.2	1.2~1.5	1.5~1.9	1.1~1.3					
	>50	2.7~3.0	2.7~3.1	1.1~1.4	1.4~1.8	1.1~1.4					

表 4-2　灰铸铁石墨分布形状

石墨类型	说明
A	片状石墨呈无方向性均匀分布
B	片状及细小卷曲的片状石墨聚集成菊花状分布
C	初生的粗大直片状石墨
D	细小卷曲的片状石墨在枝晶间呈无方向性分布
E	片状石墨在枝晶二次分枝间呈方向性分布
F	初生的星状（或蜘蛛状）石墨

按照 GB/T 7216—2009，石墨片的长度可分为八级，见表 4-3。

表 4-3　灰铸铁的石墨长度分级

级别	1	2	3	4	5	6	7	8
名称	石长 100	石长 75	石长 38	石长 18	石长 9	石长 4.5	石长 2.5	石长 1.5
石墨长度 /mm	>100	>50~100	>25~50	>12~25	>6~12	>3~6	>1.5~3	≤ 1.5

注：在抛光态下用光学显微镜检验石墨长度，放大倍数为 100 倍。

铸态灰铸铁的基本组织为铁素体、珠光体和铁素体加珠光体三种类型。石墨以不同的大小、形状和数量分布在基体中。另外，还会存在碳化物、磷共晶等少量夹杂物。灰铸铁的基本组织如图 4-2 所示。

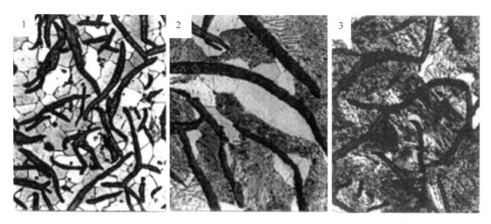

图 4-2　灰铸铁的基本组织
1—F+ 片状 G　2—F+P+ 片状 G　3—P+ 片状 G

由于石墨的特性是强度低、塑性差和脆性大，片状石墨存在于基体中相当于微小的裂纹或孔洞，对基体往往造成应力集中现象，致使金属基体的性能得不到充分发挥。

经热处理后的灰铸铁基体可以是铁素体、片状珠光体、粒状珠光体、托氏体、粒状贝氏体、针状贝氏体和马氏体等，灰铸铁的基体组织特征见表 4-4。

表 4-4　灰铸铁的基体组织特征

组织名称	说明
铁素体	白色块状组织，为 α 铁素体
片状珠光体	珠光体中碳化物和铁素体均呈片状，近似平行排列
粒状珠光体	在白色铁素体基体上分布着粒状碳化物
托氏体	在晶界呈黑团组织。高倍观察时，可看到针状铁素体和碳化物的混合体
粒状贝氏体	在大块铁素体上有小岛状组织，岛内可能是奥氏体或奥氏体分解产物（珠光体或马氏体）
针状贝氏体	形状呈针片状。高倍观察时，可看到针片状铁素体上分布着点状碳化物，边缘多分枝，无明显夹角关系
马氏体	高碳马氏体外形为透镜状，有明显的中脊面，不回火时针面明亮，有明显的 60° 或 120° 夹角特征

片状珠光体是铁素体和渗碳体片层相间、交替排列的组织，按其片层间距大小可分为四级，见表 4-5。

表 4-5　珠光体间间距分级

级别	名称	说明
1	索氏体型珠光体	放大 500 倍下，铁素体和渗碳体难以分辨
2	细片状珠光体	放大 500 倍下，片间距 ≤ 1mm
3	中等片状珠光体	放大 500 倍下，片间距 >1~2mm
4	粗片状珠光体	放大 500 倍下，片间距 >2mm

珠光体数量（珠光体＋铁素体 =100%）可分为八级，见表 4-6。

表 4-6　珠光体数量分级

级别	1	2	3	4	5	6	7	8
名称	珠 98	珠 95	珠 90	珠 80	珠 70	珠 60	珠 50	珠 40
珠光体数量（%）	≥ 98	<98~95	<95~85	<85~75	<75~65	<65~55	<55~45	<45

对于灰铸铁中的碳化物，按其分布形状可分为针条状、网状、块状和莱氏体状，可分六级进行评定，见表 4-7。

表 4-7　碳化物数量分级

级别	1	2	3	4	5	6
名称	碳 1	碳 3	碳 5	碳 10	碳 15	碳 20
碳化物数量（%）	≈1	≈3	≈5	≈10	≈15	≈20

对于灰铸铁中的磷共晶，按其组成可分为二元磷共晶、三元磷共晶、二元磷共晶—碳化物复合物及三元磷共晶 - 碳化物复合物四种类型。其中含磷相主要是 Fe_2P 和 Fe_3P 两种。磷共晶按其数量百分比分为六级，见表 4-8。按其在共晶团晶界的分布形式可分为孤立状块、均匀分布、断续网状及连续网状四种。

表 4-8　磷共晶数量分级

级别	1	2	3	4	5	6
名称	磷 1	磷 2	磷 4	磷 6	磷 8	磷 10
磷共晶数量（%）	≈1	≈2	≈4	≈6	≈8	≈10

灰铸铁的共晶团数量按选择的放大倍数分八级评定，见表 4-9。

表 4-9　共晶团数量分级

级别	共晶团数量 / 个		单位面积中实际共晶团数量 / （个 /cm^2）
	直径为 70mm 图片放大 10 倍	直径为 87.5mm 图片放大 50 倍	
1	>400	>25	>1040
2	≈400	≈25	≈1040
3	≈300	≈19	≈780
4	≈200	≈13	≈520
5	≈150	≈9	≈390
6	≈100	≈6	≈260
7	≈50	≈3	≈130
8	<50	<3	<130

2. 灰铸铁的性能

灰铸铁的性能主要取决于基体的性能和石墨的数量、形状、大小及分布状况，其中以细晶粒的珠光体基体和细片状石墨组成的灰铸铁的性能最优，应用范围最广。灰铸铁的抗拉强度和塑性大大高于具有相同基体的钢，但石墨片对灰铸铁的抗压强度影响不大，因此灰铸铁广泛用作承受压载荷的零件，如机座、轴承座等。此外，灰铸铁具有良好的铸造性能和可加工性能，而且石墨的存在可以起到减摩、减震作用。

对于灰铸铁的力学性能，GB/T 9439—2010 规定，灰铸铁的牌号按单铸 ϕ30mm 试棒的最小抗拉强度分为八个等级，见表 4-10。

表 4-10　按单铸试棒性能分类

牌号	最小抗拉强度 R_m/MPa	牌号	最小抗拉强度 R_m/MPa
HT100	100	HT250	250
HT150	150	HT275	275
HT200	200	HT300	300
HT225	225	HT350	350

注：验收时，N 牌号的灰铸铁，其抗拉强度应在 N~（N+100）MPa 的范围内。

当铸件壁厚超过 20mm、质量超过 2000kg 时，对特殊要求的铸件，经供需双方协商，也可采用两种附铸试棒和附铸试块之一的抗拉强度来验收，见表 4-11。

表 4-11　附铸试棒（块）的力学性能

牌号	铸件壁厚 /mm		抗拉强度 R_m/MPa ≥				
			附铸试棒		附铸试块		铸件（仅供参考）
	>	≤	ϕ30mm	ϕ50mm	R15mm	R25mm	
HT150	20	40	130	—	[120]		120
	40	80	115	[115]	110	—	105
	80	150	—	105	—	100	90
	150	300	—	100	—	90	80
HT200	20	40	180	—	[170]		165
	40	80	160	[155]	150	—	145
	80	150		145	—	140	130
	150	300		135	—	130	120
HT250	20	40	220	—	[210]		205
	40	80	200	[190]	190	—	180
	80	150		180	—	170	165
	150	300		165	—	160	150
HT300	20	40	260	—		160	150
	40	80	235	[230]	[250]	—	245
	80	150	—	210	—	200	195
	150	300	—	195	—	185	180
HT350	20	40	300	—	[290]	—	285
	40	80	270	[265]	260	—	255
	80	150	—	240	—	230	225
	150	300	—	215	—	210	205

注：方括号内的数值仅适用于铸件壁厚大于试样直径时使用。

在实际生产中，本体材料的强度和硬度都要比单铸试棒低，表 4-12 是考虑到铸件壁厚影响时，材料化学成分的选取范围。同一铸件壁厚不同时，按关键部位的壁厚选定。

表 4-12　不同壁厚灰铸铁的成分

铸铁牌号	铸件壁厚 h/mm	化学成分（质量分数，%）				
		C	Si	Mn	P	S
					≤	
HT100	<10	3.6~3.8	2.3~2.6			
	10~30	3.5~3.7	2.2~2.5	0.4~0.6	0.40	0.15
	>30	3.4~3.6	2.1~2.4			
HT150	<20	3.5~3.7	2.2~2.4			
	10~30	3.4~3.6	2.0~2.3	0.4~0.6	0.40	0.15
	>30	3.3~3.5	1.8~2.2			
HT200	<20	3.3~3.5	1.9~2.3			
	20~40	3.2~3.4	1.8~2.2	0.6~0.8	0.30	0.12
	>40	3.1~3.3	1.6~1.9			
HT250	<20	3.2~3.4	1.7~2.0			
	20~40	3.1~3.3	1.6~1.8	0.7~0.9	0.25	0.12
	>40	3.0~3.2	1.4~1.6			
HT300	>15	3.0~3.2	1.4~1.7	0.7~0.9	0.25	0.12
HT350	>20	2.9~3.1	1.2~1.6	0.8~1.0	0.15	0.10
HT400	>25	2.8~3.0	1.0~1.5	0.8~1.2	0.15	0.10

提高灰铸铁力学性能的主要途径：

（1）选择相应牌号的化学成分　对灰铸铁性能影响最大的因素是碳当量。根据所希望获得的组织和性能，选取合适的碳、硅含量。降低碳当量可减少石墨数量、细化石墨、增加初析奥氏体枝晶量，是提高灰铸铁力学性能常采取的措施。但降低碳当量会导致铸造性能降低、铸件断面敏感性增大、铸件内应力增加、硬度上升、加工困难等问题，因此必须辅以其他措施。

为了防止灰铸铁件产生冷脆（裂）问题，一般要求 $w(P)$ 小于 0.15%，对于性能要求高的铸件，更是限制 $w(P)$ 小于 0.10%。只有对耐磨性或高流动性有特殊要求的铸件，才允许 $w(P)$ 为 0.3%~1.5%。

在材料牌号确定后，提高 Si/C 比，可适当提高铸件强度。灰铸铁的化学成分在碳当量较低时，保持碳当量不变，而适当提高 Si/C 比（一般质量比由 0.6 左右提高到 0.8 左右），强度性能会有所提高。在较高碳当量时，提高 Si/C 比反而使抗拉强度下降，但白口倾向总是减小的。

有些灰铸铁既要求有较高的力学性能，如强度、硬度，又要求有良好的工艺性能，如流动性、补缩性、耐热性、耐磨性等。对于这一类铸件，一般都采用较高的碳当量。在较高碳当量的前提下，可采用下列一些措施保证得到较好的力学性能：

1）添加少量的合金元素，如 Cr、Mo、Cu、Ni、Ti 等，以细化石墨、共晶团和增加珠光体数量。

2）保持铁液一定高的过热温度，强化孕育处理工艺。

3）控制正偏析元素 Mn 和反偏析元素 Si，在一定的 Mn+Si 范围内调整 Mn/Si 比，可改善和提高基体的显微硬度。

4）选用优质的金属炉料和改进熔炼方法。

（2）低合金化　灰铸铁的低合金化是提高其性能的重要途径之一。在生产实践中，常采用炉内或炉前添加少量合金元素与孕育技术相配合的措施，生产出不同成分的铁液，以满足不同牌号或同一牌号不同壁厚铸件的要求。在灰铸铁中加入的少量合金元素具有以下作用：

1）改善并显著提高铸铁的强度，增加硬度。

2）增加铸件组织和性能的均匀性，降低断面敏感性，改善切削性能。

3）改善铸件的塑性。

4）改善铸铁的高温及低温性能。

5）提高铸件热处理淬透性和改善耐磨性。

在灰铸铁中加入少量合金元素，不仅使抗拉强度提高，而且还可以使获得高强度的区域扩大，即可使相对应的允许碳含量、硅含量范围扩大，方便生产中的控制。加入过多的合金元素，不仅无益且增加成本，而且某些元素，尤其是碳化物稳定元素在超过一定量后，反而会增大白口倾向，促使基体内有硬质点产生。

加入合金元素时还需考虑其对铸铁石墨化的影响。促进铸铁石墨化的元素可同时减少灰铸铁的白口倾向。目前认为，阻碍铸铁石墨化的元素次序为 W、Mn、Mo、Cr、Sn、V、S，其促进白口倾向的能力依次递增。

3. 灰铸铁的生产

灰铸铁是将铸造生铁（部分炼钢生铁）在炉中（冲天炉或电炉）重新熔化，并加入铁合金（硅铁合金等孕育剂）、废钢、回炉铁以调整成分而得到。

对于一般铸铁组织，石墨化能力（即高温金属液冷却至室温过程中析出石墨的能力）对灰铸铁的组织性能有很大的影响。共晶凝固时的石墨化阶段及共析转变时的珠光体转变阶段对组织性能影响大，而影响这两个阶段的主要因素有：化学成分、铸件冷却速度、炉料特征、孕育处理和气体等，简述如下。

（1）化学成分的影响 碳和硅是促进石墨化的元素，使灰铸铁强度、硬度提高，但塑性降低；锰和硫可以稳定碳化物、阻碍石墨化，使灰铸铁强度提高；磷有利于提高灰铸铁的耐磨性，但磷共晶较脆，会增加铸件的冷裂倾向；锰能促进和稳定珠光体，提高强度和耐磨性；镍降低了奥氏体转变温度，扩大了奥氏体区，细化并增加了珠光体，使灰铸铁强度性能提高；铜可以降低铸铁的白口倾向；铬可阻止铁素体形成，增加珠光体数量，提高灰铸铁的强度和耐热性等。

在熔炼过程中，通过改变炉料组成，可获得更好的力学性能。灰铸铁的金属炉料一般由新生铁、废钢、回炉料和各种铁合金等组成。加入废钢，降低了铁液碳含量，可以提高灰铸铁的力学性能。近年来，国家废钢供应十分充裕，价格也远较新生铁便宜，于是发展了不用新生铁而只用废钢和回炉料，并且采用增碳方法调节碳含量的合成铸铁及其冶炼方法。废钢的用量可以占到 60% 以上。一般采用电炉熔炼，废钢硫含量低，需要增硫处理。在相同的化学成分（即相同的碳、硅含量和碳当量）下，合成铸铁不仅能降低生产成本，还能明显提高力学性能。

（2）冷却速度的影响 当化学成分选定后，铸铁共晶阶段的冷却速度可在很大范围内改变铸铁的铸造组织。随冷却速度的提高，铁液过冷度增大，铸铁白口倾向增大。提高铸件冷却速度，石墨化程度减弱，石墨数量减少、细化，有利于形成渗碳体，同时共晶团数目增加。

（3）孕育处理的影响 生产高强度灰铸铁时，往往要求铁液过热并适当降低碳硅含量，它伴随着形核能力的降低。灰铸铁孕育处理降低了铁液的过冷倾向，使其形成较理想的石墨形态，同时还能细化晶粒，提高组织和性能的均匀性，降低对冷却速度的敏感性，使力学性能得到改善，这已得到普遍应用。孕育处理的目的：

1）促进石墨化，消除或减轻白口倾向。

2）控制石墨形态，避免出现过冷组织，减少过冷石墨和共生铁素体的形成，以获得中等大小的 A 型石墨，使铸铁中石墨的形态主要为细小且均匀分布的 A 型石墨，从而改善铸铁的力学性能。

3）细化晶粒，适当增加共晶团数量和促进细片状珠光体的形成。

4）减轻铸铁件的壁厚敏感性，改善组织均匀性，减小铸件薄、厚截面处显微组织差别和硬度差别。

5）改善其他性能（如致密性、切削性能）。

孕育剂是一种可促进石墨化，减少白口倾向，改善石墨形态和分布状况，增加共晶团数量，细化基体组织的处理剂，它在孕育处理后的短时间内（5~8min）有良好的效果。主要适用于各种情况下一般铸件或后期瞬时孕育。

4. 铁型覆砂铸造对灰铸铁件的要求

针对铁型覆砂铸造冷却速度快、铸型刚度高等工艺特点，铁型覆砂铸造用于灰铸铁件的生产时，对灰铸铁的金相组织和力学性能将会产生一定的影响：

1）在相同的碳当量前提下，灰铸铁金相组织中石墨数量增多，石墨形态更为细小。

2）可以通过适当提高灰铸铁的碳当量，以充分利用碳在灰铸铁凝固过程中石墨的析出所产生的石墨化膨胀，使铸件内在晶粒组织更为致密。

3）在相同的碳硅当量、合金加入量的前提下，铸件断面敏感性增大，灰铸铁金相组织中产生珠光体的倾向增加，白口倾向也同步增加。

4）在相同碳当量、合金加入量前提下，基体的强度、硬度会呈现一定的上升趋势。

采用铁型覆砂铸造生产灰铸铁件时，其化学成分的选择要注意以下几点：

1）当选择灰铸铁相应牌号的化学成分时，碳当量的选择，尤其是碳含量的选择一般可选择上限，甚至超过上限标准。这样的选择，可提高和改善铁液在铁型覆砂铸型中的铸造工艺性能，减少铸件断面敏感性，同时其牌号铁液可以通过铁液凝固冷却使更多的石墨析出产生的膨胀，使铸件的组织更为致密。

2）在相同的碳当量前提下，可适当提高 Si/C 比，减少铁液产生白口倾向。

3）可适当减少提高灰铸铁强度性能的合金元素加入量，如 Mn、Cr、Mo、Cu、Ni、Ti，尤其是 Mn、Cr 等产生白口倾向大的元素，防止因铁型覆砂铸造冷却速度过快造成灰铸铁组织中产生过量的碳化物组织。

以下是几个灰铸铁件铁型覆砂铸造生产的应用实例。

（1）电动机端盖　材质 HT200，铸件壁厚为 30mm，质量为 23kg。其材料的化学成分见表 4-13，熔炼时的炉料配比见表 4-14。最后获得铸件的金相组织如图 4-3 所示，细小片状石墨均匀分布在基体上。

表 4-13　电动机端盖材料的化学成分（质量分数）　　　　（%）

C	Si	Mn	P	S
3.2~3.35	2~2.10	0.7~0.8	≤ 0.08	0.07~0.1

表4-14　电动机端盖的炉料配比（质量比）

生铁	25
废钢	55
回料	20
锰铁	0.75
硅铁	0.8
硫铁	0.1
孕育剂	0.45
增碳剂	1.55

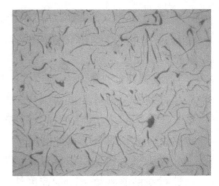

图4-3　电动机端盖的金相组织

（2）电梯制动轮　材质HT300，铸件壁厚为40mm，质量为62kg。其材料的化学成分见表4-15，熔炼时的炉料配比见表4-16。最后获得铸件的金相组织如图4-4所示，细小片状石墨均匀分布在基体上。

表4-15　电梯制动轮材料的化学成分（质量分数）　　　　　　（%）

C	Si	Mn	P	S
3.10~3.2	2~2.20	0.7~0.8	≤ 0.08	0.07~0.1

表4-16　电梯制动轮炉料配比（质量比）

生铁	19
废钢	56
回料	25
锰铁	0.8
硅铁	1
铜	0.35
铬铁	0.6
硫铁	0.1
孕育剂	0.5
增碳剂	1.4

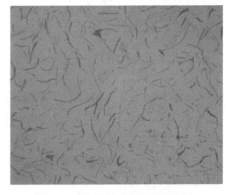

图4-4　电梯制动轮的金相组织

4.1.3　球墨铸铁

球墨铸铁是20世纪50年代发展起来的一种高强度铸铁材料，其综合性能接近于钢，已成功地用于铸造一些受力复杂，强度、韧性和耐磨性要求较高的零件。球墨铸铁除铁外的化学成分通常为：$w(C)$=3.6%~3.8%，$w(Si)$=2.0%~3.0%，锰、磷、硫总质量分数不超过1.5%，适量的稀土、镁等球化剂。选择适当的化学成分是保证铸铁获得良好组织形状态和力学性能的基本条件。化学成分的选择要有利于石墨的球化和获得满意的基体组织，以期获得所要求的性能，还要有较好的铸造性能。目前，球墨铸铁已迅速发展为仅次于灰铸铁的、应用十分广泛的铸铁材料。所谓

"以铁代钢"，主要指球墨铸铁。在铁型覆砂铸造中，球墨铸铁应用最为广泛。

1. 球墨铸铁的牌号和组织

球墨铸铁是在铁液（球墨生铁）浇注前加一定量的球化剂（常用的有硅铁、镁等），使铸铁中石墨球化。由于碳（石墨）以球状存在于铸铁基体中，改善其对基体的割裂作用，球墨铸铁的抗拉强度、屈服强度、塑性、冲击韧性大大提高，球墨铸铁是铸铁中力学性能最好的，并且具有耐磨、减震、工艺性能好、成本低等优点，在工业中得到了广泛的应用，可用于制造承载较大、受力复杂的机器零件，现已广泛应用于铁型覆砂铸造中，用于制造如曲轴、电梯底座、转子和减速器壳等。

球墨铸铁的金相组织主要由球状石墨和金属基体组成。通过球化和孕育处理得到球状石墨，石墨球通常是孤立地分布在金属基体中的，石墨的圆整度越好、球径越小，分布越均匀，则球墨铸铁的力学性能越高。

球墨铸铁的金属基体组织为铁素体、珠光体和铁素体加珠光体三种类型，其基体组织在铸态下变化较大，金相组织如图 4-5 所示。

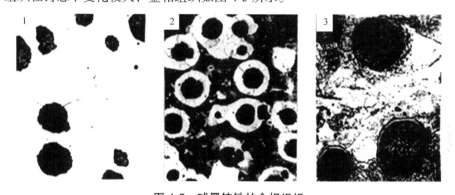

图 4-5　球墨铸铁的金相组织

1—F+ 球状 G　2—F+P+ 球状 G　3—P+ 球状 G

常用球墨铸铁的牌号和化学成分见表 4-17。

表 4-17　常用球墨铸铁的牌号和化学成分

牌号及种类		化学成分（质量分数，%）								
		C	Si	Mn	P	S	Mg	RE	Cu	Mo
QT900-2	孕育前	3.5~3.7		≤0.50	≤0.08	≤0.025				
	孕育后		2.7~3.0				0.03~0.05	0.025~0.045	0.5~0.7	0.15~0.25
QT800-2	孕育前	3.7~4.0		≤0.50	≤0.07	≤0.03				
	孕育后		2.5						0.82	0.39
QT700-2	孕育前	3.7~4.0		0.5~0.8	≤0.08	≤0.02				
	孕育后		2.3~2.6				0.035~0.065	0.035~0.065	0.4~0.8	0.15~0.4
QT600-3	孕育前	3.6~3.8		0.5~0.7	≤0.08	≤0.025				
	孕育后		2.0~2.4				0.035~0.05	0.025~0.045	0.5~0.75	

（续）

牌号及种类		化学成分（质量分数，%）								
		C	Si	Mn	P	S	Mg	RE	Cu	Mo
QT500-7	孕育前	3.6~3.8		≤ 0.6	≤ 0.08	≤ 0.025				
	孕育后		2.5~2.9				0.03~0.05	0.03~0.05		
QT450-10	孕育前	3.4~3.9		≤ 0.50	≤ 0.07	≤ 0.03				
	孕育后		2.2~2.8				0.03~0.06	0.02~0.04		
QT400-15	孕育前	3.5~3.9		≤ 0.50	≤ 0.07	≤ 0.02				
	孕育后		2.5~2.9				0.04~0.06	0.03~0.05		
QT400-18	孕育前	3.6~3.9		≤ 0.50	≤ 0.08	≤ 0.025				
	孕育后	3.6~3.9	2.2~2.8				0.04~0.06	0.03~0.05		

2. 球墨铸铁的性能

球状石墨对金属基体的割裂作用比片状石墨小，使铸铁的强度达到基体组织强度的 70%~90%，并且具有良好的韧性。

球墨铸铁件单铸试样的力学性能见表 4-18。球墨铸铁件附铸试样的力学性能见表 4-19。

表 4-18　球墨铸铁件单铸试样的力学性能（摘自 GB/T 1348—2009）

牌号	抗拉强度 R_m/MPa	规定塑性延伸强度 $R_{p0.2}$/MPa	断后伸长率 A(%)	硬度 HBW	主要基体组织
QT350-22L	350	220	22	≤ 160	铁素体
QT350-22R	350	220	22	≤ 160	铁素体
QT350-22	350	220	22	≤ 160	铁素体
QT400-18L	400	240	18	120~175	铁素体
QT400-18R	400	250	18	120~175	铁素体
QT400-18	400	250	18	120~175	铁素体
QT400-15	400	250	15	120~180	铁素体
QT450-10	450	310	10	160~210	铁素体
QT500-7	500	320	7	170~230	铁素体 + 珠光体
QT550-5	550	350	5	180~250	铁素体 + 珠光体
QT600-3	600	370	3	190~270	珠光体 + 铁素体
QT700-2	700	420	2	225~305	珠光体
QT800-2	800	480	2	245~335	珠光体或索氏体
QT900-2	900	600	2	280~360	回火马氏体或托氏体 + 索氏体

注：1. 字母"L"表示该牌号有低温（−20℃或−40℃）下的冲击性能要求；字母"R"表示该牌号有室温（23℃）下的冲击性能要求。

2. 断后伸长率是从原始标距 $L_0 = 5d$ 上测得的，d 是试样上原始标距处的直径。

表 4-19　球墨铸铁件附铸试样的力学性能（摘自 GB/T 1348—2009）

牌号	铸件壁厚 / mm	抗拉强度 R_m/MPa	规定塑性延伸强度 $R_{p0.2}$/MPa	断后伸长率 A(%)	硬度 HBW	主要基体组织
QT350-22AL	≤ 30	350	220	22	≤ 160	铁素体
	> 30~60	330	210	18		
	> 60~200	320	200	15		
QT350-22AR	≤ 30	350	220	22	≤ 160	铁素体
	> 30~60	330	220	18		
	> 60~200	320	210	15		
QT350-22A	≤ 30	350	220	22	≤ 160	铁素体
	> 30~60	330	210	18		
	> 60~200	320	200	15		
QT400-18AL	≤ 30	380	240	18	120~175	铁素体
	> 30~60	370	230	15		
	> 60~200	360	220	12		
QT400-18AR	≤ 30	400	250	18	120~175	铁素体
	> 30~60	390	250	15		
	> 60~200	370	240	12		
QT400-18A	≤ 30	400	250	18	120~175	铁素体
	> 30~60	390	250	15		
	> 60~200	370	240	12		
QT400-15A	≤ 30	400	250	15	120~180	铁素体
	> 30~60	390	250	14		
	> 60~200	370	240	11		
QT450-10A	≤ 30	450	310	10	160~210	铁素体
	> 30~60	420	280	9		
	> 60~200	390	260	8		
QT500-7A	≤ 30	500	320	7	170~230	铁素体 + 珠光体
	> 30~60	450	300	7		
	> 60~200	420	290	5		
QT550-5A	≤ 30	550	350	5	180~250	铁素体 + 珠光体
	> 30~60	520	330	4		
	> 60~200	500	320	3		
QT600-3A	≤ 30	600	370	3	190~270	珠光体 + 铁素体
	> 30~60	600	360	2		
	> 60~200	550	340	1		
QT700-2A	≤ 30	700	420	2	225~305	珠光体
	> 30~60	700	400	2		
	> 60~200	650	380	1		
QT800-2A	≤ 30	800	480	2	245~335	珠光体或索氏体
	> 30~60	由供需双方商定				
	> 60~200					
QT900-2A	≤ 30	900	600	2	280~360	回火马氏体或索氏体 + 托氏体
	> 30~60	由供需双方商定				
	> 60~200					

注：1．从附铸试样测得的力学性能并不能准确地反映铸件本体的力学性能，但与单铸试样上测得的值相比更接近于铸件的实际性能值。

2．断后伸长率在原始标距 $L_0 = 5d$ 上测得，d 是试样上原始标距处的直径。

为获得较好综合力学性能的球墨铸铁，合理控制碳当量是一个关键。碳当量的选择要合适，在不影响实验结果的情况下，可采用简化的碳当量公式，即

$$CE=w(C)+w(Si)/3 \qquad (4\text{-}1)$$

式中，CE 为碳当量（%）；$w(C)$ 为铸铁的实际碳含量；$w(Si)$ 为铸铁的实际硅含量。

碳当量的选择原则是保证铸铁组织性能时尽量使 CE 值靠近共晶成分，使铁液具有较好的流动性，从而保证其铸造性能。碳当量过低，铸件易产生缩松和裂纹，甚至出现白口；碳当量过高，尤其是大中断面球墨铸铁更易出现石墨漂浮，其结果是使铸铁中的夹杂物增多，降低铸铁性能。另外，碳含量的选择还应从保证球墨铸铁具有良好的力学性能和铸造性能两方面考虑。在球墨铸铁的生产中，碳含量对球墨铸铁力学性能的影响主要是通过其对金属基体的影响起作用。碳的质量分数达到或超过 3.9% 时称为高碳量。高碳量增强了石墨对基体组织的割裂作用。

3. 球墨铸铁的生产

球墨铸铁的凝固特征为糊状凝固，铸件在凝固冷却过程中，一般需要用冒口对铸型型腔进行液态补缩，补缩距离短，凝固过程中石墨化膨胀量大。对于砂型铸造，球墨铸铁铸件的冒口补缩效果差、冒口尺寸大。因此，采用砂型铸造生产球墨铸铁件，砂型型腔刚性差，在铸件凝固过程中，石墨化膨胀易造成砂型型腔变大，导致铸件产生缩松、缩孔缺陷。特别是当生产耐压铸件时，铸件因组织不致密，经常容易出现渗漏现象。当铁型覆砂铸造工艺应用于球墨铸铁件生产时，其铸型为一薄层覆砂层，后面为金属型腔，铸型刚度高，没有退让性，因此采用铁型覆砂铸造生产球墨铸铁件时，可以利用球墨铸铁凝固过程中的石墨化膨胀来对铸型中铁液的液态收缩进行自补缩，从而获得组织致密的铸件。正因如此，铁型覆砂铸造在球墨铸铁件的生产上应用最为广泛。

我国生产的球墨铸铁大多数属于镁稀土球墨铸铁（只有少数为镁球墨铸铁），对于普通的镁稀土球墨铸铁，除了基本元素（C、Si、Mn、P、S）和球化元素外，还有合金元素（Cu、Mo、Ni 等）和微量元素（Pb、Ti、Te 等），它们在球墨铸铁中的作用各不相同。

球墨铸铁中基本元素的作用：

（1）碳和硅 碳含量高，则析出石墨数量多，石墨球数多，球径尺寸小，圆整度增加。提高碳含量，可以减少缩孔体积，减少缩松面积，可使铸件致密。此外，碳含量高对提高铁液流动性有利。因此，球墨铸铁的碳当量选择在近共晶成分，一般为 3.2%~3.9%。

硅是促进石墨化元素，能使铁素体量增加，不形成碳化物；硅使共晶温度升高，使共晶碳含量降低。此外，硅还能细化石墨，提高石墨球的圆整度。硅又能降

低球墨铸铁的塑性和韧性。因此，在选择球墨铸铁硅含量时，一般按照高碳低硅的原则，将硅的质量分数控制在 1.8%~3.0%。

（2）锰　锰在铸铁中有中和硫的作用，但在球墨铸铁中由于大部分硫已经在用球化元素镁或铈球化处理时去除，因此锰仅仅作为合金元素而发挥稳定和细化珠光体的作用。但是，锰有增大白口倾向，易在球墨铸铁中产生游离渗碳体；锰还易于富集在共晶团边界，促使形成晶间碳化物。因此，对于珠光体球墨铸铁，锰质量分数限制在 0.3%~0.7% 范围内（高牌号球墨铸铁取下限）；对于铁素体球墨铸铁，锰质量分数控制在 0.1%~0.3% 范围内。

（3）磷　磷不影响球化，却是有害元素，有很强的偏析倾向，当其质量分数达到 0.05% 以上时，易在晶界处形成二元或三元磷共晶，严重降低球墨铸铁的塑性和韧性；磷还有增大球墨铸铁的缩松倾向。因此，在普通球墨铸铁中，一般要求磷质量分数在 0.06% 以下，而当要求高韧性时，则应将磷质量分数控制在 0.04% 以下。

（4）硫　硫是反石墨化元素，属有害元素。球墨铸铁中的硫与球化元素有很强的亲和力，容易生产硫化物或硫氧化物，不仅消耗球化剂，造成球化不稳定，而且还使夹杂物数量增多，导致铸件产生缺陷。此外，还会使球化衰退速度加快，故应对原液硫含量加以控制。原铁液硫含量越低，不仅球化剂加入量可越小，还可以提高原铁液的冶金质量和球化效果。一般控制原铁液硫质量分数小于 0.02%。

球墨铸铁中常用的合金元素在理论上有铜、钼、锰、镍、铬、矾、锡、锑、钨等。由于这些合金元素能提高铸件的淬透性，或者稳定、增加和细化珠光体，或者在等温淬火时易得贝氏体，或者用于生产奥氏体球墨铸铁，故在珠光体球墨铸铁、奥氏体、贝氏体球墨铸铁、奥氏体球墨铸铁、马氏体球墨铸铁中得到广泛应用，但合金化不能用于铁素体球墨铸铁。

4. 铁型覆砂铸造对球墨铸铁的要求

当铁型覆砂铸造工艺用于球墨铸铁件生产时，在铁液的化学成分选择及控制上要注意以下几点：

1）较高的碳含量或碳当量，以充分利用球墨铸铁的石墨化膨胀来对凝固冷却过程中铁液进行自补缩。一般而言，在满足产品力学性能的前提下，其碳含量及碳当量的选择为上限，或者以不出现石墨漂浮为前提，选择尽可能高的碳含量或碳当量。这对于提高球墨铸铁铁液的铸造性能也是有利的。铁型覆砂工艺铸件凝固冷却速度快，而且中频感应电炉熔炼的铁液过冷度大，造成铸件白口倾向大，铸件冷却后容易形成自由渗碳体。因此，配料时碳硅当量要比湿砂造型工艺时高一些。

2）注重铁液的球化处理、孕育处理。

3）铁型覆砂铸造的冷却速度远高于砂型铸造，凝固过程中铁液的过冷度大，应尽量减少形成碳化物元素的加入量，以免造成铸件碳化物超标，影响产品的力学性能。

4）对于铁素体球墨铸铁件，应严格控制铁液中锰含量。理论上来说越低越好，以防止因铁液冷却速度快而产生碳化物，造成铸件断后伸长率下降。

5）对于铁素体球墨铸铁件，除了严格控制形成碳化物的元素含量，同时需加大铁液的孕育处理。与砂型铸造相比，孕育处理时孕育剂的加入量一般需增加 20% 以上，或者同时采用多次孕育的方式，来提高球墨铸铁铁液的孕育效果。

6）对于铁型覆砂铸造珠光体球墨铸铁件生产，要注意控制锰铁的加入量。对于高性能珠光体球墨铸铁件，易采用多元素复合变质，如 Mn、Cu、Mo、Ni 等的复合作用，以避免产生碳化物，影响产品的力学性能。

以下是铁型覆砂铸造球墨铸铁件化学成分及炉料配比的应用实例。

（1）电梯转子　材质 QT450，铸件壁厚为 50mm，质量为 84kg。其材料的化学成分见表 4-20，熔炼时的炉料配比见表 4-21。最后获得铸件的金相组织如图 4-6 所示，细小球状石墨均匀分布在铁素体和珠光体基体上。

表 4-20　电梯转子材料的化学成分（质量分数）　　　　（%）

C	Si	Mn	P	S	Mg	RE
3.5~3.65	2.6~2.7	0.1~0.2	≤ 0.017	0.01~0.02	0.03~0.05	0.015~0.03

表 4-21　电梯转子炉料配比（质量比）

生铁	26
废钢	52
回料	22
硅铁	1.0
球化剂	1.2
孕育剂	0.9
增碳剂	2

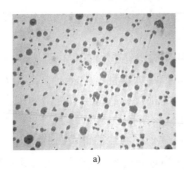 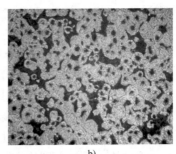

a)　　　　　　　　　　　　　　　　b)

图 4-6　电梯转子的金相组织

a）腐蚀前　b）腐蚀后

（2）电梯机座　材质 QT500，铸件壁厚为 30mm，质量为 122kg。其材料的化学成分见表 4-22，熔炼时的炉料配比见表 4-23。最后获得铸件的金相组织如图 4-7

所示，细小球状石墨均匀分布在铁素体和珠光体基体上。

表 4-22　电梯机座材料的化学成分（质量分数）　　　　（%）

C	Si	Mn	P	S	Mg	RE
3.7~3.85	2.3~2.4	0.1~0.25	≤ 0.017	0.01~0.02	0.03~0.05	0.02~0.035

表 4-23　电梯机座炉料配比（质量比）

生铁	25
废钢	55
回料	20
锰铁	0.3
硅铁	1
球化剂	1.2
孕育剂	0.5
增碳剂	2.2

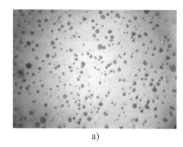
a)
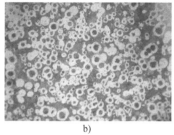
b)

图 4-7　电梯机座的金相组织

a）腐蚀前　b）腐蚀后

（3）基座　材质 QT600，铸件壁厚为 30mm，质量为 37kg。其材料的化学成分见表 4-24，熔炼时的炉料配比见表 4-25。最后获得铸件的金相组织如图 4-8 所示，细小球状石墨均匀分布在铁素体和珠光体基体上。

表 4-24　基座材料的化学成分（质量分数）　　　　　（%）

C	Si	Mn	P	S	Mg	RE
3.75~3.85	2.1~2.3	0.4~0.6	≤ 0.015	0.01~0.02	0.03~0.05	0.025~0.04

表 4-25　基座炉料配比（质量比）

生铁	25
废钢	55
回料	20
锰铁	0.50
硅铁	1
球化剂	1.20
孕育剂	0.50
增碳剂	2.20

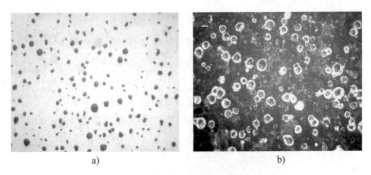

图 4-8 基座金相组织

a）腐蚀前　b）腐蚀后

（4）500834 曲轴　材质 QT700，铸件壁厚为 60mm，质量为 18kg。其材料的化学成分见表 4-26，熔炼时的炉料配比见表 4-27 所示。最后获得铸件的金相组织如图 4-9 所示，细小球状石墨均匀分布在铁素体和珠光体基体上。

表 4-26　500834 曲轴材料的化学成分（质量分数）　（%）

C	Si	Mn	P	S	Mg	RE
3.65~3.8	2.1~2.3	0.5~0.65	≤ 0.019	0.01~0.02	0.03~0.05	0.025~0.04

表 4-27　500834 曲轴炉料配比（质量比）

生铁	22
废钢	50
回料	28
锰铁	0.42
硅铁	0.78
球化剂	1.2
孕育剂	0.42
增碳剂	1.9

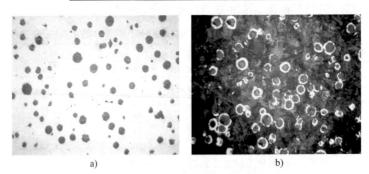

图 4-9　500834 曲轴的金相组织

a）腐蚀前　b）腐蚀后

（5）4110 曲轴　材质 QT800，铸件壁厚为 80mm，质量为 63kg。其材料的化学成分见表 4-28，熔炼时的炉料配比见表 4-29。最后获得铸件的金相组织如图 4-10 所示，细小球状石墨均匀分布在铁素体和珠光体基体上。

表 4-28　4110 曲轴材料的化学成分（质量分数）　　　　　（%）

C	Si	Mn	P	S	Mg	RE
3.65~3.8	2.1~2.25	0.4~0.6	≤ 0.018	0.01~0.17	0.03~0.05	0.025~0.04

表 4-29　4110 曲轴炉料配比（质量比）

生铁	23
废钢	59
回料	18
锰铁	0.55
电解铜	0.5
硅铁	1.1
球化剂	1.2
孕育剂	0.4
增碳剂	2.3

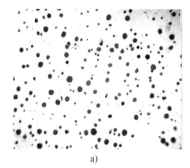 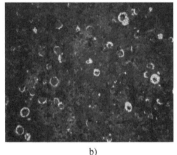

a)　　　　　　　　　　　　b)

图 4-10　4110 曲轴的金相组织

a）腐蚀前　b）腐蚀后

4.1.4　合金铸铁

合金铸铁用于铁型覆砂铸造中多见为耐磨铸铁。以铸造磨球为例，我国年产铸造磨球达到了百余万 t，在冶金、建材、电力、化工等行业，磨球都有大量的应用，国内需求量和出口量也在逐年增加。与铸造磨球相关的国家标准和行业标准也在不断修订和提高。合金铸铁在磨球的铁型覆砂铸造中得到了广泛应用，特别是 2010 年 4 月 1 日实施的 GB/T 17445—2009《铸造磨球》，使铸造磨球材料达到了国际同类产品的先进水平，也预示着对耐磨铸件生产工艺的要求达到一个更高的水平。

当前铁型覆砂铸造采用的耐磨合金铸铁多为高铬耐磨铸铁、低铬耐磨铸铁。低铬耐磨铸铁一般泛指 $w(Cr)$ 为 0.5%~2.5%、$w(C)$ 为 1.8%~3.2% 的合金白口铸铁，主要用于生产各类抗磨磨球，目前国内的用量在逐年减少。高铬耐磨铸铁是高铬白口抗磨铸铁的简称，一般泛指 $w(Cr)$ 为 11%~30%，$w(C)$ 为 2.0%~3.6% 的合金白口铸铁。它具有比合金钢高得多的耐磨性，比一般白口铸铁高得多的韧性和强度，同时还兼有良好的抗高温和耐腐蚀性能，加之生产便捷、成本适中，因而被誉为当代最优良的抗磨料磨损材料之一，主要用于生产各类磨球、衬板、磨盘、锤头等抗磨铸件。GB/T 8263—2010《抗磨白口铸铁件》规定了高铬白口铸铁的牌号、成分、硬度及热处理工艺和使用特性。其牌号和化学成分及硬度见表 4-30 和表 4-31。

表 4-30　高铬白口铸铁的牌号和化学成分（摘自 GB/T 8263—2010）

牌号	化学成分（质量分数，%）								
	C	Si	Mn	Cr	Mo	Ni	Cu	S	P
BTMCr12-GT	2.0~3.6	≤ 1.5	≤ 2.0	11.0~14.0	≤ 3.0	≤ 2.5	≤ 1.2	≤ 0.06	≤ 0.06
BTMCr15	2.0~3.6	≤ 1.2	≤ 2.0	14.0~18.0	≤ 3.0	≤ 2.5	≤ 1.2	≤ 0.06	≤ 0.06
BTMCr20	2.0~3.3	≤ 1.2	≤ 2.0	18.0~23.0	≤ 3.0	≤ 2.5	≤ 1.2	≤ 0.06	≤ 0.06
BTMCr26	2.0~3.3	≤ 1.2	≤ 2.0	23.0~30.0	≤ 3.0	≤ 2.5	≤ 1.2	≤ 0.06	≤ 0.06

注：允许加入微量 V、Ti、Nb、B 和 RE 等元素。

表 4-31　高铬白口铸铁件的硬度（摘自 GB/T 8263—2010）

牌号	表面硬度					
	铸态或铸态去应力处理		硬化态或硬化态去应力处理		软化退火态	
	HRC	HBW	HRC	HBW	HRC	HBW
BTMCr12-GT	≥ 46	≥ 450	≥ 58	≥ 650	≤ 41	≤ 400
BTMCr15	≥ 46	≥ 450	≥ 58	≥ 650	≤ 41	≤ 400
BTMCr20	≥ 46	≥ 450	≥ 58	≥ 650	≤ 41	≤ 400
BTMCr26	≥ 46	≥ 450	≥ 58	≥ 650	≤ 41	≤ 400

注：1. 洛氏硬度值（HRC）和布氏硬度值（HBW）之间没有精确的对应值，因此，这两种硬度值应独立使用。

2. 铸件断面深度 40% 处的硬度应不低于表面硬度值的 92%。

由于对耐磨性的要求越来越高，因此耐磨合金铸铁一般应具有足够的硬度。低铬铸铁和中铬铸铁中由于铬元素含量较低，导致基体组织硬度不够、碳化物数量不足且形态不佳，影响了成品的最终耐磨性能。因此，高铬耐磨铸铁的铬质量分数一般在 12%~28% 范围内。影响材料耐磨性能的另一个重要因素是材料的韧性，尤其是冲击韧性；若韧性过低，材料在使用中易出现断裂、表层金属剥落等脆性失效。

影响高铬耐磨铸铁硬度的主要因素：

（1）碳化物数量　碳化物的数量主要由碳元素决定，因要兼顾韧性，故碳元素含量基本符合亚共晶成分。

由 C-Fe-Cr 三元相图可知，共晶成分时的碳和铬含量满足以下关系：

$$w(C)=4.40\%-0.054w(Cr) \tag{4-2}$$

式中，$w(C)$ 为共晶高铬铸铁中碳的质量分数；$w(Cr)$ 为共晶高铬铸铁中铬的质量分数。

其他合金元素的存在也会影响碳和铬元素共晶成分的关系，但是该式基本上能够反映两者之间的大致关系。

碳元素对于耐磨铸铁而言极为重要，碳含量决定了碳化物的体积分数，碳含量越高，则碳化物体积分数越大，材料的硬度越高，但因碳化物割裂金属基体的缘故，材料的冲击韧性降低，同时基体中碳元素的含量升高，基体整体硬度增大，对材料的硬度也有促进作用。

铬元素主要有两种存在形式，一部分与碳元素形成碳化物，另一部分则溶于基体组织中，可增加基体组织的强度及淬透性，因此铬含量越高，则碳化物含量及基体组织的强度均会相应提高。此外，铬含量的多少会影响碳化物的类型，一般希望铬碳比在一定范围内形成 M_7C_3 型碳化物，否则会形成其他类型的碳化物，对材料的耐磨性能造成影响。

（2）金属基体的组织　当前主要有三种基体组织，分别为奥氏体基体、马氏体基体和聚合基体（类似于贝氏体组织）组织。由于基体组织要起到支撑碳化物的作用，基体组织的硬度很大程度上决定了整个材料的硬度。奥氏体基体和聚合基体组织的硬度比较低，因此高硬度的耐磨材料基体组织一般选为马氏体，即为由碳化物和大部分马氏体组成的高铬耐磨组织。

（3）碳化物类型　高铬耐磨铸铁中碳化物类型主要有三种，分别为 $(Fe, Cr)_{23}C_6$、$(Fe, Cr)_7C_3$ 和 $(Fe, Cr)_3C$，三种碳化物的性能见表4-32。由于高铬耐磨铸铁中铬含量和碳含量都比较高，因此碳化物主要为 $(Fe, Cr)_7C_3$。共晶 $(Fe, Cr)_7C_3$ 呈板条状，与网状分布的 $(Fe, Cr)_7C_3$ 共晶碳化物相比，其对基体的割裂作用较小，从而有较好的力学性能，特别是冲击韧性。

表 4-32　不同碳化物的性能

铬碳比	碳化物	类型	硬度 HV	分布状态
≤ 2.8	M_3C	渗碳体	840~1100	连续网状
2.8~10	M_7C_3	间隙化合物	1200~1800	孤立簇状
≥ 10	$M_{23}C_6$	间隙化合物	1000~1100	条状

根据试验数据，高铬耐磨铸铁中碳、铬含量与碳化物体积分数有如下关系：

$$碳化物体积分数 = 12.33 \times 12.33 \times w(C) + 0.55 \times w(Cr) - 15.22 \qquad (4-3)$$

对于高硬度的耐磨铸件，其碳化物体积分数一般为 32%~35%，过高则会引起碳化物的粗大，同时还会大幅降低铸件的冲击韧性，过低则难以保证较高的硬度。碳元素质量分数为 2.5%~3.3%，碳元素过高会出现先共晶碳化物，影响冲击韧性，过低则可能会出现 $(Fe, Cr)_{23}C_6$ 型碳化物。除了那些韧性要求较低的、允许含有先共晶碳化物作为抗磨骨架的铸件外，一般高铬铸铁件成分大多数都在亚共晶范围。

当采用铁型覆砂铸造生产各类高铬铸铁件时，覆砂层比普通铸件（灰铸铁、球墨铸铁）的铁型覆砂铸造的覆砂层要薄得多，一般仅为 2~3mm，铸件生产过程中铁液在铸型中的冷却速度快，接近于金属型铸造。因此，在相同的配料成分前提下，其铸件比普通砂型铸造更有利于形成碳化物，其硬度可提高 2~5HRC，而且铸件内外硬度的均匀性、一致性更好。

4.1.5 铸钢

1. 铸钢的牌号和组织

与铸铁和其他合金铸件相比，铸钢件可用于各种各样的工作条件，其力学性能优于其他合金铸件。

按铸钢的化学成分，铸钢可分为铸造碳钢、铸造合金钢和铸造特种钢三大类。

（1）铸造碳钢 以碳为主要合金元素并含有少量其他元素的铸钢。$w(C) < 0.2\%$ 的为铸造低碳钢，$w(C)=0.2\%~0.5\%$ 的为铸造中碳钢，$w(C) > 0.5\%$ 的为铸造高碳钢。随着碳含量的增加，铸造碳钢的强度增大，硬度提高。由于铸造碳钢具有较高的强度、塑性和韧性，成本较低，因此用于制造重型机械中承受大负荷的零件，如轧钢机机架、水压机底座等；在铁路车辆上用于制造受力大又承受冲击的零件，如摇枕、侧架、车轮和车钩等。

（2）铸造合金钢 含有锰、铬、铜等合金元素的铸钢。合金元素总质量分数一般小于 5%，冲击韧性较高，并能通过热处理获得更好的力学性能。铸造合金钢比铸造碳钢具有更好的使用性能，能减小零件质量，延长使用寿命。

（3）铸造特种钢 为适应特殊需要而炼制的合金铸钢，品种繁多，通常含有较高含量的一种或多种合金元素，以获得某种特殊性能。

按使用特性，铸造特种钢可分铸造工具钢、铸造特殊钢和工程与结构用铸钢三大类。

1）铸造工具钢。铸造工具钢又可以分为铸造刀具钢和铸造模具钢。

2）铸造特殊钢。铸造特殊钢可以分为铸造不锈钢、铸造耐热钢、铸造耐磨钢、铸造镍基合金等。

3）工程与结构用铸钢。工程与结构用铸钢可以分为铸造碳素结构钢和铸造合金结构钢。

铸钢的牌号用汉语拼音字首"ZG"加两组数字组成。如 ZG270-500 表示屈服强度为 270MPa，抗拉强度不小于 500MPa 的铸造碳钢。

铸钢的 $w(C)$ 在 0.15%~0.60% 之间，如果碳含量过高，则塑性变差，铸造时易产生裂纹；碳含量过低，强度变差，同时熔液的流动性、铸造性能也变差。一般工程用铸造碳钢的牌号、化学成分和力学性能见表 4-33。大型低合金铸钢件的牌号和化学成分见表 4-34。

表 4-33　一般工程用铸造碳钢的牌号、化学成分和力学性能

牌号	化学成分（质量分数，%）				室温力学性能				
	C	Si	Mn	P/S	上屈服强度 /MPa	抗拉强度 /MPa	断后伸长率（%）	断面收缩率（%）	冲击吸收能量 KV/J
	≤				≥				
ZG200-400	0.20	0.60	0.80	0.035	200	400	25	40	30
ZG230-450	0.30	0.60	0.90	0.035	230	450	22	32	25
ZG270-500	0.40	0.60	0.90	0.035	270	500	18	25	22
ZG310-570	0.50	0.60	0.90	0.035	310	570	15	21	15
ZG340-640	0.60	0.60	0.90	0.035	340	640	10	18	10

表 4-34　大型低合金钢铸件的牌号和化学成分

牌号	化学成分（质量分数，%）								
	C	Si	Mn	P	S	Cr	Ni	Mo	Cu
ZG20Mn	0.16~0.22	0.60~0.80	1.00~1.30	≤ 0.030	≤ 0.030	—	≤ 0.40	—	—
ZG30Mn	0.27~0.34	0.30~0.50	1.20~1.50	≤ 0.030	≤ 0.030	—	—	—	—
ZG35Mn	0.30~0.40	0.60~0.80	1.10~1.40	≤ 0.030	≤ 0.030	—	—	—	—
ZG40Mn	0.35~0.45	0.30~0.45	1.20~1.50	≤ 0.030	≤ 0.030	—	—	—	—
ZG40Mn2	0.35~0.45	0.20~0.40	1.60~1.80	≤ 0.030	≤ 0.030	—	—	—	—
ZG45Mn2	0.42~0.49	0.20~0.40	1.60~1.80	≤ 0.030	≤ 0.030	—	—	—	—
ZG50Mn2	0.45~0.55	0.20~0.40	1.50~1.80	≤ 0.030	≤ 0.030	—	—	—	—
ZG35SiMnMo	0.32~0.40	1.10~1.40	1.10~1.40	≤ 0.030	≤ 0.030	—	—	0.20~0.30	≤ 0.30
ZG35CrMnSi	0.30~0.40	0.50~0.75	0.90~1.20	≤ 0.030	≤ 0.030	0.50~0.80	—	—	—
ZG20MnMo	0.17~0.23	0.20~0.40	1.10~1.40	≤ 0.030	≤ 0.030	—	—	0.20~0.35	≤ 0.30
ZG30Cr1MnMo	0.25~0.35	0.17~0.45	0.90~1.20	≤ 0.030	≤ 0.030	0.90~1.20	—	0.20~0.30	—
ZG55CrMnMo	0.50~0.60	0.25~0.60	1.20~1.60	≤ 0.030	≤ 0.030	0.60~0.90	—	0.20~0.30	≤ 0.30
ZG40Cr1	0.35~0.45	0.20~0.40	0.50~0.80	≤ 0.030	≤ 0.030	0.80~1.10	—	—	—
ZG34Cr2Ni2Mo	0.30~0.37	0.30~0.60	0.60~1.00	≤ 0.030	≤ 0.030	1.40~1.70	1.40~1.70	0.15~0.35	—
ZG15Cr1Mo	0.12~0.20	≤ 0.60	0.50~0.80	≤ 0.030	≤ 0.030	1.00~1.50	—	0.45~0.65	—
ZG20CrMo	0.17~0.25	0.20~0.45	0.50~0.80	≤ 0.030	≤ 0.030	0.50~0.80	—	0.45~0.65	—
ZG35Cr1Mo	0.30~0.37	0.30~0.50	0.50~0.80	≤ 0.030	≤ 0.030	0.80~1.20	—	0.20~0.30	—
ZG42Cr1Mo	0.38~0.45	0.30~0.60	0.70~1.00	≤ 0.030	≤ 0.030	0.80~1.20	—	0.20~0.30	—
ZG50Cr1Mo	0.46~0.54	0.25~0.50	0.50~0.80	≤ 0.030	≤ 0.030	0.90~1.20	—	0.15~0.25	—
ZG65Mn	0.60~0.70	0.17~0.37	0.90~1.20	≤ 0.030	≤ 0.030	—	—	—	—
ZG28NiCrMo	0.25~0.30	0.30~0.80	0.60~0.90	≤ 0.030	≤ 0.030	0.35~0.85	0.40~0.80	0.35~0.55	—
ZG30NiCrMo	0.25~0.35	0.30~0.60	0.70~1.00	≤ 0.030	≤ 0.030	0.60~0.90	0.60~1.00	0.35~0.55	—
ZG35NiCrMo	0.30~0.37	0.60~0.90	0.70~1.00	≤ 0.030	≤ 0.030	0.40~0.90	0.60~0.90	0.40~0.50	—

铸钢的金相组织由铁素体和珠光体组成，铸态金相组织为铁素体 + 珠光体 +

魏氏体组织。铸态组织的形貌和组成相的含量与钢的碳含量有关。碳含量越低的铸钢，铁素体含量越多，魏氏体组织的针状越明显、越发达，数量也多。随铸钢碳含量的增加，珠光体量增多，魏氏体组织中的针状和三角形的铁素体量减少，针齿变短，量也减少，而块状和晶界上的网状铁素体粗化，含量也增多。若存在严重的魏氏体组织，或者存在大量低熔点非金属夹杂物并沿晶界呈断续网状分布，将使铸钢的脆性显著增加。因此，铸钢件需经正火处理，以消除魏氏体组织，细化晶粒。

2. 铸钢的性能

与铸铁相比，铸钢的力学性能比铸铁高，但其铸造性能却比铸铁差。当铸件的强度要求较高、采用铸铁不能满足要求时，应采用铸钢。但因铸钢的熔点较高，钢液易氧化、钢液的流动性差、收缩大，其体收缩率为10%~14%，线收缩为1.8%~2.5%。为防止铸钢件产生浇不足、冷隔、缩孔和缩松、裂纹及粘砂等缺陷，必须采取比铸铁复杂的工艺措施。

1）流动性较差。由于钢液的流动性差，为防止铸钢件产生冷隔和浇不足，铸钢件的壁厚不能小于8mm，浇注系统的结构力求简单且截面尺寸比铸铁的要大，通常采用干铸型或热铸型，适当提高浇注温度，一般为1520~1600℃。因为浇注温度高，钢液的过热度大，保持液态的时间长，流动性可得到改善，但浇注温度过高，会引起晶粒粗大、热裂、气孔和粘砂等缺陷。因此，对小型、薄壁及形状复杂的铸件，其浇注温度约为钢的熔点温度+150℃；大型、厚壁铸件的浇注温度比其熔点高出100℃左右。

2）收缩率大。由于铸钢的收缩大大超过铸铁，为防止铸件出现缩孔、缩松缺陷，一般在铸造工艺上大都采用冒口、冷铁和补贴等措施，以实现顺序凝固。

3）熔点高。铸钢的熔点高，相应的浇注温度也高。高温下钢液与铸型材料相互作用，极易产生粘砂缺陷。为减少气体来源、提高钢液流动性及铸型强度，大多数铸钢件采用干型或快干型来铸造。

3. 铸钢件的生产

铸钢必须采用电炉熔炼，主要有电弧炉和感应电炉。根据炉衬材料和所用渣系的不同，又可分为酸性熔炉和碱性熔炉。铸造碳钢和低合金铸钢可采用任何一种熔炉熔炼，但高合金铸钢只能采用碱性熔炉熔炼。由于铸钢的熔点高、流动性差、钢液易氧化和吸气，同时其体积收缩率为灰铸铁的2~3倍，因此，铸钢的铸造性能较差，容易产生浇不足、气孔、缩孔、热裂、粘砂、变形等缺陷。为防止上述缺陷的产生，必须在工艺上采取相应措施。

1）生产铸钢件用型砂应有高的耐火度和抗粘砂性，以及高的强度、透气性和退让性。原砂通常采用颗粒较大和均匀的硅砂，为防止粘砂，型腔表面多涂以耐火度更高的涂料；为了提高铸型强度、退让性，型砂中常加入各种添加剂。

2）浇注系统和冒口的设计。由于铸造碳钢倾向逐层凝固，收缩大，因此多采用顺序凝固原则来设置浇注系统和冒口，以防止缩孔、缩松的出现。一般来说，铸钢件都要设置冒口，冷铁也应用较多。此外，应尽量采用形状简单、截面面积较大的底注式浇注系统，使钢液迅速、平稳地充满铸型。

3）热处理。铸钢的热处理通常为退火或正火，以消除应力、细化晶粒和改善金相组织。

铁型覆砂铸造工艺生产的铸件主要是球墨铸铁和灰铸铁件，主要是利用铸件在凝固过程中的石墨化膨胀解决金属液在凝固冷却过程中的补缩问题，可以实现无冒口工艺生产；铁型覆砂铸造在铸钢铸件有少量的应用，但仍需要采用设置冒口工艺。

4. 铁型覆砂铸造对铸钢件的要求

在铸钢件的铁型覆砂铸造生产过程中，其化学成分的选择主要需注意以下几点：

1）因铁型覆砂铸造的铸型刚度大，对于铸钢件的生产，尤其要防止在铸件凝固冷却过程中产生热裂现象。在化学成分的选择上，应适当减少影响铸钢件线收缩率的元素加入量。

2）铁型覆砂铸造生产过程中铸型的冷却速度快，可适当减少提高强度性能的合金元素加入量。

3）特别注意对铸钢件化学成分中白口倾向元素的控制，以保证铸钢件的力学性能达标。

4.2　合金熔炼

铸造合金的熔炼设备包括冲天炉、各种电炉和煤气炉等，在铁型覆砂铸造中，主要采用中频感应炉熔炼。使用的能源形式主要为煤炭、焦炭、电力及燃油和天然气等。

4.2.1　常见合金熔炼方法及其特点

铸造合金的熔炼可根据加热熔化采用的设备不同而不同，常见的有电阻炉、煤气熔化炉和感应炉等。电阻炉是利用电流使炉内电热元件或加热介质发热，从而对工件或物料加热熔化；煤气熔化炉是利用煤气发生炉制作的煤气作为燃烧热源进行物料熔化。在铸造生产上，电阻炉和煤气熔化炉主要用于铝合金等低熔点金属的熔炼。

感应炉是利用物料的感应电热效应而使物料加热或熔化的电炉。感应炉采用的交流电源有工频（50Hz 或 60Hz）、中频（150~10000Hz）和高频（高于 10000Hz）三种。感应炉的主要部件有感应器、炉体、电源、电容和控制系统等。在感应炉中的交变电磁场作用下，物料内部产生涡流从而达到加热或熔化的效果。感应炉通常分为感应加热炉和熔炼炉。熔炼炉又分为有芯感应炉和无芯感应炉两类。有芯感应炉主要用于各种铸铁和非铁合金等金属的熔炼和保温，可利用废炉料，熔炼成本低。无芯感应炉主要用于铸铁、铸钢和高温合金的熔炼。无芯感应炉又分为工频感应炉、三倍频感炉、发电机组中频感应炉、可控硅中频感应炉、高频感应炉等种类。而依照坩埚材料的不同，可分为酸性感应电炉和碱性感应电炉，酸性感应电炉的坩埚是用硅砂筑成的，碱性感应电炉的坩埚是用镁砂筑成的。

由于整个感应炉熔炼过程中金属液自始至终处于强烈的电磁搅拌中，因此终点成分均匀度高，宏观偏析小，而且易于各类夹杂物的上浮，可以得到基体比较纯净、成分比较均匀的金属液。另外，与电弧炉熔炼相比，感应炉利用电磁感应原理使炉料本体发热，具有发热快、熔炼周期短、热效率高等特点；加热能源清洁，加热过程中没有大量的火焰和气体放出，污染小；由于没有电弧的超高温作用，使得钢中元素的烧损率较低。

一条铁型覆砂铸造生产线一般每小时消耗金属液为 0.5~3t，随着国家环保、节能、清洁生产等方面的要求，在此熔炼效率的要求下，冲天炉、电弧炉、高频炉、工频炉都难以满足需求，唯有中频感应炉可以实现。中频感应炉采用 200~2500Hz 中频电源进行感应加热，功率范围为 20~2500kW，容量一般在 0.5~6t。中频感应炉的熔炼特点：

1）熔炼速度快、节电效果好、烧损少、能耗低。

2）具有自搅拌功能，熔炼温度及金属成分均匀。

3）电加热作业环境好。

4）起动性能好，空炉、满炉均可达到 100% 起动。

5）熔炼为金属重熔，没有冶金精炼反应。

4.2.2　中频感应炉合金熔化原理

中频感应炉利用电磁感应原理加热金属，通过将工频 50Hz 交流电转变为中频（ > 300~1000Hz ）的电源装置，把三相工频交流电整流后变成直流电，再把直流电变为可调节的中频电流，用于在电容和感应线圈中流过的中频交变电流，在感应圈中产生高密度的磁力线，并切割感应圈中盛放的金属材料，在金属材料中产生很大的涡流。这种涡流同样具有中频电流的一些性质，如金属自身的自由电子在有电阻的金属体中流动要产生热量。采用三相桥式全控整流电路将交流电整流为直流电，例如，把一根金属圆柱体放在有交变中频电流的感应圈中，金属圆柱体没有与感应线圈直接接触，通电线圈本身温度已很低，可是圆柱体表面被加热到发红，甚至熔化，而且这种发红和熔化的速度只要调节频率大小和电流的强弱就能实现。如果圆柱体放在线圈中心，那么圆柱体周边的温度是一样的，圆柱体加热和熔化也没有产生有害气体、强光污染环境。中频炉坩埚内盛有金属炉料，相当于变压器的副绕组，当感应线圈接通交流电源时，在感应线圈内产生交变磁场，其磁力线切割坩埚中的金属炉料，在炉料中就产生了感应电动势。由于炉料本身形成一闭合回路，此副绕组的特点是仅有一匝且是闭合的。因此，在炉料中同时产生感应电流，感应电流通过炉料时，对炉料进行加热，促使其熔化。

中频感应炉主要用在熔炼钢、合金钢、特种钢、铸铁等黑色金属材料以及不锈钢、锌等有色金属材料的熔炼，也可用于铜、铝等有色金属的熔炼和升温、保温，并且能和高炉进行双联运行。

1. 中频感应炉的组成及选用

中频感应炉加热装置具有体积小、重量轻、效率高、热加工质量优及有利环境等优点，正迅速替代燃煤炉、燃气炉、燃油炉及普通电阻炉，成为新一代的金属加热设备。

中频感应炉由以下几部分组成：电源及电气控制部分、炉体部分、传动装置及水冷系统。

（1）电源及电气部分　电源设备包括高压或低压开关柜、中频电源（中频发电机组或可控硅变频器）、电源转换开关、补偿电容器及中频控制柜（炉前配电操作台）等，大型中频感应炉的电气部分还包括坩埚漏炉报警系统。

（2）炉体部分　中、小型中频感应炉均配两台炉体。一台生产使用，另一台备用。炉体包括炉盖、感应器、坩埚、炉架等。

（3）传动装置　传动装置包括炉盖的移动和炉体的倾动与复位等机械或液压装置等。

（4）水冷系统　水冷部位有中频电源（发电机组和可控硅变频装置，其中可控硅变频装置用冷却水需经软化处理）、感应器、电容器及汇流排、软电缆等。

为节约用水，通常采用循环冷却的方法。冷却水循环系统包括水泵、冷却塔、水箱等。

中频感应炉冷却系统主要包括冷却电源和炉体两大部分。电源部分包括电源柜内各个电源器件和电力电热电容组。电源部分由精密电器元器件组成，冷却管道比较细，为了防止管内结垢堵塞管道，一般使用软化水或纯净水。

电炉和电源采用独立的冷却装置。中频电源采用全封闭冷却装置，炉体采用全封闭冷却装置。采用相互独立的两套冷却装置的目的是为了避免相互影响。因为中频电源需要低温的冷却水（纯净水），出水温度要控制在55℃以内，但电炉感应线圈的冷却水温度可以略高，这样反而能够提高电炉的热效率，同时减小冷却装置的体积，进而降低造价。

2. 中频感应炉的操作和维护

中频感应炉操作要注意以下几点：

1）开炉前要检查好电气设备、水冷却系统、感应器铜管等是否完好，否则禁止开炉。

2）炉膛熔损超过规定应及时修补。严禁在熔损过深坩埚内进行熔炼。

3）送电和开炉应有专人负责，送电后严禁接触感应器和电缆。当班者不得擅自离开岗位，要注意感应器和坩埚外部情况。

4）装料时，应检查炉料内有无易燃易爆等有害物品混入，如有应及时除去，严禁冷料和湿料直接加入钢液中，熔化液充满至上部后严禁大块料加入，以防结盖。

5）补炉和捣制坩埚时严禁铁屑、氧化铁混杂，捣制坩埚必须密实。

6）浇注场地及炉前地坑应无障碍物，无积水，以防钢液落地爆炸。

7）钢液不允许盛装得过满，手抬包浇注时，两人应配合一致，走路应平稳，不准急走急停；浇注后余钢要倒入指定地点，严禁乱倒。

8）中频发电机房内应保持清洁，严禁将易燃易爆物品和其他杂物带进室内，室内禁止吸烟。

由于中频感应炉熔炼的排放量较少，对环保有利，因而采用的铸造厂越来越多。另外，美国铸造协会1998年组织研究人员采用车削、钻削等加工试验分析了感应电炉熔炼与冲天炉熔炼对灰铸铁（相当于HT150、HT200、HT250）加工性能的影响。研究表明，冲天炉熔炼时，材料加工性能并不比感应电炉熔炼好，而对一些加工性数据，感应电炉熔炼的灰铸铁加工性更好些。

对于铁型覆砂铸造，由于铸件材料成分要求严格，特别是采用球墨铸铁生产汽车曲轴时，CE的控制是球墨铸铁件化学成分控制的重要指标。珠光体基体的球墨铸铁，$w(Si)$一般略低；铁素体基体的球墨铸铁，$w(Si)$相对较高，但$w(Si)$过高会增加铸铁的脆性。$w(C)$和$w(Si)$过低会导致碳化物产生，容易引起脆性断裂；$w(C)$和$w(Si)$过高会导致CE过高，铸件容易产生灰斑及麻点，脆性增大，还容易造成石墨飘浮。因此，$w(C)$、$w(Si)$必须控制在合理范围内。采用中频感应炉熔炼有降碳增硅的过程，当铁液温度达到平衡温度以上时，在酸性炉衬中的SiO_2和铁液中的SiO_2将发生下列反应：$SiO_2 + 2[C] \rightarrow [Si] + 2CO \uparrow$。因此，在配料时应适当提高$w(C)$。在实际生产中，往往通过加入一定量的增碳剂来调整$w(C)$。在使用增碳剂时要注意增碳剂一定要加到废钢上面，否则效果不理想，加入量视情况而定。

采用中频感应炉熔炼球墨铸铁原铁液时，由于其$w(S)$较低，稀土镁球化剂的加入量可以适当降低到1.0%~1.4%，具体加入量应根据$w(S)$、处理温度、处理铁液量等情况决定。由于中频感应炉铁液的温度比冲天炉铁液高，因此球化剂放入处理包后一定要覆盖好，防止Mg和RE过度燃烧，造成铁液$w(Mg残)$和$w(RE残)$偏低而导致球化不良或不球化；$w(Mg残)$和$w(RE残)$过高，铸件碳化物含量会增高，会引起白口倾向，缩孔、缩松倾向增大，因此必须严格控制。

中频感应炉一般的维护常识有以下几点：

1）烤炉。对于干法打炉，炉内的钢模是不取出来的。烤炉时一定要采用加小料并填实的原则，避免局部打火而化掉内胆，使干料坍塌。因此，要求在烤炉前尽量积攒一些小料，同时在升温过程中要严格观察钢模情况，当出现打弧严重时应减小电流。如果电流过大，会引起钢模被电弧击穿而导致耐火材料的坍塌。

2）金属炉料。通常，加入金属炉料时，块度大小应合适，一般不超过炉子内径的 1/2，同时炉料应小批量分多次加入；加大料时，要先加一些小料垫底，既保证不卡料，又能减少炉料对炉壁、炉底的冲击。

3）铁液凝固后的重熔。当中频感应炉遇到突发性事件而停炉，炉内的铁液凝固后重新开炉时应注意：①短时间内中频感应炉无法重新起动时，应在炉内插入钢管（直径 20mm 左右）3~5 根，便于重熔过程中气体的排放；②炉内凝固铁液顶部未熔化之前应将炉体摇起，倾斜 15°。

4.2.3　灰铸铁的熔炼

1. 孕育处理

灰铸铁的力学性能在很大程度上取决于其显微组织。未经孕育处理的灰铸铁，显微组织不稳定、力学性能差，铸件的薄壁处易出现白口。为保证铸件品质的一致性，孕育处理是必不可少的。铸铁孕育处理所用的孕育剂加入量很少，对铸铁的化学成分影响甚小，对其显微组织的影响却很大，因而能改善灰铸铁的力学性能，对其物理性能也有明显的影响。

孕育剂的主要成分（质量分数）是 Si，72%~80% 和 Al，0.5%~1.5%。常见孕育剂的种类和使用方法见表 4-35。

表 4-35　常见孕育剂的种类和使用方法

名称	用途	特征	使用方法及包装
ZFYCS ZFSCCM	铸铁用球墨化孕育剂（球墨铸铁用孕育剂）	1）添加量仅为 Fe-Si 系孕育剂的一半 2）对防止白口有显著效果，ZFYCS 最适合薄壁小件 3）强度高、有脱氧、脱硫的效果 4）和稀土类金属相配合，孕育时间长、效果良好 5）凹陷部分少，提高铸件可加工性	1）铁液出到 20% 时开始添加，出铁液一半时随后一半铁液连续地进行添加，可以收到很好的效果。 2）出铁液前可根据试片白口的深度在炉内加入 0.05%~0.10% 的 ZFSCCM 3）粒度为 3mm 以下 4）包装 25kg 塑料编织袋
FS510	普通铸铁用以及球墨铸铁用孕育剂	1）防止白口效果好，持续时间长，密度较大，易溶解，一次性投入或随流添加都可以得到较好的效果 2）产生渣量少，气孔少 3）脱氧效果强，改善铁液的流动性 4）提高断后伸长率 5）如和 Mg 合金混合使用，对反应的稳定作用强	1）细小粒度可在铁液口瞬时孕育，粒度可在包内添加 2）标准添加量为 0.2%~0.5%，每增加 1% 的添加量，$w(\mathrm{Si})$ 则会按 0.5% 程度残留在铁液中 3）粒度为 0.5~3mm、3~10mm 和 0.1~0.5mm（瞬时孕育用） 4）包装 25kg 塑料编织袋

（续）

名称	用途	特征	使用方法及包装
SIHIGH	高级加硅脱氧孕育剂	1）有强脱氧作用，可获得非金属夹杂物很少的铁液 2）产生渣量少，可以延长炉壁的寿命 3）用于孕育使用	1）在升温后，出铁液前15~20min，可直接把包装好的该品投入到炉内 2）该品中含有73%以上的Si 3）在作为孕育剂使用时，添加0.2%~0.4%效果较好 4）粒度为2mm以下 5）包装25kg塑料编织袋
INOFSBA-A	普通铸铁、球墨铸铁用硬度改良复合孕育剂	1）在普通铸铁或球墨铸铁上使用，最多添加到0.1%，对于防止铁素体和增加硬度有显著的效果 2）添加本品不会产生白口 3）易于溶解，不会发生偏析现象	1）当铸铁的硬度不够、铁素体较多，按照原来的硬度稳定方法操作却不能稳定时，使用本品 2）粒度为0~10mm 3）包装25kg塑料编织袋
Si73Sr1.0 Si75Sr1.5	灰铸铁薄壁和厚薄不均急冷铸件，尤其对要求不能渗漏的铸件	1）防止白口效果显著，持续时间长 2）不增加共晶团数，防止缩松等铸造缺陷效果显著 3）铝和钙含量极低，易于溶解，可明显减少由于渣以及缩孔原因造成的铸造缺陷	1）在铁液包中注入1/4或1/5铁液后添加最为有效 2）添加量为铁液的0.2%~0.4% 3）添加本品每1%，铁液中的Si增加0.7% 4）粒度为0.1~0.5mm、0.25~1.0mm、0.8~4mm、2~7mm、3~10mm 5）包装25kg塑料编织袋
CBSALLOY	普通铸、铁球墨铸铁、蠕墨铸铁等广泛使用的优质孕育剂	1）对白口的防止效果很好，并且持续时间长 2）可以得到含气量很少的铁液 3）比一般孕育剂易溶解，渣以及气孔的产生量少 4）在改善球墨形状上具有和Ca-Si同样的效果 5）在球墨铸铁上使用时，对于促进球墨的球化和铁素体化有显著的效果 6）用于随流（瞬间）孕育的细小粒度本品，加入了一定量的助溶剂，有利于瞬间溶化	1）添加方法可以采用与原来的Si系孕育剂一样的方法，在向铁液包冲入铁液时进行添加，效果更好 2）细小粒度的可以在浇注时进行孕育，较大粒度的可以在包内进行添加，这样有很大的效果 3）添加量为铁液的0.2%~0.4% 4）本品中$w(Si) > 72\%$ 5）粒度为0.1~0.3mm、0.1~0.5mm、0.25~1.0mm、0.8~4mm、2~7mm、3~10mm 6）包装25kg塑料编织袋
ZFYK-60-80	普通铸铁、球墨铸铁用型内孕育块	1）放置在型内 2）普通铸铁使用可以防止白口，改良组织，防止壁厚敏感度 3）在球墨铸铁上使用可以防止白口，增多石墨球数量，对铸态铁素体化有很大效果 4）开箱快时，对铁素体化也有很大效果	1）在直浇道设置反应室 2）规格（60±5）g、（80±5）g、（100±5）g等 3）在进行大型铸件处理时需要使用浇口杯

（续）

名称	用途	特征	使用方法及包装
ZF-ALLOY 普通型 ZFSTR-ALLOY 强力型 CAINO-SUPER 超强型	强韧铸铁（FC300）和改善球墨形状、强抗拉强度使用特殊孕育剂 薄壁球墨铸铁用白口防止剂	1）可稳定地进行处理（即使是在较低的温度下，也可以稳定地进行处理） 2）和一般的 Ca-Si 以及其他的 Ca 系孕育剂相比，易于溶解，并且产生渣量少 3）活性金属作用强，脱氧效果很好，能改善铁液的流动性 4）防止薄壁球墨铸铁白口效果显著 5）与 Cu、Cr 元素共存及低合金铸铁可增强强度。在 Cu、Cr 投入量较多时，可减少碳化物且大幅度地改善碳化物的方向性 6）可提高可加工性能和材料致密度	1）ZF-ALLOY（普通型）中 w（Ca）=9%~11%；ZFSTR-ALLOY（强力型）中 w（Ca）=24%~27% 2）CAINO-SUPER（超强型）中 w（Ca）=30%~35% 3）向铁液连续添加最为有效 4）如连续添加有困难，也可待铁液包注入 20%~30% 铁液后随铁液加入 5）处理球墨铸铁时，在球化处理完毕转包时添加，如不转包则在铁液表面添加并进行搅拌 6）若铁液量大，可分几次随铁液加入 7）粒度为 4mm 以下 8）包装 25kg 塑料编织袋

目前，一般采用的孕育处理方法有出铁时孕育、浇注时孕育、型内孕育和孕育前的预处理。

（1）出铁时孕育　出铁时孕育是在铁液自熔炉或保温炉流向浇包时进行的孕育处理。这种处理方法既简单又方便，目前是应用最广的工艺，但采用时必须留意遵从作业要点。不可在浇注前将孕育剂加在空浇包的底部，否则会有部分孕育剂在与铁液作用前被氧化，而且孕育剂易于裹进炉渣，导致其利用率降低。最好在出铁后、自浇包中铁液量约为出铁量的 1/4 时开始孕育处理，通过定量漏斗将粒状孕育剂均匀而分散地撒向液流，到浇包中铁液量约为出铁量的 4/5 时处理结束。出铁时用 75 硅铁进行孕育处理，孕育效果会很快地随时间的推移而衰退，孕育后5~7min，孕育作用的衰退可在 50% 以上；大约经 15min 后，孕育作用将大部或全部消失。为确保铸件质量，通常都要在孕育后 10min 内浇注完毕，最好在铁液自浇包注入铸型时进行再次孕育。

（2）浇注时孕育　浇注时孕育是在铁液自浇包浇注进铸型时进行的孕育处理。可将细粒孕育剂加进液流，也可用喂线法孕育。当采用细粒孕育剂孕育时，浇注时孕育不存在孕育衰退的问题，一般都用 75 硅铁作孕育剂，有特殊要求时也可用含其他合金元素的孕育剂。为使孕育剂能迅速溶于铁液并能均匀地分布于铁液中，应采用细粒，一般为 0.3~0.7mm，加入量大致为铁液的 0.15%~0.2%；当采用倾转式浇包人工浇注时，比较简便的办法是采用悬挂在包嘴上的定量漏斗，浇注时开启下料口，孕育剂由重力作用落进液流。对于生产线上位置固定的倾转包，则以采用带料斗的微型螺旋给料器为好。当采用喂线孕育时，所用的包芯线直径一般在

5~10mm 之间，线芯材料为 75 硅铁。孕育剂加入量为 0.05%~0.1%，浇注完毕时停止喂线。

（3）型内孕育 型内孕育是将孕育剂直接安放在浇注系统内，使其在浇注过程中与铁液作用，孕育剂溶进铁液的速率是工艺方案设计时应予以考虑的重点。所用的孕育剂可以是细粒料、由粉料加黏结剂制成的块料或预制块。按照铸件的工艺特点，孕育剂可安放在浇口盆内、浇注系统内或特制的过滤器件中。当采用浇口盆内孕育时，浇口盆内孕育可以有两种方式，一种是将块状孕育剂固定于浇口盆底部，浇注时逐渐溶进铁液。当浇注的铁液量较大时，可采用塞杆，这就更有利于孕育剂溶进铁液并均匀分布于铁液中。另一种是将块状孕育剂放在浇口盆内，浇注时浮在铁液上，也可说是浮硅孕育，只不过不在浇包中孕育。当采用此种方式时，应保证孕育块部分溶进铁液后尺寸仍大于直浇口的直径。无论采用何种方式，浇口盆内都应有挡渣板。当采用浇注系统内孕育时，浇注系统内孕育液也有两种方式，一种是将块状孕育剂固定在直浇口下的浇口窝内，采用此种方式时，一定要用预制成块状的孕育剂，浇注过程中逐渐溶进铁液，实现有效的孕育。另一种是将孕育剂安放在横浇道中专设的孕育槽内，采用此种方式时，可用粒度为 0.3~0.7mm 的孕育剂，用量一般为铸型中铁液量的 0.05%~0.1%。浇注时，铁液从孕育剂的上方流过。为避免孕育剂颗粒进入铸件，铁液流经孕育槽后必须通过有效的过滤片。若采用通过过滤片孕育时，将孕育剂安放在特制的滤片内，浇注时铁液流经滤片得到孕育处理，同时又可以防止残渣进入铸件型腔。

（4）孕育前的预处理 对于一些重要的薄壁灰铸铁件，如内燃机的缸体、缸盖等，需求量不断增长，冶金要求也日益进步，因而灰铸铁孕育前的预处理也受到了广泛的关注。当生产薄壁灰铸铁件时，在孕育处理前进行预处理，不仅可避免组织中出现碳化物，而且可使过冷石墨（B 型、D 型和 E 型石墨）减至最少。研究结果表明，效果最好的预处理剂是结晶态的碳质材料，灰铸铁宜用 85%~90% 的冶金碳化硅，也可用晶态石墨。加入量一般为 0.75%~1.0%，应用时需通过试验求得最佳用量。预处理剂加进铁液后，需要一定的时间使其溶于铁液，而且需要搅拌，因此，最好是在出铁前加入感应电炉进行处理。也有报道说，加入浇包中处理，只要操纵得当，也可得到很好的效果。

2. 铁型覆砂铸造对灰铸铁熔炼的要求

当采用铁型覆砂铸造生产灰铸铁件时，铁液的熔炼及处理需注意以下几个方面：

1）铁型覆砂铸造灰铸铁件生产往往采取无冒口工艺，其浇注系统工艺设计时往往尽可能地简捷，浇注系统中的挡渣、聚渣效果差。金属在浇注前一定对其金属液中的夹杂物、渣进行清除，同时在浇注前留出一定的金属液静置时间，使夹杂物、渣能上浮至金属液上表面以便于清除，确保浇入铸型的金属液的纯洁度。

2）适当提高金属液的浇注温度，有利于在浇注过程中对金属液进行孕育处理，同时提高金属液在铁型覆砂铸型中的充型能力。

3）对高牌号灰铸铁件，在金属液出炉、浇注过程中，需对其进行多次孕育、变质处理，以确保铸件金相组织中没有碳化物组织，金相组织中晶粒细小。

4.2.4 球墨铸铁的熔炼

在球墨铸铁的生产过程中，必须进行球化处理和孕育处理，球化处理和孕育处理简述如下。

1. 球化处理

能使铸铁中的石墨结晶成为球状而加入铁液中的添加剂称为球化剂。铸铁中的石墨球化的元素大致有二十多种，但在目前工业生产条件下应用的只有镁和稀土族元素。我国生产的球化剂主要成分也是镁和稀土元素（还有少量的钙等元素），其中最佳的球化元素是镁，而稀土仅作为辅助球化元素。镁是球化能力最强的元素，稀土球化作用比较平稳，可以不受其他反球化元素的影响。钙作用平稳，但球化能力弱，加入量大时，金属钙很容易氧化，不能单独使用。镁质量分数为 4%、5% 和 5.5% 的属于低镁球化剂，w（RE）为 1%~2%，多用于中频感应炉熔炼、低硫铁液的球化处理。它具有球化反应和缓、球化元素易于充分吸收的优点。镁质量分数为 6% 和 7% 的属中镁系列球化剂，多用于冲天炉、电炉双联熔炼或中频感应炉熔炼珠光体型铸态球墨铸铁件。根据铸件壁厚和原铁液硫含量，确定合适的球化剂加入量，球化处理工艺宽泛。高镁系列球化剂，适合冲天炉熔炼、硫质量分数为 0.06%~0.09% 的铁液，加入量在 1.6%~2.0% 之间。低铝球化剂适用于容易产生皮下气孔缺陷的铸件，以及对铁液含铝量有要求的铸件。纯 Ce、纯 La 生产的球化剂，球化处理后铁液纯净夹杂物少、石墨球圆整。钇基重稀土生产的球化剂适合于大断面铸件，可延缓球化衰退，防止形成块状石墨。含 Sb 球化剂用于珠光体型球墨铸铁。低硅球化剂适用于使用大量回炉料的铸造厂；镍镁球化剂则用于高镍奥氏体球墨铸铁。现在我国球化剂主要采用稀土镁硅铁复合球化剂。球化剂选用哪种牌号，主要考虑吸收率的高低和反应是否平稳。铁型覆砂工艺要求电炉铁液出炉温度较高，因此宜选用较低牌号的球化剂如 $FeSiMg_8RE_3$。为了减少硫和镁作用形成的二次渣，残留稀土和残留镁不宜过高。

常用的球化处理主要有以下几种：

（1）冲入法　冲入法是目前国内外应用最广泛的球化处理工艺。冲入法要求原铁液温度不低于 1450℃，硫的质量分数小于 0.01%，一般采用镁稀土硅铁合金球化剂。冲入法时镁吸收率为 25%~40%。这种工艺的优点是操作简便，在严格监控的情况下，可以实现稳定生产；缺点是镁的吸收率偏低，由于镁在空气中的大量燃烧，导致闪光和烟雾，使劳动条件恶化。

（2）喂丝法　喂丝法是通过喂丝机的机械装置将含有球化剂的包芯丝以一定速

度插入铁液包中进行球化反应。这是一种加入低熔点、低密度、与氧亲和力强、低蒸气压元素的极佳方法。此工艺提高了镁的吸收率（可达 40%~50%），减少了二次氧化渣量，降低了铸造缺陷的产生，可实现在线控制，并且可根据原铁液中的硫含量，决定芯线的长度，从而保证了球化质量稳定。

（3）自建压力加镁法　球化剂为纯镁，这种方法的优点是球化剂加入量小，镁的吸收率高，球化效果好；缺点是操作比较麻烦，不太安全。

（4）转包法　目前，国外采用此法的较多，这种处理方法是在定量注入原铁液后，倾转进行球化处理，然后把球化好的铁液倒出。

（5）型内球化　目前在大量生产球墨铸铁件的铸造流水线上得到应用，球化剂一般采用镁硅铁合金，但由于受各种工艺因素的影响，球化效果不太稳定。

2. 孕育处理

在球墨铸铁生产中，球化处理后，残留镁会阻碍石墨析出，此时碳以渗碳体形式存在，因此要获得细小繁多的石墨球就必须进行孕育处理。孕育剂主要起促进石墨化、减少白口倾向，改善石墨形态和分布状况，增加共晶团数量和细化基体组织等作用。球墨铸铁中孕育剂的加入量和原铁液的硫含量、铸件大小和处理方法等相关，一般为铁液量的 1.0%~1.8%。

3. 铁型覆砂铸造对球墨铸铁熔炼的要求

对于铁型覆砂铸造，由于冷却速度快和电炉铁液过冷度大，造成铸件在凝固过程中形成白口倾向大。因此，必须对铁液进行充分的孕育处理。一般进行两次孕育处理，即第一次在球化处理时在浇包内放入 0.2%~0.3% 的硅铁，第二次在浇注时加入 0.1% 的随流孕育剂，孕育剂采用含钙、钡的复合高效孕育剂，它可以有效地增加石墨核心，细化晶粒，延缓孕育衰退时间。孕育剂的粒度一般为 60 目，不得长期放置，以免受潮和氧化。为了减少铸件夹渣的产生，铁型覆砂铸造工艺的浇注温度要比湿型砂和树脂砂工艺高。浇注温度一般控制在 1390~1420℃，浇注时要注意挡渣。

采用铁型覆砂铸造生产球墨铸铁件，铁液的熔炼及处理需注意以下几个方面：

1）铁型覆砂铸造球墨铸铁件生产往往采取无冒口工艺，其浇注系统工艺设计应尽可能地简捷，浇注系统中的挡渣、聚渣效果差。浇注前一定要对金属液中的夹杂物、渣进行清除，尤其是在浇注前留出一定的金属液静置时间，以便球化处理过程中产生的氧化夹杂物能有一定的时间上浮至金属液上表面，确保浇入铸型的金属液纯洁度。

2）适当提高金属液的浇注温度，有利于在浇注过程中对金属液进行孕育处理，同时提高金属液在铁型覆砂铸型中的充型能力，避免铸件产生浇不足缺陷。

3）对铁素体基体球墨铸铁件，在金属液出炉、浇注过程中需对其进行多次孕育、变质处理，以确保铸件金相组织中没有碳化物组织，以形成牌号要求所需的铁素体基体组织，使金相组织中晶粒细小。

4）在生产高牌号珠光体球墨铸铁件时，提倡在熔炼配料时提高废钢的加入配比，废钢的一般加入量超过 50%。采用废钢增碳的方式熔炼，以改善铁液遗传性能、细化石墨析出、减少铁液中的夹杂物，提高最终产品的综合力学性能。

4.2.5　高铬耐磨铸铁熔炼

高铬耐磨铸铁熔炼工艺要求如下：

1）出炉温度。高铬铸铁的熔点比一般铸铁高，出炉温度约为 1500℃，采用中频感应炉熔炼。

2）炉衬。采用酸性或碱性炉衬均可，炉衬的配比、打结、烘干和烧结均按常规工艺进行。

3）装料。一般按正常顺序加料，先将灰生铁、钼铁等难熔化合金装入炉底，然后将废钢等按下紧上松原则装填。

4）送电熔化。将电炉规律调至最大进行熔化，由于 Cr 的熔炼损耗较大，故铬铁应在最后加入。通常是在废钢全部熔化后加入烤红的铬铁。

5）脱氧。待金属炉料全部熔化并升温至 1480℃后再加入锰铁、硅铁和铝进行脱氧。

6）浇注。在中频感应炉熔化，温度达到 1480℃时即可出炉，铁液在浇包内停留一段时间进行镇静，视工件大小可在 1380~1410℃之间进行浇注。

4.2.6　铸钢的熔炼

铸钢的熔炼可以采用电弧炉和感应炉等。三相电弧炉的开炉和停炉操作方便，能保证钢液的成分和质量，对炉料的要求不甚严格、容易升温，故能炼优质钢、高级合金钢和特殊钢等，是生产成型铸钢件的常用设备。此外，采用工频或中频感应炉，能熔炼各种高级合金钢和碳含量极低的钢。感应炉的熔炼速度快、合金元素烧损小、能源消耗少且钢液质量高，适于小型铸钢车间采用。

在铸钢熔炼过程中，钢液不可避免地会被大气中的氧所氧化，所用的各种原、辅材料也会给钢液中带进氧，必须将氧完全脱除，使进入铸型的钢液脱氧充分；若熔炼终了时钢液脱氧不充分，再加以出钢、浇注过程中液流的二次氧化，钢液进入铸型后，金属/铸型界面处钢液中的 FeO 含量较高，随凝固进行和钢液温度下降，钢中所含 FeO 就会与碳反应，产生 CO，在铸件中形成皮下气孔。一般情况下，碳氧反应是铸件产生气孔的主要原因。因此，在铸钢熔炼过程中，要进行脱氧除气，否则会导致铸钢件产生气孔、夹杂物等铸造缺陷。

铁型覆砂铸造在铸钢件上的应用相对较少。熔炼一般常用感应炉，利用感应熔炼周期短、热效率高、操作简单且合金烧损较少的特点，通过控制废钢种类，利用感应电炉冶炼多种牌号的铸钢产品，其力学性能均超过了相应标准要求。

4.3　铸造合金熔炼的质量控制

在铸铁生产中，铸件的质量受铸型、铸造合金熔炼、铸造工艺过程、铸造设备、型砂等多个因素的影响，其中熔炼优质的铁液、进行有效的球化及孕育处理是控制铸造合金熔炼质量的关键。主要对以下几个方面加以控制。

1. 原材料的选用

采用中频感应炉熔炼铸铁，对炉料的清洁程度和干燥度要求较高，炉料不干净、含有害元素及合金元素或熔炼控制不好，会导致铁液氧化和纯净度降低，严重恶化铁液的冶金质量，影响铸铁的基体组织和石墨形态，引起孕育不良、白口和缩松倾向大、气孔多等问题。同时，为提高铁液的纯净度和稳定铁液的化学成分，应选用碳素钢废钢炉料，并使其在炉料配比中占 50% 以上；对于生铁，因其中的杂质和微量元素以及组织缺陷都具有遗传性，应选用来源稳定、干净少锈、有害元素含量低的生铁，这样生产的铸件内在质量好且稳定。增碳剂应选用商品石墨增碳剂或经高温石墨化处理过的增碳剂，并在熔炼中尽量早加，使增碳剂与铁液直接接触且有充足的时间熔化吸收；铁合金和孕育剂的化学成分应合格、粒度适宜。

2. 化学成分

碳和硅是强烈促进石墨化的元素，C、Si 含量偏高，会导致石墨粗化、铁素体量增多、珠光体量减少，铸铁的强度和硬度下降。铸铁基体的强度是随珠光体量的增加而提高的。选定适当的 CE 和 $w(Si)/w(C)$ 比，对改善铸铁的组织、提高铸铁件的性能是有利的。CE 是影响灰铸铁件内在质量的最主要因素，CE 高可大大改善铸铁的铸造性能，减少白口、缩孔、缩松和渗漏缺陷，降低废品率，这一点对于薄壁铸铁件尤为重要。但 CE 过高，石墨析出数量增加，铁素体化倾向明显，会降低铸件的抗拉强度和硬度。

锰和硫是稳定珠光体、阻碍石墨化的元素，锰能促进和细化珠光体，锰量增加可提高铸铁的强度和硬度及组织中的珠光体含量，锰能促进生成和稳定碳化物，并能抑制 FeS 的产生。锰还和硫形成高熔点的化合物作为异质形核，细化晶粒，因此锰在高牌号灰铸铁中使用量较大。但锰量过高，又影响铁液结晶时形核，减少共晶团数量，导致石墨粗大并产生过冷石墨，又会降低铸铁的强度。硫在灰铸铁中属于限制元素，适量的硫在石墨的生核和成长中起积极而有益的作用，可以改善灰铸铁的孕育效果和可加工性能。采用中频感应炉熔炼灰铸铁，为了确保孕育效果，一般要求 $w(S) \geqslant 0.06\%$。硫含量适当提高，能改善石墨形态、细化共晶团，使片状石墨长度变短、形状变弯曲、端部变钝，减弱石墨对基体的割裂破坏作用，从而提高铸铁的性能。因此，硫在灰铸铁中不是越低越好。磷在灰口铸铁中一般是有害元素，易在晶界形成低熔点的磷共晶，造成铸铁冷裂。因此，在灰口铸铁中磷含量越低越好。

在球墨铸铁的化学成分中，碳和硅也是对性能影响很大的两种元素，但碳含量的影响不像灰铸铁那样强烈削弱基体、损害铸铁性能，因此只要不产生石墨漂浮，高的碳含量反而有利。但碳含量过高，易出现石墨漂浮。当硅含量较高时，加强了石墨化能力，减少了铸件的缩松，提高了材料的塑性、韧性；但当硅含量过高时，会使球墨铸铁产生"硅脆性"，使塑性、韧性下降。球墨铸铁中的硅含量应根据铸件壁厚大小和基体组织要求而定。

在实际生产中，应根据铁铸件的牌号、壁厚等优化化学成分，严格控制各元素的波动范围，这对于保证铸件的质量和性能非常关键。

3. 铁液熔炼

采用中频感应炉熔炼灰口铸铁的重点是控制增碳剂的核心作用，核心技术是铁液增碳。增碳率越高，铁液的冶金性能越好。灰口铸铁熔化期的温度不宜过高，一般控制在1400℃以下。如果熔化温度过高，合金的烧损或还原会影响熔炼后期的成分调整。在炉料熔化炉温达1460℃后，取样快速检验，然后扒净渣，再加入铁合金等剩余的炉料。扒渣温度过高，会加剧铁液石墨晶核的烧损和硅的还原，并产生排碳作用，影响了按稳定系结晶；扒渣温度过低，铁液长时间裸露，C、Si 烧损严重，并使铁液过热。出炉温度的控制必须保证孕育处理和浇注的最佳温度。

当熔炼球墨铸铁时，对原材料生铁必须选用高碳、低硅、低锰、低硫磷和含有尽量少的反石墨球化元素的生铁。废钢主要用来调整碳、硅含量，废合金钢中含有各种干扰球化的元素，必须仔细挑选后才能使用。另外，由于球化孕育处理过程中要加入大量的处理剂，会使铁液温度降低很多，因此球墨铸铁原铁液应有较高的出炉温度。温度太低易造成球化不良、浇不足等缺陷；温度过高，球化剂会氧化烧损，同样会造成球化不良。

4. 球化处理

球化剂的化学成分一定要稳定，用量应严格控制，根据铁液硫含量、基体组织要求及铸件壁厚等情况而定。另外，球化处理所用的浇包高度、球化剂堆置的松紧程度等都直接关系到与铁液的反应速度和球化效果。

5. 孕育处理

孕育剂的用量一般根据球墨铸铁的基体组织和铸件的厚薄来确定，孕育后应充分搅拌使铁液均匀，然后进行扒渣、覆盖，并浇注试块来判断球化效果。

在实际生产中，灰铸铁采用的强化孕育处理，是选择合适的孕育剂和孕育方法，对 w（CE）为 3.9%~4.1%、温度在 1480℃左右的高温铁液，采用高效孕育剂强化孕育，以得到铸造性能好，力学性能高的灰铸铁件。

通过炉前检验，可迅速了解球化处理和铁液的质量，以便及时采取措施进行适当处理。

4.4　生产实例

实例 1：某企业铁型覆砂铸造六缸曲轴，采用通用型铁型覆砂铸造生产线组织生产。该生产线的生产率为 20~30 根 /h。每年单班生产量为 3 万 ~4 万支曲轴。另外，还须配备两台 12 kg 射芯机用于铁型覆砂曲拐外泥芯及油孔泥芯的制作。生产所用的铁液采用电炉熔炼或冲天炉 / 电炉双联熔炼均可。

铸件各项指标如下：

6105 六缸曲轴铁型覆砂铸造生产选用的铁液化学成分（质量分数）为：C，3.6%~3.8%；Si，2.2%~2.7%；S<0.03%；RE，0.02%~0.05%；Mg，0.03%~0.06%；Cu，0.4%；Mo，0.3%~0.5%。铸件经正火处理后，金相组织中珠光体量达到 90% 以上，石墨球化率 1~2 级，石墨球大小 6~7 级，渗碳体和磷共晶 <3%。球化率和石墨球大小均比普通砂型铸造提高 1~2 个等级。铸件经正火处理后，抗拉强度 ≥ 900 MPa，断后伸长率 ≥ 2%，冲击韧度 ≥ 20 J/cm²，硬度为 260~321HBW。

考虑到铸件的金相组织和力学性能要求，结合铸件的结构特点，对铸件合金成分选择和熔炼工艺进行了分析优化，确定的成分选择和熔炼工艺如下：

（1）化学成分选择　选择适当的化学成分是保证球墨铸铁获得理想的组织结构和力学性能的基本条件。

1）碳当量。为获得铸件所要求达到的力学性能，选择合适的碳当量是关键。共晶成分附近的碳当量可使铁液具有良好的流动性，保证了其铸造性能。碳当量过低，铸件易产生缩松和裂纹，甚至出现白口；碳当量过高，尤其是大中断面球墨铸铁更易出现石墨漂浮，其结果是使铸铁中的夹杂物增多，降低铸铁性能。碳当量的选择为 4.3~4.5%。

由于铁型覆砂铸造铸型刚度很高，铸件整个凝固过程中的石墨化膨胀力都可以用来提高铸件的致密性。因此，球墨铸铁的碳含量可适当降低。相比于砂型铸造，铁型覆砂碳含量的降低又达到了解决大断面球墨铸铁易出现石墨漂浮的问题。从保证球墨铸铁具有良好的力学性能和铸造性能两方面考虑，碳的含量选择为 $w(C)=$ 3.6%~3.8%。

2）硅含量。硅除了影响共晶碳含量以外，也影响铸铁的共晶凝固温度和所得到的微观组织。硅具有强烈的石墨化作用，并且使碳在铁液中的溶解度降低，提高了碳的活度，有利于碳的析出。因此，Si 的含量选择为 $w(Si)=$2.2%~2.7%。

3）镁。镁是石墨球化的主要元素，具有强的球化能力，但又是抑制石墨析出的元素。镁的密度小、沸点低，加入铁液中的镁起脱氧去硫和球化作用外，还有部分被烧损。因此，镁的残留量选择为 0.03%~0.06%（质量分数）。

4）稀土。稀土具有较强的脱硫和脱氧能力，既能净化铁液，又能改善石墨形态和细化组织。为了得到铸态珠光体，在加入铜锑等合金元素以及铁液中保留一定量的硫外，选择稀土 RE 的残留量为 0.02%~0.05%（质量分数）。

（2）熔炼 采用了以废钢为主、加入部分生铁以及适量的增碳剂、硅铁、锰铁，废钢增碳技术熔炼球墨铸铁的生产工艺。出铁温度≥1430℃，浇注温度控制在1320~1360℃，要求高温球化处理，低温浇注；球化处理后，要求坚持进行加草灰-搅拌-扒渣，重复三次，或者采用其他除渣剂处理，确保铁液干净。

（3）铁型覆砂造型

1）造型前的准备工作。检查铁型覆砂造型机的射砂和开合模机构，保证射砂起模动作灵活可靠；检查射砂板的射砂孔是否畅通，清除模板表面的粘砂和积碳，清除射砂板和底座上的积砂；接通模板电热棒电源，预热上下模板至200~300℃，若是未覆砂的冷铁型，则将铁型合上模板一起预热，使铁型预热至150~200℃。

2）铁型覆砂造型。在干净的、预热温度达200~300℃的模板上，均匀地喷洒脱模剂一遍，以后每造型3~4次，喷洒脱模剂一次。在喷洒前，需充分摇动喷壶，使脱模剂混合均匀；将铁型和模板在开合型机上合型，然后送到射砂机上，上升工作台使铁型上平面与射砂板接合，注意铁型和模板、铁型和射砂板之间，接合要严密，贴紧后喷砂；射砂时间控制在每次2~3s，每射砂造型3~4次，向射砂筒供砂一次，射砂后尽快使铁型脱离射砂板（下降射砂机工作台）；将射砂过的铁型和模板尽快移到开合模机构上，接通电源使覆砂层固化，固化时间视铁模和模板温度高低而定，一般控制在0.5~1.5min，或者观察射砂孔中型砂形态的变化，由松散、黏稠、硬结和变黄逐渐转变，一般至硬结变黄时，即可开模；如果铁型射砂孔和气孔中缺砂，特别是下铁型，必须用型砂填满，以防浇注时漏箱、跑铁液；将固化完毕的铁型和模板断开电源，下降模板开模，并推出已覆砂的铁型。

3）修型和落芯。将留在覆过砂的铁型射砂孔上的型砂刮平，挖通直浇道口，修理平整直浇道，不得留有台阶和浮砂；检查铁型覆砂层有无缺损，如有小块缺损，可趁热修补、刮平；如有大面积缺损，可捅开附近的射砂孔，使射砂气路畅通，重新合上模板，射砂修补；修刮平整各浇道连接处的覆砂毛刺和溢出飞边，使铁液流道畅通；把铁型排气系统中的积砂和积炭清除干净，保证浇注时排气通畅；在芯头座端头的覆砂层上，挖出直径为3mm的排气通道；检查型芯的出气孔是否通畅，把型芯表面的浮砂，灰尘清干净，然后落芯。

4）合箱。合箱前必须将铸型中的浮砂和杂物清理干净；合箱动作要平稳，防止撞击分型面；拧紧箱扣，要两人同步进行，拧紧程度要求一致；要防止错箱，每付铁型两只定位销自合箱时插入，经浇注、冷却到开箱时才拔出；推动铸型，严禁互相碰撞。

5）熔化浇注。在合好箱的铁型上，拧放上浇口杯，放置时要对准直浇道口，不能在铁型上修型，以防砂粒掉入浇道内；每型浇注时间为15~20min，要求先慢、后快、再慢，平稳地浇入铁液，保持铁液充满浇口杯，并防止铁液浇到铁型上。

实例2：某企业采用铁型覆砂铸造生产QT600-3球墨铸铁件，其技术特点：采用铁型覆砂铸造工艺、中频感应炉熔炼和炉外脱硫技术、球化前预处理工艺，以及控制铁液中残留稀土和镁含量。

（1）熔炼工艺　采用 1.5t 中频感应炉熔炼原铁液，炉衬材料为硅砂；用生铁和废钢按一定比例熔炼至 1450℃时取样，用光谱分析仪检测铁液化学成分后，使用 75SiFe、增碳剂和脱硫剂进行调整，使原铁液化学成分（质量分数）达到以下要求：C，3.65%~3.75%；Si，1.20%~1.30%；Mn ≤ 0.30%；P ≤ 0.060%；S ≤ 0.015%。升温至（1460+10）℃预处理后出炉。在球化处理包内加入 1.0% H-2 型球化剂（7.78%Mg、3.52% RE、41.8%Si）和 0.60% 的电解铜进行球化处理，同时加入 0.80% 的 75SiFe（粒度 0.3~1mm）进行孕育处理。

（2）采用铁型覆砂铸造工艺　采用铁型覆砂铸造工艺，铸型没有退让性，石墨化膨胀可以被用来弥补铁液冷却凝固的收缩，形成的铸件组织致密；同时由于冷却速度快，球化率和石墨大小都能提高 1~2 级别。

（3）采用中频感应炉熔炼和炉外脱硫工艺　采用中频感应炉熔炼，可以准确地控制铸铁的化学成分和获得高温铁液。当铁液温度达到 1450℃时，在专用脱硫铁液包内加入 1.2% 的 FL-II 型脱硫剂进行吹氮气搅拌脱硫，反应时间为 5min，使铁液中的 $w(S) ≤ 0.015\%$，以保证更好的球化。

（4）球化前采用预处理工艺　在球化反应前，通过加入预处理剂，将铁液中的 O/S 控制在较低和稳定的水平，并形成稳定的形核质点，为球化反应提供良好条件的方法称为预处理。在铁液温度达到（1460℃ +10℃）后，在炉内铁液表面加入 0.35%、粒径为 2~6mm 的 Inoculin390 进行预处理，搅拌后出炉球化孕育处理。

（5）控制铁液中残留稀土和镁含量　稀土在球化处理过程中作用：一方面，稀土元素的化学性质非常活泼，几乎与所有的元素都能起作用，与氧、硫等有很强的亲和力，从和硫氧的生成热看，稀土的脱氧与脱硫能力比镁强，因此稀土元素与铁液中氧及 SiO_2 反应生成熔点很低、密度较小的稀土硅酸盐，同时稀土还和铁液中 FeS 反应生成稀土硫化物 CeS，从而降低反石墨球化元素 S 的含量；另一方面，稀土起到球化作用，提高石墨的圆整度，但稀土残留量超过一定数值后，石墨形状会受到破坏，产生石墨畸变，因此要控制好稀土的残留量。实验表明：当 RE 残留为 0.020%~0.040%（质量分数）时，球化率可达到 1~2 级；镁也具有脱氧与脱硫能力，主要起球化作用。

结果表明，铁型覆砂铸造工艺用于生产球墨铸铁具有明显的优势，配套中频感应炉熔炼，炉前控制好原铁液化学成分，完全可以稳定生产 90% 以上球化率的球墨铸铁件。

4.5　本章小结

本章在介绍一般铸造合金的基础上，重点阐述了铁型覆砂铸造用合金特点。与普通砂型铸造相比，铁型覆砂铸造由于铸型刚性好，冷却速度快，对合金成分和熔炼有一定的要求。在铸铁合金熔炼中，为实现铸件的无冒口、小冒口造型生产，一般选择较高的碳当量；铸造过程冷却速度大，获得相同力学性能的铸件，熔炼时所需加入的合金量少。此外，铸造过程冷却速度大，铸铁容易出现白口，因此在熔炼过程中要加强孕育处理等。可以通过选择合理的化学成分，改变炉料组成、过热处理铁液、孕育处理，加入微量或低合金化来实现和提高铁型覆砂铸造生产铸件的组织和性能。

第5章　铁型覆砂铸造工艺设计

铸件在生产前，首先要进行工艺设计，使铸件的成形过程得到有效控制，从而达到优质高产的效果。铸造工艺设计是根据铸件结构、技术要求、生产批量和生产条件，确定铸造工艺方案、工艺参数，以及绘制出铸造工艺图、编制工艺规程和工艺卡等技术文件的过程。铁型覆砂铸造作为一种特种铸造，工艺分析和设计有自己的特点。本章对铁型覆砂铸造工艺设计的特点、内容、工艺方案确定、浇注系统设计、冒口设计和优化等有关方面进行了分析讨论。

5.1　铁型覆砂铸造工艺设计的特点、内容和步骤

铁型覆砂铸造的工艺基础是砂型铸造工艺，可以认为是一种改变了铸型条件的砂型铸造。因此，铁型覆砂铸造工艺设计的内容和步骤与砂型铸造基本相同，但有其自身的特点。

5.1.1　铁型覆砂铸造工艺设计的特点

铁型覆砂铸造工艺特点基本上都是由其特殊的铸型决定的。与普通砂型铸造相比，影响铁型覆砂铸造工艺设计最主要的是透气性、导热性和退让性这三个特点。

1. 透气性

铁型覆砂铸造在铁液充型时，型腔内的气体必须迅速排出，但由于铁型的存在，铁型覆砂铸型透气性几乎为零。铁型覆砂铸造生产中如果对透气性差的特点稍加疏忽，就会对铸件质量带来不良的影响。在浇注过程中，型腔内的气体一方面随着铁液的不断充型被压缩，另一方面又被强烈加热膨胀，这必然引起型内压力的升高。覆砂层发气量、铸件结构、浇注速度等因素直接影响着铸型内压力的大小。如果排气系统设计得不良、浇注时操作不当，如排气不畅、浇注速度过快、引火不及时等，气体就有可能冲破铁液流束的表层，通过内浇口向外逸出，破坏铁液的连续流动，从而造成铸件的氧化和气孔等缺陷；若在铁型覆砂铸型的局部区域，气体的去路被铁液阻拦或包围而无法逸出，会导致铸件出现浇不足缺陷。

2. 导热性

在第 2 章已经叙述了铁型覆砂铸造的导热性，即铸件的冷却速度是由铸件壁厚（模数）、铸件材质、浇注温度、覆砂层材料、覆砂层厚度、铁型材质、铁型壁厚及铸型在浇注前的温度等因素决定的。由于铁型覆砂铸造的铁型材质一般是 HT200，覆砂层材料基本是酚醛树脂砂，铸型温度在稳定生产后也是基本相同的，所以对铸件冷却速度影响最大的是覆砂层厚度和铁型壁厚两个因素。因此，通过合理地设计铁型壁厚和覆砂层厚度，就可以方便地调节和控制铸件的冷却速度。

3. 退让性

铁型覆砂铸型和型芯由刚性很好的铁型（芯）和较薄的覆砂层组成，由于覆砂层很薄，并且强度很高，导致铸件在凝固过程中几乎无退让性，阻碍了铸件的收缩。在铁液温度进入结晶区间，铸件就开始有凝固收缩，若收缩受阻，就可能形成热裂缺陷。随着温度的降低，当铸件温度低于固相线，进入弹性变形温度时，由于铁型覆砂铸型或型芯的阻碍，在铸件内会引起应力；而且铸件在型腔中停留的时间越长，即开箱或抽芯的温度越低，在铸件中产生的收缩应力就越大。当收缩应力超过铸件的抗拉强度时，铸件就可能被拉裂，出现冷裂缺陷。

针对铁型覆砂铸型比普通砂型铸型透气性差、导热性好和退让性差这三个特点，许多铁型覆砂铸造生产厂制定了铁液处理 - 浇注 - 开箱段的工艺操作规程。表5-1 是某厂四缸球墨铸铁曲轴的铁液处理 - 浇注 - 开箱段的工艺操作规程。

表 5-1　某厂四缸球墨铸铁曲轴的铁液处理 - 浇注 - 开箱段的工艺操作规程

序号	名称	操作要点
1	出铁温度	出铁温度 ≥ 1430℃
2	化学成分控制范围（质量分数，%）	C: 3.7~3.9, Si: 2.0~2.2, Mn: 0.6~0.8, P ≤ 0.05, S ≤ 0.03, Mg: 0.03~0.05, RE: 0.02~0.04, Cu: 0.5~0.6
3	扒渣处理	进行"加除渣剂—搅拌—扒渣"过程三遍，保证铁液干净
4	浇注温度	浇注温度为 1360~1320℃
5	放浇口杯	防止浮砂进入型腔
6	浇注时间	浇注时间为 15~20s，浇注速度"慢—快—慢"，平稳浇注，保持铁液充满浇口杯
7	浇注中的"引火"	浇注开始后 5s 内进行"引火"，即点燃铸型分型面排出的气体，加速型内气体的排出
8	浇注中的挡渣	防止熔渣直接进入型腔
9	去浇口杯	待浇口杯中的铁液呈糊状后，可用工具去除浇口杯，为开箱做好准备
10	开箱	浇注后 7~8min，开箱、落砂

每种铸件都应根据其材质、形状、性能等特点，制定不同的工艺操作规程。这些规程可扬长避短，充分发挥铁型覆砂铸造的优势。

5.1.2 铁型覆砂铸造工艺设计的内容和步骤

铁型覆砂铸造生产包括铁液制备，覆砂造型、制芯，合型浇注，落砂清理和旧砂回用等工艺过程，编制出某个铸件的铁型覆砂铸造生产工艺过程的技术文件就是铁型覆砂铸造工艺设计。铁型覆砂铸造工艺是通过对铸件结构的工艺性分析、计算绘图等工作，用文字、图样及表格说明铁型覆砂铸件的生产工艺过程和指导生产作业的技术资料。铁型覆砂铸造工艺设计是一个确定铸造工艺方案、工艺参数，绘制铸造工艺图、编制工艺规程和工艺卡等技术文件的过程。

铁型覆砂铸造工艺设计的依据是铸件要求、生产批量、生产条件及客户要求，铸造工艺设计内容的繁简程度，主要决定于批量的大小、生产要求和生产条件。其工艺设计一般包括下列内容：铸造工艺图，铸件（毛坯）图、铸型装配图（合箱图）、工艺卡及工艺操作规程。

1. 铸造工艺图

铸造工艺图是铸造行业所特有的一种图样，在零件图上，采用 JB/T 2435—2013《铸造工艺符号及表示方法》规定的红、蓝色符号表示。

（1）表达内容　铸造工艺图表达浇注位置和分型面、加工余量、铸造收缩率（说明）、起模斜度、模样的反变形量、分型负数、工艺补正量、浇注系统和冒口、内外冷铁、铸肋，以及型芯形状、数量和芯头大小、铁型外形尺寸等内容。上述这些内容并非在每一张铸造工艺图上都要表示，而是与铸件的生产批量等具体情况有关，有侧重地表示。

（2）用途　铸造工艺图是铁型覆砂铸造生产过程的指导性文件，它为设计和制造模板、铁型、芯盒等铸造工艺装备提供了基本依据，还是生产准备和铸件验收的根据，适用于各种批量的生产。

（3）设计阶段　铁型覆砂铸造工艺图是在对零件的技术条件和结构工艺性分析、确定浇注位置和分型面、选用工艺参数、设计浇冒口和型芯设计等步骤完成后进行绘制的。

2. 铸件图

（1）表达内容　铸件图反映铸件实际形状、尺寸和技术要求，用标准规定符号和文字标注，还反映其他一些内容，如加工余量、工艺余量、不铸出的孔槽、铸件尺寸公差、加工基准、铸件金属牌号、热处理规范、铸件验收技术条件等。

（2）用途　铸件图是铸件检验和验收、机械加工夹具设计的依据，适用于成批、大量生产或重要的铸件。

（3）设计阶段　在完成铸造工艺图的基础上，画出铸件图。

3. 铸型装配图

（1）表达内容　铸型装配图表示出浇注位置、分型面、型芯数目、固定方式和下芯顺序、浇注系统、冒口和冷铁布置、砂型结构和尺寸等。

（2）用途　铸型装配图是生产准备、合箱、检验、工艺调整的依据。

（3）设计阶段　铸型装配图通常在完成铁型、型芯、覆砂层等设计后画出。

4. 工艺卡

工艺卡是铸造工艺设计的重要文件之一，它和铸造工艺图一样，都是铸件在铸造生产过程中最基本、最重要的技术资料和工艺文件。

（1）表达内容　工艺卡说明造型、制芯、浇注、开箱、清理等工艺操作过程及要求。

（2）用途　工艺卡用于生产管理和经济核算。

（3）设计阶段　工艺卡在综合整个设计内容后做出。

铁型覆砂铸造工艺图只在产品试制和模样设计时起作用，而对造型、制芯、浇注等操作直接起作用的一般只有铸造工艺卡，因此这种工艺卡除了要求的数据外，一般还附有合型装配简图和工艺草图，以便造型和下芯时使用。

5. 铁型覆砂铸造工艺设计的步骤

铁型覆砂铸造工艺设计的步骤如下：

1）零件的技术条件和结构工艺性分析。

2）选择铸造及造型方法。

3）确定浇注位置和分型面。

4）选用工艺参数。

5）设计和优化浇冒口、冷铁和铸肋。

6）型芯设计。

7）在完成铸造工艺图的基础上，画出铸件图。

8）铸型装配图通常在完成铁型和模样设计后画出。

9）工艺操作规程和工艺卡。

铸造工艺装备的设计也属于铸造工艺设计的内容，如模样图、模板图、铁型图、箱扣图、芯盒图、射砂板图、组合下芯夹具图等，这些内容在"铁型覆砂铸造工装设计与制造"一章中进行分析讨论。

5.2　铁型覆砂铸造工艺方案的确定

铁型覆砂铸造工艺方案通常包括覆砂造型、制芯方法的选择、浇注位置及分型面的确定等。要想设计确定最佳铸造工艺方案，首先应对零件的结构有详细的铸造工艺性分析。

5.2.1　铸件结构分析

对零件图进行结构分析有两方面的作用：一是审查零件结构是否符合铸造工艺的要求，如发现结构设计从铸造工艺方面考虑有不合理之处，就应与主机厂等委托方进行沟通讨论,在保证使用要求的前提下予以改进;二是在既定的零件结构条件下,考虑铸造过程中可能出现的主要缺陷,在工艺设计中采取措施予以防止。

1. 从避免缺陷方面审查铸件结构

1)铸件应有合适的壁厚。为了避免浇不到、冷隔等缺陷,铸件不应太薄。在普通砂型铸造条件下,铸件最小允许壁厚见表5-2。在金属型铸造条件下,铸件最小允许壁厚见表5-3。在决定铁型覆砂铸件最小壁厚时可以参考,可取砂型铸造和金属型铸造最小壁厚的中间值。

表5-2　砂型铸件最小允许壁厚

合金种类	铸件轮廓尺寸 /mm					
	≤ 200	> 200~400	> 400~800	> 800~1250	> 1250~2000	>2000
碳素钢	8	9	11	14	16~18	20
低合金钢	8~9	9~10	12	16	20	25
高锰钢	8~9	10	12	16	20	25
不锈钢、耐热钢	8~10	10~12	12~16	16~20	20~25	
灰铸铁	3~4	4~5	5~6	6~8	8~10	10~12
孕育铸铁(HT300以上)	5~6	6~8	8~10	10~12	12~16	16~20
球墨铸铁	3~4	4~5	8~10	10~12	12~14	14~16
合金种类	铸件轮廓尺寸 /mm					
	≤ 50	> 50~100	> 100~200	> 200~400	> 400~600	> 600~800
铝合金	3	3	4~5	5~6	6~8	8~10
黄铜	6	6	7	7	8	8
锡青铜	3	5	6	7	8	8
无锡青铜	6	6	7	8	8	10
镁合金	4	4	5	6	8	10
锌合金	3	4				

表5-3　金属型铸件最小允许壁厚

铸件外廓尺寸 /mm	最小壁厚 /mm		
	铝硅合金	铝镁合金	铸铁
≤ 25	2	3	2.5
> 25~100	2.5	3	3
> 100~225	3	4	4
> 225~400	4	5	5

2)铸件的内外壁厚有所不同。由于铸件内外壁冷却条件不同,一般情况下,内壁比外壁冷却慢,因此内壁厚度要比外壁薄些,以避免因铸件内外冷却不均而引

起的变形和开裂。

3）铸件壁的连接应当逐渐过渡，壁厚应均匀。壁的相互连接处容易形成热节，容易出现缩孔、缩松等铸造缺陷。因此，为了使铸件壁厚尽可能接近一致，达到比较均匀冷却的目的，应使铸件壁厚不同的地方逐渐过渡，而且交叉肋要尽可能交错布置，以避免或减少热节，还要避免出现"尖角砂"。图 5-1 所示为实现铸件壁厚逐渐过渡对零件结构的修改案例。

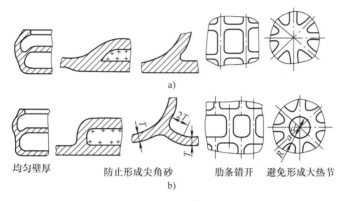

图 5-1　均匀壁厚防止热节

a）不合理　b）合理

4）合适的铸造圆角。一般情况下，铸件转角处都应该设计成合适的圆角，可以减少转角处产生缩孔、缩松和裂纹等缺陷。

5）防止铸件出现变形和开裂。铸件往往由于内应力而发生变形和开裂，因此要修改零件结构来减少内应力，如增设加强肋或用反曲率模样等。

2. 从简化铸造工艺方面改进零件结构

铸件结构的铁型覆砂铸造工艺性分析，是指零件的结构及规定的技术要求是否适合于铁型覆砂铸造生产，判定能否获得合格的铸件。铸件结构除了应有利于保证铸件质量外，还应考虑模样制造、造型、制芯、清理等工序操作方便，从而有利于简化铸造工艺过程、稳定产品质量、提高市场效率和降低制造成本。铸造工艺对零件结构的基本要求有以下几个方面：

1）改进妨碍起模的凸台、凸缘和肋板结构。凸台的设计应选择正确的形状和尺寸，便于铸造；肋板的设计应尽量分散，减少热节，避免多条肋板相互交叉。肋与肋、肋与壁应圆角过渡，垂直于分型面的肋板应设置铸造斜度等。合理设计凸台、肋板和凹槽等，可便于起模和减少砂型损坏。

2）简化或减少分型面。尽量采用平面分型，不用曲面分型；分型面数量尽量少。

3）有利于型芯的固定和排气。尽量避免悬臂型芯、吊砂和使用芯撑结构。

4）便于铸件清理。铸件结构设计时应尽量为铸件清理提供方便。

一般来讲，凡是能用砂型铸造生产的零件，铁型覆砂铸造也能生产，但因铁型覆砂铸造的工装制造加工成本较高（与砂箱比较而言），故要全面考虑经济、技术效果是否合理，具体应注意考虑以下问题：

1）为操作方便和提高生产率，铁型覆砂铸造的主要工装（铁型）一般不设计活块。因此，要注意零件的结构是否有妨碍开箱的几何形状。

2）铁型内腔的覆砂层一般只有几个毫米厚，而且覆砂层要求均匀。铁型的内腔为金属材料，对铸件的自由收缩不利，因此要注意考虑零件的结构是否有厚薄悬殊太大、严重阻碍收缩的几何形状。

3）铸件在铁型覆砂的铸型中冷却速度较快，远离补缩冒口的厚大部分不易得到补缩。因此，零件的壁厚力求均匀，减少厚大部分，防止形成热节。

4）应该与零件结构设计人员协商，在不影响零件使用性能的条件下，应使零件的几何形状尽量简化和改进，使铁型内腔几何形状相对简单，更加方便铁型的制造加工。

5）由于受模样成本和生产方式的限制，铁型覆砂铸件还必须是大批量生产方式，具体多大的批量主要还由铸件质量要求和生产成本确定。

6）由于受覆砂造型机、辅机和生产线的尺寸限制，尺寸太大的铸件也不适合；太小的铸件由于铁型蓄热少、容易浇不足等原因也不适合采用铁型覆砂铸造。

5.2.2 浇注位置的确定

铸件浇注位置是指浇注时铸件在铸型内所处的位置。浇注位置的选择在铸造工艺设计中是一个重要的环节，因铸件的浇注位置合理与否在很大程度上关系到铸件的内在和外观质量的好坏，也涉及铸件的尺寸精度，并影响到覆砂造型、浇注等工艺过程。正确的浇注位置应能保证获得完整优质的铸件，并能方便造型、制芯和清理。因此，应制订几个方案进行分析比较，择优确定。

在确定铸件的浇注位置时，应根据铸件的材料牌号、具体的零件结构和技术条件，在已定的铁型覆砂铸造工艺的前提下，根据零件图所示的铸件质量要求高的部位，如重要的加工面、受力较大和承压（水或气）的部位，预计容易产生铸造缺陷的倾向，如厚大部位易产生缩孔（松）、热裂等，大平面易产生夹砂、结疤变形，薄壁处产生冷隔、浇不足和冷裂等，以便在选择确定浇注位置时，使重要的部位处于有利的位置；对于易出现铸造缺陷的部位采取技术措施，设法防止。

应当指出，确定浇注位置在很大程度上取决于铸件的凝固顺序。按铸件顺序凝固的原则确定浇注位置时，可以有效地消除缩孔、缩松，获得致密的铸件；按铸件同时凝固的原则确定浇注位置时，可采用无冒口或用小冒口，节约金属液，可使铸件内应力和变形减小，金相组织比较均匀一致，从而减少热裂的倾向，并且简化工艺操作。

确定铸件的浇注位置具体应注意下列几项原则：

1）铸件的重要加工面应朝下或置于侧立面。当铸件共有几个重要加工面时，则应将主要的加工面朝下，其余置于侧立面，个别重要加工面无法朝下、只能朝上时，则应加大加工余量，避免产生铸造缺陷。这是因为气孔、非金属夹杂物密度小，易上浮停留在铸件的上表面而形成铸造缺陷。铸件朝下的底面或侧立面通常比较光洁致密，出现铸造缺陷的可能性较小，而铸件朝上的表面质量较差。另外，在金属的凝固结晶过程中，下部的金属液在较高的金属液静压力的作用下，补缩条件较好，使铸件朝下的部分金相组织致密，使相应的力学性能也较好。例如，气缸套的浇注位置如图 5-2 所示。

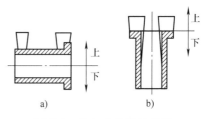

图 5-2   气缸套的浇注位置

a) 不合理   b) 合理

2）尽可能使铸件的大平面朝下，以免形成夹渣、夹砂等铸造缺陷。对于有薄壁部分的铸件，应把薄壁部分放在铸型的下部或内浇道一侧，以免形成浇不足、冷隔等铸造缺陷。例如，机盖的正确浇注位置如图 5-3 所示。

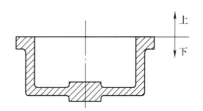

图 5-3   机盖的正确浇注位置

3）对于收缩率大的铸件（如铸钢件），或者铸件厚薄不均，易形成缩孔、缩松等质量要求较高的铸件，浇注位置的选择应有利于实现顺序凝固。为此，应使冒口发挥有效的补缩效果。若不能完全做到这一点，也应使铸件的热节部分置于离浇注位置较近的位置，以利于增加补缩。例如，铸钢炮弹壳铸造采用顶注式雨淋浇口，正确浇注位置如图 5-4 所示。

4）便于工艺操作。铸件在铁型覆砂铸型中所处的位置，应尽可能与覆砂造型、合箱浇注及其铸件的冷却位置相一致。例如，铁型覆砂铸造柴油机球墨铸铁曲轴时，铸件的浇注位置布置在铸型的中间，水平覆砂造型、平浇平冷，极大地简化了工艺过程。

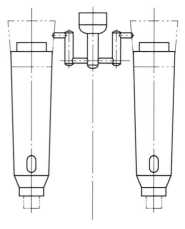

图 5-4   炮弹壳的正确浇注位置

5.2.3   分型面的选择

铸型分型面是指上、下型或上、中、下型

相互接触的表面，主要是为了取出模样而设置的，但由于错箱和分型厚度的存在会对铸件精度造成损害。

在铸造工艺设计中，浇注位置和分型面往往是同时确定的。在多种方案的分析对比中，判断利和弊，最后再决定取舍。分型面的选择在很大程度上影响着铸件尺寸精度好坏、生产成本的高低和工艺操作方便与否。因此，分型面要深入进行多种方案的分析对比，慎重加以选择。选择分型面时，一般应考虑以下几个方面：

1）为提高铁型覆砂铸件精度，简化铁型和模板结构，对形状较简单的铸件最好都全部或大部分置于同一半型内。为了使上、下铁型受热均匀，对于小件可以分别布置在上、下铁型中，即采用双层布置。

2）尽量减少分型面的数目，保证铸件精度，便于下芯和取出铸件。

3）分型面应尽量选用平面，减少拆卸件及活块数量，降低模样制造成本，提高铁型使用寿命和铸造生产率。

例如，图 5-5 所示为起重臂分型面的选择。选择图 5-5a 所示的分型方案时，分型面是个曲面，这会给铁型制造加工带来困难，而且操作不便，会影响生产率的提高，因此按图 5-5b 所示的分型方案是合理的。

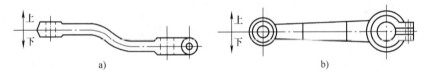

图 5-5　起重臂分型面的选择

a）不合理　b）合理

又如图 5-6 所示零件的分型面选择图 5-6a 所示的分型方案，采用型芯来形成中间部分的几何形状，只需上、下铁型就能获得尺寸精确的铸件，因此是合理的；相反，图 5-6b 所示的分型方案需要活块，并要上、中、下铁型来获得，尺寸精度较差，操作也不便，影响到生产率的提高，因此是不合理的。

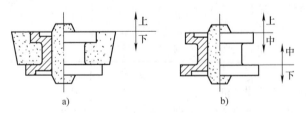

图 5-6　确定分型面数及不用活块的实例

a）不合理　b）合理

4）选择的分型面应保证浇冒口设置方便，铁液充型时流动平稳，有利于覆砂造型和浇注时型腔中的气体排出。

5）分型面尽量不选在加工基准面上。

以上分型面的选择原则有的相互矛盾和相互制约，一个铸件应以哪几项原则为主来选择分型面，这需要进行多方案的对比，根据实际生产条件并结合经验来做出正确的判断，最后选出最佳方案，付诸实施。

5.2.4　铸造工艺设计参数确定

铸造工艺设计参数（简称工艺参数）通常是指铸造工艺设计时需要确定的某些数据，这些工艺数据一般都与模样及芯盒尺寸有关，即与铸件的精度有密切关系，同时也与覆砂造型、制芯、下芯及合型的工艺过程有关。工艺参数选取不准确，则铸件精度降低，甚至因尺寸超差要求而报废。铁型覆砂铸造工艺参数包括铸件尺寸公差、铸件重量公差、机械加工余量、铸造收缩率（缩尺）和起模斜度。

1. 铸件尺寸公差

铸件尺寸公差是指铸件各部分尺寸允许的变动量。在这两个允许极限尺寸之内，铸件可满足加工、装配和使用的要求。

铸件的尺寸精度取决于工艺设计及工艺过程控制的严格程度，其主要影响因素有：铸件结构复杂程度；铸件设计及工艺设计水平；造型、制芯设备及工装设备的精度和质量；造型、制芯材料的性能和质量；铸造金属和合金种类；铸件热处理工艺；铸件清理质量；铸件表面粗糙度和表面质量；铸造厂（车间）的管理水平等。铸件尺寸精度要求越高，对因素的控制也应越严格，铸件生产成本相应地也会有所提高，必须有科学的标准来协调供需双方的要求。

我国的铸件尺寸公差标准规定了砂型铸造、金属型铸造、低压铸造、压力铸造、熔模铸造等方法生产的各种铸造金属及合金的铸件尺寸公差，包括铸件公称尺寸公差值，具体可参考 GB/T 6414—2017《铸件　尺寸公差、几何公差与机械加工余量》。其中所规定的公差是指正常条件下通常能达到的公差，由精到粗分为 16级，命名为 DCTG1~DCTG16（dimensional casting tolerance grade, DCTG）。铁型覆砂铸造主要用于灰铸铁、球墨铸铁件的生产，其公差等级一般为 DCTG6~DCTG8，并且不会随着铸件尺寸增加而明显下降。

2. 铸件重量公差

铸件重量公差定义为以占铸件公称重量的百分率为单位的铸件重量变动的允许值。所谓公称重量是包括加工余量和其他工艺余量，作为衡量被检验铸件轻重的基准重量。重量公差产生的主要原因是铸件尺寸胀大和内部缩松。GB/T 11351—2017规定了铸件重量公差的数值、确定方法及检验规则，与 GB/T 6414—2017 配套使用。重量公差代号用字母"MT"（mass tolerances, MT）表示。重量公差等级和尺寸公差等级相对应，由精到粗也分为 16 级，从 MT1~MT16。铸件重量公差数值见

表 5-4。铁型覆砂铸造主要用于灰铸铁、球墨铸铁件的生产，其重量公差等级一般为 MT6~MT8 或更高，并且不会随着铸件尺寸增加而明显下降。

铸件公称重量可用如下方法确定：成批和大量生产时，从供需双方共同认定的首批合格铸件中随机抽取不少于 10 件，以实称重量的平均值作为公称重量；小批和单件生产时，以计算重量或供需双方共同认定的任一合格铸件的实称重量作为公称重量。

表 5-4　铸件重量公差数值

公称重量 /kg	重量公差等级 MT															
	1	2	3	4	5	6	7	8	9	10	11	12	13	14	15	16
	重量公差数值（%）															
≤ 0.4	4	5	6	8	10	12	14	16	18	20	24	—	—	—	—	—
> 0.4~1	3	4	5	6	8	10	12	14	16	18	20	24	—	—	—	—
> 1~4	2	3	4	5	6	8	10	12	14	16	18	20	24	—	—	—
> 4~10	—	2	3	4	5	6	8	10	12	14	16	18	20	24	—	—
> 10~40	—	—	2	3	4	5	6	8	10	12	14	16	18	20	24	—
> 40~100	—	—	—	2	3	4	5	6	8	10	12	14	16	18	20	24
> 100~400	—	—	—	—	2	3	4	5	6	8	10	12	14	16	18	20
> 400~1000	—	—	—	—	—	2	3	4	5	6	8	10	12	14	16	18
> 1000~4000	—	—	—	—	—	—	2	3	4	5	6	8	10	12	14	16
> 4000~10000	—	—	—	—	—	—	—	2	3	4	5	6	8	10	12	14
> 10000~40000	—	—	—	—	—	—	—	—	2	3	4	5	6	8	10	12
> 40000	—	—	—	—	—	—	—	—	—	2	3	4	5	6	8	10

GB/T 11351—2017 所适用的铸造方法和重量公差等级的选用与 GB/T 6414—2017 的要求一致，即尺寸公差按 DCTG10 级，则重量公差按 MT10 级要求。一般情况下，重量公差按对称公差选取。特殊要求由供需双方商定，但应在图样或技术文件中注明。要求较高时，下偏差等级可比上偏差等级小两级。

3. 机械加工余量

在铸件加工表面上留出的、要通过机械加工除去的金属厚度层，称为机械加工余量。

机械加工的余量太大，会增加金属液的消耗和加工的工时，提高机械零件的生产成本，但机械加工的余量太小，则不能完全除去铸件表面的夹渣、夹砂、气孔或"缺肉"等铸造缺陷，造成铸件报废。这是由于铸造方法获得的铸件本身的精确度较低，即铸件允许的尺寸偏差超过其所留的机械加工余量而造成的。此外，太小的机械加工余量，由于铸件表面的粘砂（特别是化学粘砂）及"黑皮"的硬度会提高，而使刀具的使用寿命缩短。因此，合理地确定加工余量有着很重要的意义。要想降低加工余量或达到无切削加工，就必须努力提高铸件的精度。如果铸件精度和表面粗糙度达到设计要求，就可以省去机械加工。

影响机械加工余量的主要因素有：铸造合金的种类和牌号、铸造方法所能达到的铸件精度、加工面所处的位置、铸件的尺寸和结构及公称尺寸值的大小等。

铁型覆砂铸件的机械加工余量常取 RMAG E~RMAG G。

4. 铸造收缩率（模样放大率、缩尺）

铸件在凝固和冷却过程中，其体积一般都要收缩。金属在液体和凝固过程中的收缩量以体积的改变来表示，称为体收缩。在固态下的收缩量常以长度来表示，称为线收缩。

金属在液态时的收缩称为液态收缩，因液态收缩还可得到液态金属的补充，故对铸件尺寸影响不大，而铸件的固态收缩（即线收缩），将使铸件各部分的尺寸比模样原来的尺寸相对变小。因此，为了使铸件冷却凝固之后的尺寸与铸件图所表示的尺寸相一致，则需在模型与芯盒设计时，加上其收缩的尺寸。加大部分的尺寸，通常采用百分比表示，故称之为铸造收缩率。铸造收缩率的定义采用数学公式（5-1）表示为

$$K = \frac{L_{模型} - L_{铸件}}{L_{铸件}} \times 100\% \tag{5-1}$$

式中，K 为铸造收缩率（%）；$L_{模型}$ 为模型的尺寸（mm）；$L_{铸件}$ 为铸件的尺寸（mm）。

在实际铸造生产中，影响铸造收缩的因素是很多的，除了铸造合金的种类、性质和成分之外，还有铸件几何形状结构的复杂程度、尺寸大小、浇注系统和补缩冒口的形式及其布置位置等。另外，铸型的种类不同，其退让性也会有差别，即对铸件收缩的阻力也会不同。例如，铁型的冷却速度要比砂型快 1~2 倍，因而对铸件的收缩影响也不相同，故要十分准确给出不同铸造方法时不同铸件的铸造收缩率是很复杂和困难的。为了正确地确定某种铸造方法获得铸件的铸造收缩率，往往需进行多次反复的铸件画线，测量铸件各部分的尺寸，在掌握一定的规律之后，才能比较正确地决定其铸造收缩率。

对铁型覆砂铸造的铸造收缩率，因铁型的内腔阻碍了铸件的自由收缩，据实践经验应按"难于收缩"考虑。例如，某铸铁件图样尺寸为 100mm。若砂型铸造的 K 为 1%"容易收缩"，模样的尺寸为 101mm，则在采用铁型覆砂铸造时，K 应取 0.8%，同时模样的尺寸应为 100.8mm，至于这样决定 K 值是否正确合理，需经前面讲的通过铸件画线测量才能判定。

5. 起模斜度

为了在覆砂造型或制芯时便于起模，而不至于损坏覆砂层或型芯，应在模型或芯盒的起模方向加工出起模斜度，这个在铸造工艺设计时所规定的斜度，称为起模斜度。

铸件的起模斜度应在铸件上没有斜度几何形状的且垂直于分型面（或分盒面）的表面上设立。其大小应依模样的起模高度及造型方法而定，在相同起模斜度的条件下，模样的表面越光洁，越易起模，即相应的起模斜度可减小。

铁型覆砂铸造的模样通常采用金属模样，需进行机械加工，在模样图上应用角度 α 表示其起模斜度。与通常的砂型铸造相同，铁型覆砂铸造的起模斜度可采用图5-7所示的减少铸件壁厚法、加减铸件壁厚法、增加铸件壁厚法来达到。铁型覆砂铸造的起模斜度一般取 1.5° 左右，最小不能小于 0.6°。

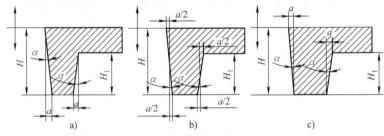

图 5-7　起模斜度的形式

a）减少铸件壁厚法　b）加减铸件壁厚法　c）增加铸件壁厚法

铸件的起模斜度应小于或等于零件图所规定的起模斜度值，以免零件在装配后与其他零件互相干涉，尽量使铸件内外或芯盒的起模斜度相同、方向一致，使获得的铸件壁厚均匀。对于同一铸件的起模斜度，尽可能只选取一种或两种起模斜度值，以便模样的机械加工。

6. 最小铸出孔及槽

零件上的孔、槽、台阶等，究竟是铸出来好，还是靠机械加工出来好，这应从品质及经济性等方面全面考虑。一般来说，较大的孔、槽等，应铸出来，以便节约金属和加工工时，同时还可以避免铸件局部过厚所造成的热节，提高铸件质量。较小的孔、槽，或者铸件壁很厚，则不宜铸出孔，直接依靠加工反而方便。有些特殊要求的孔，如弯曲孔，无法进行机械加工，则一定要铸出。可用钻头加工的受制孔（有中心线位置精度要求）最好不铸，铸出后很难保证铸孔中心位置准确，再用钻头扩孔也无法纠正中心位置。

7. 工艺补正量

在实际铸造生产中，常会发生由于所选的铸造收缩率与实际不符合，或者由于工艺操作过程中不可避免地会有差错，如错箱、下芯偏差或位移、抬箱等原因，获得的铸件在加工之后铸件的某部位尺寸小于零件图的尺寸。为了防止出现上述情况，当进行铸造工艺设计时，在模样上加厚部分的尺寸，称为工艺补正量，如图5-8所示。

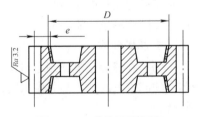

图 5-8　工艺补正量示意

8. 反变形量

在铸造大平板类铸件时，由于冷却速度不均匀，铸件在冷却后会发生变形。为了解决铸件的扭曲变形问题，当进行模样设计和制造加工时，在铸件可能产生变形的相反方向制出反变形的模样，与铸件冷却后的变形量相抵消，使获得的铸件的平整度与零件图相符合，这种在模样上制出的变形量称为反变形量。

影响铸件变形的因素很多，诸如铸造合金的性能、铸件的结构和大小、浇冒口系统的布置位置、浇注的温度和铸件的冷却速度、开箱的温度、铸型的种类及其铸型大小等。归纳起来不外乎两条：一是铸件冷却温度梯度的变化；二是导致铸件变形的残余应力分布情况。因此，应判明铸件的变形方向：铸件冷却缓慢的一侧必定受拉应力而发生凹变形；相反，铸件冷却较快的一侧必定受压应力而产生凸变形。反变形量的形式如图 5-9 所示。

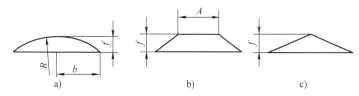

图 5-9　反变形量的形式

a）月牙形 $[R=(b^2+f^2)/2f]$　b）竹节形　c）三角形

5.2.5　型芯设计

型芯是铸型的一个重要组成部分，型芯的功用是形成铸件的内腔、孔洞和形状复杂阻碍取模部分的外形以及铸型中有特殊要求的部分。铁型覆砂铸造型芯的设计与砂型铸造基本相同。

型芯应满足以下要求：型芯的形状、尺寸以及在铸型中的位置应符合铸件要求，具有足够的强度和刚度；在铸件形成过程中型芯所产生的气体能及时排出型外；铸件收缩时阻力小；制芯、烘干、组合装配和铸件清理等工序操作简便，芯盒结构简单和制芯方便。

1. 型芯的种类及其应用

型芯按黏结剂分，可分为黏土砂芯、水玻璃砂芯、水泥砂芯、油脂砂芯和树脂砂芯等；按制芯工艺分，可分为自硬砂芯、热芯盒砂芯、冷芯盒砂芯和壳芯等；按有无芯铁分，可分为常规砂芯和覆砂金属砂芯等。按型芯尺寸大小分可分为小砂芯（体积小于 $5\times10^{-3}\mathrm{m}^3$）、中砂芯（体积为 $5\times10^{-3}\sim5\times10^{-2}\mathrm{m}^3$）和大砂芯（体积大于 $5\times10^{-2}\mathrm{m}^3$）等。铁型覆砂铸造最常用的是酚醛树脂热芯盒型芯。

型芯按制作的材料不同可分为：

（1）砂芯　用硅砂等材料制成的型芯称为砂芯。砂芯制作容易，价格便宜，可以制出各种复杂的形状；砂芯强度和刚度一般能满足使用要求，铸件收缩时阻力小，铸件清理方便，在砂型铸造中得到广泛应用。在金属型铸造、低压铸造等铸造工艺中，对于形状复杂的内腔，也用砂芯来形成。

（2）金属芯　在金属型铸造、压力铸造等工艺方法中，广泛应用金属材料制作的型芯称为金属芯。金属芯的强度和刚度好，得到的铸件尺寸精度高，但对铸件收缩的阻力大，对于形状复杂的孔腔则抽芯比较困难。金属型芯在铸件凝固过程中无退让性，阻碍铸件收缩，选用时应引起足够重视。

（3）铁芯覆砂芯　铁型覆砂铸造最常用的是铁芯覆砂芯，即是在金属芯的表面覆有一层型砂。例如，5.4节生产实例中的实例一"六缸曲轴铸件"使用的就是铁芯覆砂芯，可使铸件在下芯处和其他处具有相同的冷却条件和退让性，满足了铸件的性能要求。

铁芯覆砂芯与砂芯相比的主要特点如下：

1）冷却条件同铸型。

2）减少用砂和型芯的发气量。

3）增加制芯的复杂性。

2. 砂芯设计

在铸件浇注位置和分型面等工艺方案确定后，就可根据铸件结构来确定砂芯如何分块（即采用整体结构还是分块组合结构）和各个分块砂芯的结构形状。确定原则应是：使制芯到下芯的整个过程方便，铸件内腔尺寸精确，不致造成气孔等缺陷，芯盒结构简单。具体设计原则如下所述。

1）保证铸件内腔尺寸精度。凡铸件内腔尺寸要求较严的部分应由同一砂芯形成，不宜划分为几个砂芯。在铸件尺寸精度要求很高的地方，尽管结构很复杂，但仍采用整体砂芯。

2）保证操作方便。复杂的大砂芯、细而长的砂芯可分为几个小而简单的砂芯。大而复杂的砂芯，分块后芯盒结构简单，制造方便。细而长的砂芯，应分成数段，并设法使芯盒通用。砂芯上的细薄连接部分或悬臂凸出部分应分块制造，待烘干后再装配黏结在一起。

3）砂芯应有较大的填砂平面和运输及烘干时的支撑面。

4）当砂芯分块数量较多时，为便于砂芯组合、装配和检查，最好采用"基础砂芯"（其本身不是成型部分或只起部分铸型作用），在它的上面预先组合大部分或全部砂芯，然后再整体下芯。

除上述几条原则外，还应使每块砂芯有足够的断面，保证有一定的强度和刚度，并能顺利排出砂芯中的气体；使芯盒结构简单，便于制造和使用等。

3. 芯头的设计

芯头是砂芯的定位、支撑和排气结构，在设计时需要考虑：如何保证定位准确、能承受砂芯自身重量和液态合金的冲击、浮力等外力的作用，以及把浇注时在砂芯内部产生的气体引出铸型等问题。

（1）芯头尺寸的确定　芯头可分为垂直芯头和水平芯头两大类。由于芯头的直径（或宽度）通常与砂芯的直径（或宽度）相同，因此确定芯头承压面积和芯头尺寸，对于垂直砂芯实际上只是确定芯头的高度，对于水平砂芯就是确定芯头的长度。在一般情况下，芯头的尺寸可通过查表确定，不需要烦琐的计算。由于铁型覆砂铸型强度高，因此芯头长度一般比砂型铸造短 30% 左右。

当砂芯本体尺寸较大，其出口处（即芯头部分）又较狭窄时，应对芯头的尺寸进行验算，以保证在金属液的最大浮力作用下不超过铸型的许用压力。

（2）芯头斜度的确定　为了便于造型、制芯、下芯和合型操作，芯头在造型取模和下芯方向有一定的斜度。对于垂直砂芯，其芯头和芯座的上部斜度一般要比下部斜度大；对于水平砂芯，有时为了简化芯盒结构，只在芯座（或模样芯头）上带有斜度。上芯座斜度一般约取 10°，下芯座斜度约取 5°。为了保证芯头与芯座的配合，形成芯座的模样芯头的斜度取正偏差，芯盒中芯头部分的斜度取负偏差。

（3）芯头与芯座配合间隙的确定　芯头与芯座的配合必须有一定的装配间隙。如果间隙过大，虽然下芯、合型较方便，但是铸件尺寸精度较低，甚至合金液可能流入间隙中造成大量飞边，使铸件落砂、清理困难，或者堵塞芯头的通气孔道，使铸件造成气孔等缺陷；如果间隙过小，将使下芯、合型操作困难，易产生掉砂或塌箱等缺陷。间隙的大小取决于铸型种类、砂芯大小、精度及芯座本身的精度，图 5-10 和表 5-5 为水平型芯头斜度和芯头与芯座的配合间隙设计（引自 JB/T 5106—1991）。铁型覆砂铸造的芯头间隙选用表中干型。

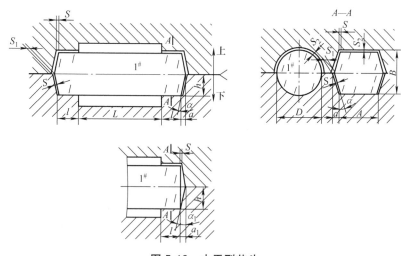

图 5-10　水平型芯头

表 5-5 水平型芯头斜度和芯头与芯座的配合间隙设计　　（单位：mm）

芯头高度		≤ 40	>40~63	>63~100	>100~160	>160~250	>250~400	>400~630	>630~1000	>1000
型芯头斜度 ≤	α	7°	7°	6°	6°	5°	4°30′	3°30′	2°30′	2°
	a	5	8	44	17	22	32	39	44	—
	α_1	4′	3′	2°30′	2°	2°	—	—	—	—
	a_1	3	3	4	6	9	—	—	—	—
间隙 S	湿型	0.5	0.8	1	1.3	1.5	2	2.5	3	
	干型	1	1.2	1.5	2	2.5	3	3.5	4	5

型芯设置的基本原则：

1）尽量减少型芯数量。为了减少制造工时，降低铸件成本和提高其尺寸精度，对于不太复杂的铸件，应尽量减少砂芯数量。图 5-11 中采用活块，可以不用砂芯。图 5-12 中用合并型芯减少砂芯数，提高铸件尺寸精度。

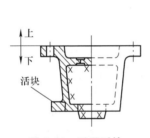

图 5-11 采用活块

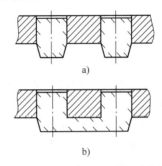

图 5-12 用合并砂芯减少砂芯数

a）合并前　 b）合并后

2）为保证操作方便，可将复杂型芯分块制造。复杂的大型芯、细而很长的型芯可分为几个小而简单的型芯。细而很长的型芯易变形，应分成数段，并设法使芯盒通用。在划分型芯时，要防止液体金属钻入型芯分割面的缝隙，堵塞型芯通气道。

5.3 浇冒口系统设计

浇冒口系统包括浇注系统、冒口和冷铁。

5.3.1 浇注系统

浇注系统是铸型中金属液流入型腔的通道总称，包括浇口杯，又称外浇口，主要起承接浇包倒进来的金属液的作用；直浇道是连接浇口杯和横浇道的部分，作用是将金属液由铸型外部引入铸型内部；横浇道是连接直浇道和内浇道的部分，作用是分配来自直浇口的金属液流；内浇道是连接横浇道和铸件型腔的部分，金属液由此进入铸型型腔。浇注系统的作用：控制金属液充型速度及充型时间，使金属液平稳快速地进入铸型，避免出现涡流和紊流现象，减小金属液流对铸型的冲刷，阻止熔渣或其他夹杂物进入型腔。铁液在铁型覆砂铸型浇口杯、直浇道、横浇道和内浇道中的流动规律与砂型铸造基本相同，这里就不赘述了。

浇注系统设计对铸件质量影响很大，是控制铸件质量的关键因素之一。优良的浇注系统应该保证金属液快速、平稳地充型；有利于金属液中夹渣和气体的集中与排除；调节型腔内的温度场分布，使铸件按照一定的凝固规则冷却凝固，有利于铸件的致密化。若浇注系统设计不当，则可能会出现气孔、渣孔、缩孔、裂纹、夹砂、夹渣等缺陷，直接影响铸件的质量和成品率。绝大部分铸造缺陷就是在浇注的这几十秒至几分钟形成的。

铸造成形是一个非常复杂的过程，可以分为充型、凝固和冷却三个部分。其中充型过程对铸件质量影响较大。由于型腔内金属液的流动和冷却过程同时进行、时刻变化并相互影响，难以凭借直观经验去判断内部温度场及流场变化情况。国内外已有研究表明，大部分铸造缺陷，如缩孔、缩松、气孔等都是因为浇注系统设计不合理所造成的。因此，在设计浇注系统过程中，一方面要分析金属液在浇注系统和型腔中的流动状态，通过优化浇冒口设计来消除剧烈的紊流和涡流流动，进而避免合金氧化，同时还能减轻金属液对铸型型壁的侵蚀和冲击；另一方面，分析充型过程中金属液及铸型的温度变化情况，预测冷隔和浇不足等因浇注问题产生的铸造缺陷。

对于铁型覆砂铸造，由于铁型具有良好的冷却条件和刚性，对于铸铁可以充分利用石墨化膨胀形成自补缩，以减少缩孔、缩松缺陷。然而，即便是这样，也难以避免某些铸件（如厚壁铸件）出现缩孔、缩松缺陷。

目前，浇注系统设计主要参考各种铸造手册，并很大程度上依靠生产经验和计算机辅助设计相结合。优良的浇注系统应满足下列要求：

1）保证金属液快速、平稳地充型。

2）有利于金属液中夹渣和气体的集中与排除。

3）调节型腔内的温度场分布，使铸件按照一定的凝固规则冷却凝固，有利于铸件的致密化。

铁型覆砂铸造浇注系统设计步骤类似于一般砂型铸造浇注系统设计，但也有其自身的特点。其设计顺序如下：

1）针对不同的合金种类及铸件类型选择浇注系统类型。目前，国内常用浇注系统，按金属液流入型腔的位置分类有顶注式、底注式及侧注式等。已有大量的研究表明，底注式浇注系统是一种更为合理的浇注系统。按各组元截面积比又可分为封闭式浇注系统、开放式浇注系统、半封闭式浇注系统和封闭 - 开放式浇注系统。封闭式浇注系统（$A_{直}>A_{横}>A_{内}$）挡渣能力好，可以防止液态金属卷入气体，清理方便，但是金属液进入型腔速度快；开放式浇注系统（$A_直 < A_横 < A_内$）充型平稳、氧化轻、冲刷力小，但金属液不能快速充满浇道，适用于铸钢件、非铁合金铸件；半封闭式浇注系统（$A_内 < A_直 < A_横$）充型较平稳，有一定的挡渣能力，但过大的横浇道充满较慢，为紊乱提供了空间，适用于灰铸铁件、球墨铸铁件；封闭 - 开放式浇注系统（$A_横 < A_内 < A_直$）横浇道作为控流截面，直浇道过大，不能快速充满，横浇道仍不能快速充满，适用于铸铁件、铝合金铸件。铁型覆砂铸造常用半封闭式浇注系统。

2）确定内浇道在铸件上的位置、数目和金属引入方向。内浇道的作用主要包括控制金属液进入型腔的速度和方向，分配金属液，调节铸件内温度场分布和凝固顺序。另外，浇注系统中的金属液可以通过内浇口对铸件产生补缩作用。因此，设计内浇道时需要注意内浇道在铸件上的位置、数目和金属引入方向等，而且还应控制流速，避免金属液流入型腔时发生喷射和飞溅，使充型过程快速平稳进行。

3）选定直浇道位置和高度（一般为上铁型高度）。直浇道高度不够会使充型及液态补缩压力不足，易出现铸件棱角和轮廓不清晰、浇不到、上表面凹缩等缺陷。

4）计算浇注时间。浇注时间是影响铸件质量的重要工艺参数。合适的浇注时间与铸件的结构、铸型工艺条件、合金种类及浇注系统类型等有关。每种铸件在已确定的工艺条件下，都有对应最适宜的浇注时间范围。适宜的浇注时间是一个范围。当铸造的工艺参数处于最佳组合状态时，必定对应着一个最佳的浇注时间。

快浇工艺可以减少夹砂、结疤类缺陷。对于灰铸铁件和球墨铸铁件，快浇可以充分利用共晶膨胀的自补缩作用消除缩孔、缩松缺陷，缺点是对型壁有较大冲击作用，容易造成胀砂、冲砂、抬箱等缺陷。快浇工艺浇注系统消耗金属大、铸件出品率低。

采用慢浇工艺，金属液对型壁的冲刷作用小，可防止产生胀砂、冲砂、抬箱等缺陷，有利于型腔内、芯内气体排出，慢浇工艺浇注系统消耗金属少，缺点是浇注过程中金属对型腔上表面烘烤时间过长，促成夹砂、结疤等缺陷；金属液温度和流动性降低幅度大，易出现冷隔、浇不到及铸件表皮皱纹；降低造型流水线的生产率。

浇注时间 τ（s）按公式（5-2）确定：

$$\tau = \sqrt{G} + \sqrt[3]{G} \tag{5-2}$$

式中，G 为铸件质量（kg），不包括浇冒口质量。

对于一般铸件，特别是大型铸件在保证足够的剩余压头情况下，应该使用"大流量（kg/s）、低流速（cm/s）"的浇注系统，以利于迅速而平稳地充填。铁型覆砂铸造浇注时间一般控制在 1min 以内。

5）计算阻流截面面积 $A_阻$。确定浇注系统阻流截面大小的原则是使金属液能以最小的液流速度在给定的浇注时间内充满铸型型腔。依据水力学计算法，以内浇道为阻流的浇注系统阻流截面面积 $A_阻$（cm²）按下式计算：

$$A_{阻}=G/\left(0.31\mu\tau H_{cp}^{1/2}\right) \tag{5-3}$$

式中，G 为流经阻流截面的金属总质量（kg）；τ 为充型总时间（s）；μ 为浇注系统阻流截面的流量系数；H_{cp} 为充型时的平均计算压力头（cm）。

6）确定浇口比（$\sum A_{直}:\sum A_{横}:\sum A_{内}$）并计算各组元截面面积。

在充满式浇注系统中，影响流速、流量的主要因素是直浇道有效作用高度和阻流截面面积，而合理的浇口比是确保金属液平稳流动的重要条件。生产中较大程度依赖于设计人员的经验。

7）绘出浇注系统图形。

实际生产中的几种典型铸件的铁型覆砂铸造工艺浇注系统设计参数见表 5-6。

表 5-6　几种典型铸件的铁型覆砂铸造工艺浇注系统设计参数

铸件	每型铸件数	横浇道数	内浇口数	$\sum A_{直}:\sum A_{横}:\sum A_{内}$	铸件材质	浇注系统简图
轮毂	2	4	4	1.0 : 8.5 : 3.0	QT450-10	
桥壳	2	2	8	1.0 : 1.0 : 1.5	QT450-10	
ϕ90mm 磨球	16	4	16	1 : 1.4 : 2.9	铬系铸铁	
S11 转向节	6	2	6	1.0 : 1.1 : 3.3	QT450-10	
轮边减速器壳	2	1	2	1.3 : 1.4 : 1	QT450-10	

（续）

铸件	每型铸件数	横浇道数	内浇口数	$\Sigma A_直 : \Sigma A_横 : \Sigma A_内$	铸件材质	浇注系统简图
六缸曲轴	2	2	4	1.4 : 2.6 : 1.0	QT800-2	
差速器壳	2	1	4	1.6 : 1.0 : 1.5	QT600-3	
制动鼓	1	4	4	3.5 : 4.0 : 1.0	HT250	
阀	16	4	16	1.0 : 1.9 : 1.9	QT500-5	
空压机曲轴	2	2	4	1.9 : 4.1 : 1	QT700-2	
斜楔	2	2	8	1.0 : 1.3 : 1.1	奥贝球墨铸铁	

（续）

铸件	每型铸件数	横浇道数	内浇口数	$\Sigma A_{直}:\Sigma A_{横}:\Sigma A_{内}$	铸件材质	浇注系统简图
民发凸轮轴	12	2	12	1.0 : 1.4 : 1.5	QT600-3	
转向器	4	2	8	1.1 : 1.2 : 1.0	QT450-10	
HZ02 凸轮轴	4	2	4	2.3 : 3.0 : 1.0	QT600-3	
轴承盖	14	4	14	1.1 : 1.8 : 1.0	QT450-10	
曲轴	24	2	24	1.2 : 1.2 : 1.0	QT800-2	
驱动桥	2	2	4	1.4 : 5.5 : 1.0	QT500-10	
493 曲轴	2	1	4	1.9 : 2.5 : 1.0	QT800-2	

(续)

铸件	每型铸件数	横浇道数	内浇口数	$\Sigma A_{直}$: $\Sigma A_{横}$: $\Sigma A_{内}$	铸件材质	浇注系统简图
V70 转向节	4	2	4	1.5 : 7.2 : 1.0	QT500-4	
YT165 曲轴	8	2	8	1.4 : 1.4 : 1.0	QT600-3	
二缸曲轴	2	1	2	2.2 : 4.1 : 1.0	QT600-3	
凸轮轴	8	4	32	1.0 : 1.5 : 3.4	QT700-2	

根据表 5-6 中铁型覆砂铸造浇注系统参数,并结合对应的铸件分析,总结出铁型覆砂铸造浇注工艺设计规律如下:

1)受铁型覆砂铸造工艺限制,直浇道基本为带起模斜度的圆柱体,便于脱模。浇口杯一般选择最简单的漏斗形或盆形结构,可在底部放置陶瓷网格过滤板或泡沫陶瓷过滤板,如图 5-13 所示。

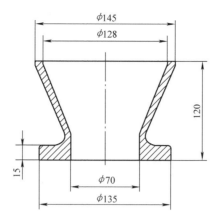

图 5-13　浇口杯

2）横浇道连接直浇道与内浇道，不仅与铸件本身结构有关，还要考虑铸件在铁型内的布置。通常在连接内浇口的部位设置集渣包，根据需要可在横浇道设计锯齿形突起，起挡渣作用。大多情况下，过滤网或过滤片放置在横浇道中。

3）对于曲轴铸件，内浇口多采用图 5-14 所示的截面。这种内浇口设计窄而高，使浇注系统在充型完成后仍具有一定的补缩能力。而当铸件大部分发生凝固，并出现共晶膨胀时，内浇口比铸件先凝固，可以防止未凝固铁液反向流回浇注系统。对于内浇口的分布要结合铸件的结构特点设置。

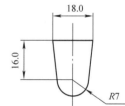

图 5-14　内浇口截面

4）铁型覆砂浇注系统的尺寸比较紧凑，横浇道、内浇口都比较短，挡渣作用差。

5）因为浇注系统尺寸随着铸件材质和结构的不同而变化，目前还没有一种能够精确地适应各种合金、各种铸造的浇注系统计算公式。实际设计中，常常利用相关手册及经验来进行，并借助计算机模拟仿真技术来优化。

以下铸件的浇注系统设计反映了铁型覆砂铸造工艺的基本特点。

（1）铁型覆砂铸造 N385 三缸球墨铸铁曲轴的浇注系统设计

1）浇注系统设计基于无冒口设计。由于铁型具有足够的刚性，可实现无冒口铸造，这样可有效提高铸件出品率。一般 40kg 左右的曲轴铸件出品率在 90% 左右。

2）内浇口封闭原理。内浇口设计成半圆形，在铸铁冷却凝固过程中发生石墨膨胀时，内浇口处于封闭状态。

3）浇注系统构成。为了减少铁液流经浇注系统的降温，减少浇注系统处铁型因过热而导致过早疲劳裂纹，同时也为了避免铸件凝固时浇注系统过早凝固无法实现对铸件的液态补缩，浇注系统处的覆砂层要比铸件的覆砂层厚一些，一般为 8~10mm。

4）浇注系统结构紧凑，设有过滤系统。因为铁型覆砂工艺所生产的铸件易形成微小夹渣，在无冒口的情况下，设计浇注系统尤其要考虑对铁液的净化，因此浇注系统要设计成半封闭形式，以利于夹杂物的上浮，同时要对铁液进行过滤。由于横浇道和内浇道比较短，挡渣效果较差，因此在横浇道设置过滤片。实际生产中大多使用陶瓷过滤片。

考虑到该铸件结构比较复杂，要求具有高强度和优良的综合力学性能，根据铁型覆砂工艺铸型的冷却速度较快和球墨铸铁呈糊状凝固的特点，在工艺设计上采取同时凝固的原则。在铸型内，每型一次浇注两件曲轴铸件，每件曲轴有一个内浇口。采用水平分型、水平覆砂造型、平浇平冷，取消传统的球墨铸铁件铸造的补缩冒口和冷铁的使用。浇注系统采用半封闭式浇注系统，$A_{直}:A_{横}:A_{内}≈1.8:3.5:1.0$，如图 5-15 所示。

过滤网布置在横浇道，横浇道分型面放置过滤网。整个内浇口全部设置在下型内，处于曲轴小头曲拐扇形的顶端，即模样设计时将靠近小头一端的扇形板分别定于上、下分型面，内浇口开在分型面下模样部位。这样，中间及靠近大头一端的各一个曲拐扇

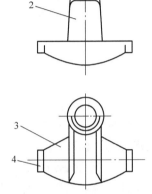

图 5-15　浇注系统结构示意图
1—直浇道　2—集渣道
3—横浇道　4—内浇口

形板分别与其中一个曲拐完全处于下型内，而另一个曲拐完全处于上型内，利用各放置一个铁芯覆砂型芯构成铸件的曲拐部分。这样既保证曲轴尺寸精度，又统一为铁型覆砂铸造工艺，从而保证各曲拐间的相对位置，即曲拐互相间隔120°分布。图 5-16 所示为曲轴在铁型中的位置。这种浇注系统有利于铁液的保温和同时凝固，并且能较充分地进行液态补缩，同时这种浇注系统的撇渣能力较强，有利于减少铸件的夹渣缺陷。浇注时，铸型的排气也较为顺畅，有利于提高铸件的出品率。

（2）曳引机机座的铁型覆砂铸造工艺设计　曳引机是电梯的动力源，由电动机、联轴器、制动器、曳引轮、机座、减速箱等零部件组成。机座的主要作用是支撑和固定定子铁芯、绕组等部件，与前后端盖组装在一起支撑转子的运行，同时起到在不同安装环境下方便调整安装尺寸的作用。

曳引机机座最大轮廓尺寸为 580mm×550mm×315mm，材质为 QT500-7，质量为 154kg，主要壁厚为 15~48mm，尺寸精度等级为 DCTG9，铸件不得有砂眼、气孔、裂纹等缺陷。曳引机机座铸件结构如图 5-17 所示。采用铁型覆砂铸造生产，一型 1 件。首先确定分型方式及浇注位置，然后对直浇道、横浇道、内浇道进行设计。由于半封闭式浇注系统具有一定的挡渣能力且充型平稳、对型腔的冲刷力小等特点，结合本工艺的实际情况，采用半封闭式浇注系统，并且在直浇道底部设置过滤网。

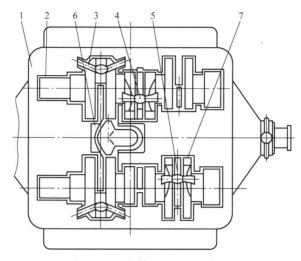

图 5-16　曲轴在铁型中的位置

1—铁型　2—覆砂层　3—曲拐砂芯 1#　4—曲拐砂芯 2#　5—曲拐砂芯 3#
6—过滤网　7—连杆轴颈外铁芯

主要工艺分析如下：

1）分型面及浇注位置的确定。分型面设置如图 5-18 所示，将加工面设置上型，并增大机械加工余量。上平面机械加工余量为 4mm，其余为 2.5mm。

根据铸件结构，将主浇口设置在壁厚较大的大平面上，方便后续的清理工作，同时冒口设置远离铸件的几何热节，并且不超出冒口的有效补缩距离；中间设置两个辅助浇口，增大流量提高浇注速度，同时使铸件温度更加均匀，有利于实现铸件的同时凝固。

图 5-17　曳引机机座铸件结构

2）浇注时间。有效浇注时间是指金属液开始进入型腔至充满铸件最高轮廓为止的一段时间。根据式（5-2）计算得出有效浇注时间为 16.1s，其中材料系数取为 0.8。

3）阻流截面面积 $\Sigma A_{阻}$（cm^2）。根据式（5-3）计算得出该铸铁件的阻流截面面积 $\Sigma A_{阻}$（cm^2）为 $16cm^2$。其中材质密度取 $0.0073kg/cm^3$，材质指数取 0.023。

4）浇道截面比例的确定。根据本工艺的设计方案，经详细计算，结合生产情况，确定相应各单元截面比为 $\Sigma A_{直} : \Sigma A_{横} : \Sigma A_{阻} : \Sigma A_{内} = 1.13 : 1.5 : 1 : 1$，直浇道直径为 48mm。浇注系统确定后，经计算，其质量为 20.3kg，如图 5-19 所示。

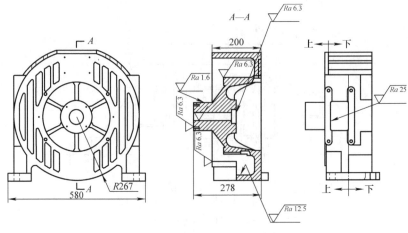

图 5-18　机械加工简图及分型面设置

（3）斗齿铸钢件铁型覆砂铸造工艺设计

斗齿是大型挖掘机、装载机主要的磨损件之一。由于斗齿工作过程中直接与砂、土、岩石、煤和矿物等接触，受到严重的磨料磨损，因此对斗齿的铸件质量和力学性能要求很高，材质一般为高锰钢。该产品全部不加工，铸件表面尺寸精度要求高。传统的生产工艺为失蜡精密铸造，该工艺生产周期长，清理麻烦，生产成本高。现采用铁型覆砂铸造生产斗齿，通过计算机数值模拟，对铁型壁厚、覆砂层厚度优化设计，确保斗齿铸件在理想的冷却速度下凝固成形，避免铸造缺陷，保证铸件质量。图5-20所示为铁型覆砂铸造斗齿铸钢件。图5-21所示为斗齿浇注系统。

图 5-19　曳引机机座的浇注系统

图 5-20　铸造斗齿铸钢件

铸钢件浇注系统的特点：

1）熔点高，浇注温度高，钢液对铸型的热作用大，冷却快，流动性差，故需要较短时间以较高流速浇注。

2）钢液易氧化，应避免流股分散、激溅和涡流，保证钢液平稳充型。

3）铸件体收缩大，易产生缩孔，需按定向凝固原则设计浇注系统，并且采用冒口补缩。

4）铸钢件线收缩约为铸铁的两倍，收缩时内应力大，产生热裂、变形倾向也大，故浇冒口的设置应尽量减小对铸件收缩的阻碍。

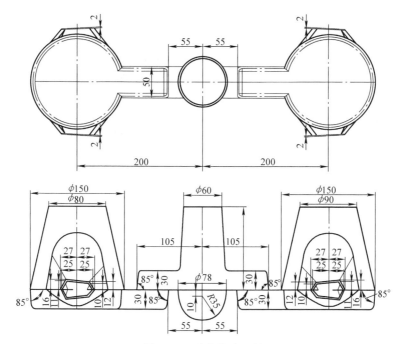

图 5-21　斗齿浇注系统

大批量生产时，常用转包浇注。多采用可充满式浇注系统，既加强挡渣能力，又能减轻喷射。常用浇注系统的截面面积比为

$$A_内:A_横:A_直=1:(0.8\sim0.9):(1.1\sim1.2)$$

5.3.2　覆砂层和铁型壁厚的设计

在铁型覆砂工艺工装设计中，铁型的设计是比较关键和难度较大的环节。每套工装一般配 10~15 副铁型，在整套工装中所占的投资比例比较高，一旦出现设计失误，一般是很难修复的，不仅会造成大量的废品甚至无法正常生产，还会造成巨大的投资损失。

1. 铁型壁厚

铁型设计是在模样的基础上加厚，形成铁型的基础体，然后再用模样加厚覆砂层的厚度对基础体进行减形成铁型的空腔。例如，覆砂层厚度设计为 5mm，砂层背后铁的厚度为 30mm。这样先对模样均匀加厚 35mm 形成基础体；然后用模样加厚 5mm 的实体对基础体进行减形，就得到了所要的覆砂型腔；最后就可以进行浇注系统、加强筋、箱把及其他方面的设计了。图 5-22 所示为四缸曲轴的铁型。

铁型覆砂铸型中的铸件冷却速度受铸件本身壁厚、覆砂层厚度和铁型壁厚三者的共同影响，当铁型的壁厚不变时，覆砂层越薄，铸件的冷却速度越快；当覆砂层的厚度不变时，铁型的壁厚越大，铸件的冷却速度越快，通过这种变化关系来调节控制铸件的冷却速度。因此，在进行铁型覆砂铸造工装设计时，应根据不同的铸件壁厚来选择合适的铁型壁厚和覆砂层厚度，以得到所需的冷却速度。不同铸件的铁型壁厚和覆砂层厚度可以通过经验图表、经验公式、数值模拟软件、相近铸件类比等方法确定。

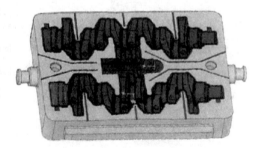

图 5-22 四缸曲轴的铁型

金属型对铸件冷却速度的影响，主要取决于铁型壁的蓄热能力及铁型壁向周围空气的散热能力。在铁型覆砂铸造工艺中，可根据经验公式（5-6）确定铁型壁厚。

$$t_厚 = (0.6 \sim 0.8)t_件 \tag{5-4}$$

式中，$t_厚$为铁型壁厚（mm）；$t_件$为铸件壁厚（mm）。

2. 覆砂层厚度

在铁型覆砂铸造中，温度主要降在覆砂层上，因此覆砂层厚度是铸件冷却速度的重要影响因素。通过调节覆砂层的厚度来控制铸件不同部位的冷却速度，使铸件达到同时凝固，减少热应力。覆砂层厚度由铁型型腔和铸件的尺寸决定。对于小件，覆砂层的厚度一般应为 5~8mm；对于大件或较大件，覆砂层厚度的范围比较广。

覆砂层厚度的选择是比较关键的一项内容：太薄，铁型对型腔内铁液冷却过快，接近铁型铸造的程度，使铸件形成白口组织；太厚，又会失去铁型的冷却作用，接近树脂砂或湿型砂工艺的程度，同时，铁型也难以利用铸件的热量对其加热，达不到所需的覆砂温度，无法进行正常循环生产。研究表明，当覆砂层厚度达到30mm时，铁型就失去了对铸件的快速冷却作用。覆砂层厚度一般选4~8mm。在实际生产中，结合铸件的材料、厚度、结构和铸造成本等因素考虑，以确定覆砂层厚度。例如，对于球墨铸铁件，若金相组织为珠光体基体，覆砂层厚度取5~8mm；若金相组织为铁素体基体，覆砂层厚度取 7~10mm；对于大平面铸件，覆砂层厚度可达 15mm，以防起翘。从经济性考虑，覆砂层在满足铸造要求情况下，能薄则薄。当覆砂层还要有冷铁作用时，厚度为 2~3mm 即可防止金属液与铁型直接接触。

实际上，为了更好地控制铸件的凝固顺序以得到更优质的铸件，应该在设计过程中对铸件进行凝固模拟，对快冷和热节部位进行不同覆砂层厚度的设计，即对覆砂层进行变厚设计。

3. 铁型重量

在铁型设计过程中，还有铁液重量和铁型重量的比例问题。如果铁型过轻，铁液就会使铁型温度过高，为了生产就必须对其强烈降温，使其达到所要求的覆砂温度。这样不仅影响了正常生产，同时也加大了铁型的热疲劳，会使其过早断裂，严重影响其使用寿命。如果铁型设计过重，则铁液的热量无法使铁型达到所要求的覆砂温度，难以实现连续的生产。

铁型重量按最小重量原则，根据经验，一般铁型重量与铸件重量之比为 5 倍以上。

5.3.3　冒口和冷铁设计

1. 冒口

冒口是铸型内储存金属液的部位，用以补偿铸件形成过程中可能产生的收缩，以防止铸件产生缩孔、缩松并兼有排气、集渣、引导充型的作用。冒口的形状有圆柱形、球顶圆柱形、方形、腰形、球形等多种，应根据生产条件灵活选用。铁型覆砂铸造的冒口不能选用顶冒口，否则会造成无法顺利取出铸件，只能选择侧冒口。

冒口设计的基本原则：

1) 冒口的凝固时间应不小于铸件被补缩部分在凝固过程中的收缩时间。

2) 冒口所能提供的补缩金属液量应不小于铸件的液态收缩、凝固收缩和型腔扩大量之和。

3) 冒口和铸件需要补缩部分之间的整个补缩过程中应存在通道。

4) 冒口内要有足够的补缩压力，使补缩金属液能够定向流动到补缩对象区域，以克服流动阻力，保证铸件在凝固过程中一直处于正压状态。

5) 冒口和铸件连接形成的接触热节应不大于铸件的几何热节，避免因为冒口设置而大大延长铸件的凝固时间。

6) 对于铁型覆砂铸铁件，一般不设置冒口。当铸件结构复杂或壁厚差较大时，也要设置冒口。

7) 对于铁型覆砂铸钢件，还是需要设置冒口进行补缩的，但是比砂型铸造小些。这是因为铁型覆砂浇注时冷却快，可适当补缩；另一方面，冒口覆砂层较厚，保温效果好。

冒口位置的选择原则：

1) 冒口应就近设在铸件热节的侧旁。

2) 冒口应尽量设在铸件高、厚部位。尽量用一个冒口同时补缩几个热节，对于低处的热节或同一水平面上离冒口较远的热节可设置补贴或冷铁，以保证顺序凝固和补缩通道畅通。

3) 对致密度要求高的铸件，冒口应按其有效补缩距离进行设置。

4) 在满足补缩的前提下，冒口应尽可能设在加工面上，减少清整冒口根部的工作量和降低能源消耗。

5）冒口不应设在铸件受力部位，以防止组织粗大，降低力学性能。

铁型覆砂铸造一般采用暗冒口。

冒口尺寸的计算是一个复杂的问题，因为影响冒口补缩效果的因素很多，如合金的铸造性能、浇注温度、浇注方法、铸件结构及热节形状、浇冒口安放位置和铸型的热物理性质等。至今还没有一种理论计算方法能精确定出冒口的尺寸。已有的方法都是在特定条件下试验总结出来的，所得的结果是近似的，还必须在实际生产中进行验证和完善。

冒口设计与计算的一般步骤：

1）确定冒口的安放位置。

2）初步确定冒口的数量。

3）划分每个冒口的补缩区域，选择冒口的类型。

4）计算冒口的具体尺寸。

下面介绍生产中应用较广泛的模数法进行冒口尺寸的计算。

用模数法计算冒口时，首先要保证冒口的模数 $M_冒$ 大于铸件被补缩处的模数 $M_件$（即冒口晚于铸件凝固），才能进行有效补缩，见下式：

$$M_冒 = fM_件 \qquad (5-5)$$

式中，f 为模数扩大系数，又称冒口的安全系数，$f \geqslant 1$。

在冒口补给铸件的过程中，冒口中的金属液逐渐减少，顶部形成缩孔使散热表面积增大，因而冒口模数不断减小；铸件模数由于得到炽热的金属液补充，模数相应地有所增大。根据试验，冒口模数相对减小值约为原始模数的17%，一般取 $f=1.2$。模数扩大系数过大，将使冒口尺寸增大，浪费金属，加重铸件热裂和偏析倾向。

对于碳钢和低合金钢铸件，其冒口、冒口颈和铸件被补缩处的模数（$M_冒$、$M_颈$ 和 $M_件$）应满足下列比例：

顶冒口：$M_冒 = (1\sim1.2)M_件$

侧冒口：$M_件 : M_颈 : M_冒 = 1 : 1.1 : 1.2$

内浇道通过冒口：$M_件 : M_颈 : M_冒 = 1 : (1\sim1.03) : 1.2$

其次，冒口必须提供足够的金属液，以补偿铸件和冒口在凝固完毕前的体收缩和因型壁移动而扩大的容积，使得缩孔不致延伸入铸件内。为此应满足下列条件：

$$\varepsilon(V_件 + V_冒) + V_扩 \leqslant V_冒 \eta \qquad (5-6)$$

式中，$V_件$、$V_冒$、$V_扩$ 分别为铸件体积、冒口体积和因型壁移动而扩大的体积，$V_扩$ 值对于春砂紧实的干型近似为零，对受热后易软化的铸型或松软的湿型，应根据实际情况确定；ε 为金属从浇注完到凝固完毕的体收缩率，具体数值见表5-7和表5-8；η 为冒口的补缩效率，各种冒口的补缩效率值见表5-9。

表 5-7　确定铸钢体收缩率 ε 的图表

普通碳钢体收缩率 $\varepsilon=\varepsilon_o$	合金钢的体收缩率 $\varepsilon=\varepsilon_o+\varepsilon_x$
	ε_o 与普通碳钢求法相同，依碳的质量分数、浇注温度可由左图上查出 $$\varepsilon_x=\Sigma K_i\cdot w_i$$ 式中，ε_x 为合金元素对体收缩率的影响；w_i 为合金钢中各元素的含量；K_i 为各合金元素对体收缩率的修正系数，可从本表下栏中查出

合金元素	W	Ni	Mn	Cr	Si	Al
修正系数 K_i	−0.53	−0.054	0.055	0.12	1.03	1.70

表 5-8　常用合金的体收缩率 ε

铸件材质	ε（%）
灰铸铁	1.90~ 膨胀
白口铸铁	4.0~5.5
纯铝	6.6
纯铜	4.92

表 5-9　冒口的补缩效率 η

冒口种类或工艺措施	η（%）
圆柱或腰圆柱形冒口	12~15
球形冒口	15~20
补浇冒口时	15~20
浇道通过冒口时	15~25
发热保温冒口	30~45
大气压力冒口	15~20

冒口设计时通常先按冒口、冒口颈和铸件被补缩处的模数的比例关系确定冒口尺寸，再校核冒口的补缩能力。此外，还要保证冒口和被补缩部位之间始终存在补缩通道，扩张角应向冒口敞开，利用补贴和冷铁可以实现此目的。

2. 冷铁

为加快铸件局部冷却速度，在铸型型腔内部、型腔表面安放的激冷物称为冷铁。冷铁的主要作用如下：

1）在冒口难于补缩部位放置，改善补缩通道，提高铸件质量等级。

2）配合冒口系统，加强铸件的顺序凝固条件，扩大冒口的补缩距离。

3）消除局部热应力，防止裂纹。

4）加速铸件局部的凝固速度，细化晶粒组织，提高铸件的力学性能。

5）减少冒口尺寸，提高铸件出品率。

6）减轻或防止厚壁铸件中的偏析。

冷铁分为内冷铁和外冷铁两大类。放置在型腔内能与铸件熔合为一体的金属激冷块称为内冷铁。放在铸型表面上的金属激冷块称为外冷铁。在铁型覆砂铸造中，由于刷完涂料的外冷铁与铸件直接接触形成铸件外形，冷铁多次浇注后容易损坏，因此一般只设置内冷铁。有时对铸件表面有要求或需要急冷时，就在内冷铁表面刷涂料，作为外冷铁使用。内冷铁可以设计成方便更换的结构。间接外冷铁与铸件间有砂层相隔，激冷作用弱。由于铁型覆砂铸型内腔有覆砂层，因此在设计时可直接与铁型设计成一体，仅调节该处覆砂层厚度和铁型壁厚即可达到冷铁的作用。

5.4　生产实例

实例1：六缸曲轴铸件

该铸件如图5-23所示。图中所注尺寸为分型面尺寸，以分型面为准采用减小壁厚法起模，全部起模斜度为0.8°，未注铸造圆角为$R3\sim R5$。铸件尺寸按DCTG8级精度检查，错箱量小于0.8mm，长度方向弯曲小于1.5mm。铸件不允许有夹渣、缩孔、砂眼、气孔、缩松、裂纹、结疤、分层、氧化皮、偏析、非金属夹杂物以及曲轴强度减弱的硬伤等缺陷，不允许用锤碾及焊补的方法消除缺陷。铸件分型面等处的飞边、毛刺应清理干净，残余高度应≤0.5mm，过清理量不大于加工余量的1/3（≤1.5mm）。

其工艺分析和参数设置简述如下。

（1）工艺分析　在球墨铸铁铸造生产中，利用铁型覆砂铸造工艺铸型刚度好、冷却速度快等特点，采用同时凝固原则，使铁液通过分散的内浇道进入铸型；利用铁型的刚性及球墨铸铁凝固中产生的石墨化膨胀，对铸件进行充分的自补缩，可以取消冒口。就六缸球墨铸铁曲轴而言，能否通过石墨化膨胀来完全抵消铁液凝固、冷却产生的收缩，是决定是否采用铁型覆砂无冒口铸造工艺及铸件最终是否产生缩松、缩孔缺陷的关键之一。球墨铸铁在凝固过程中主要产生液态收缩和凝固收缩，同时产生石墨化膨胀。根据计算公式，对球墨铸铁铁液从浇注开始到凝固结束的体积变化进行计算，可以得到球墨铸铁铁液从浇注到凝固结束的体积变化值。计算结果表明，浇注温度为1350℃，碳当量大于4.4%时，石墨化膨胀量大于收缩量，约为+0.32%。六缸球墨铸铁曲轴的质量比较大，同时断面直径也较粗（一般为75～95mm），浇注过程中部分铁液开始冷却、凝固时，即能得到来自浇口铁液的补缩。由此可见，只要选择适当的化学成分和浇注温度，六缸曲轴完全可以采用铁型覆砂无冒口工艺来组织生产，得到无缩松、无缩孔的合格球墨铸铁曲轴铸件。

（2）工艺参数及设计原则　六缸曲轴铸件的特点是质量大、轴颈粗、长度长、材质要求高，同时六缸曲轴的曲拐是120°等分，这些特点给铁型覆砂铸造六缸曲轴带来了不少困难。

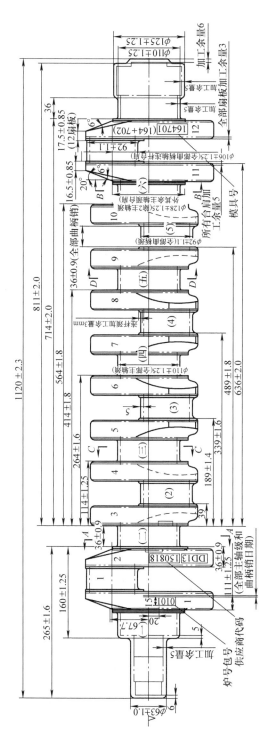

图 5-23　六缸曲轴铸件

1）分型。采用曲轴的轴线水平分型，并等分到两个曲拐的平面为分型面。对于未能等分到的其他 4 个曲拐，则采用曲拐外型芯的办法来成型。

2）浇注系统。六缸曲轴的浇注系统如图 5-24 所示。其中未注铸造圆角 R5，浇注系统可在加工中心加工。

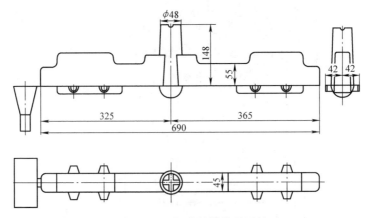

图 5-24　六缸曲轴的浇注系统

设计时，考虑到要使曲轴各部分实现同时凝固，内浇口采用多道浇口进入铁型。为提高浇注系统的挡渣能力，浇注系统采用半封闭式，各浇口面积比为 $A_直：A_横：A_内 = 1：2.5：0.7$。采用大断面的横浇口，既可起到很好的挡渣作用，同时又有利于铁液的液态补缩。采用较小的内浇口，则主要是为了使铸件膨胀凝固开始时，内浇口能迅速凝固封闭，以充分利用铁液本身的石墨化膨胀来进行自补缩。

3）铁型覆砂曲拐外型芯。六缸曲轴采用轴向水平分型时，必然有 4 个曲拐需用外型芯来成型方能起模。为了使这部分的铸件凝固后不出现缩松、缩孔缺陷，就必须保证这部分的铸型有着与铁型相同的刚性及冷却条件。因此，设计了一种曲拐铁型覆砂外型芯。实践证明，这一措施行之有效。

4）排气。六缸曲轴与其他曲轴的不同之处，就是存在 4 个不在分型面的曲拐油孔型芯和外型芯的排气问题。在进行铁型设计时，在有孔型芯的两端及型芯座开设排气孔和排气塞；同时在有孔型芯的芯盒外设计时，有孔型芯必须有出气孔，以保证在浇注过程中有孔型芯和曲拐外型芯产生的气体能迅速地通过出气孔排出，使其不侵入到铸件中。

铁型侧视图如图 5-25 所示。铁型覆砂层厚度为：型腔 +6mm，误差 +1mm；浇注系统 +12mm，误差 +2mm。图 5-26 所示为芯铁。芯铁覆砂层厚度与铁液接触面覆砂层厚度为 6mm，其余覆砂层厚度为 3mm，芯铁上下端面不覆砂。

六缸曲轴铁型覆砂铸造合箱图如图 5-27 所示。

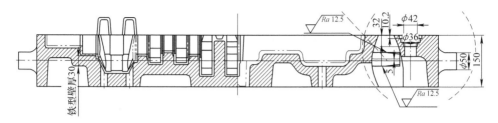

图 5-25　铁型侧视图

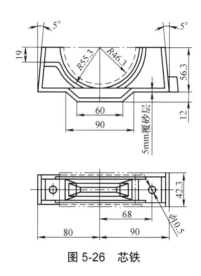

图 5-26　芯铁

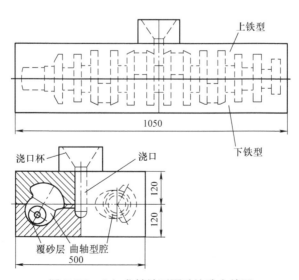

图 5-27　六缸曲轴铁型覆砂铸造合箱图

实例2：泵阀类铸件

泵阀类铸件一般要求内部组织致密，尺寸精度高，特别是泵阀体、叶片，存在许多不加工面，铸件质量就直接决定了泵阀的质量。采用铁型覆砂铸造成型工艺生产泵阀类铸件，由于铁型刚性好，采用覆膜砂造型，在浇注和凝固的过程中变形量小，使铸件尺寸精度和外观质量提高；同时实现加工余量减少，节约了金属材料和后续工时，特别是对球墨铸铁件的生产，利用了球墨铸铁在凝固过程中石墨化膨胀抵消铸件的线收缩和体收缩，使缩孔、缩松无法形成，提高了铸件的致密性，大大减少了渗漏废品。另外，由于铁型导热性好，金属液冷却速度快，形成的晶粒细小，组织致密，使得泵阀铸件在强度、硬度及耐磨性等各项力学性能均得到提高，加上铁型型腔内部附着了一层薄的覆膜砂，有效地调节了铸件的冷却速度，防止了白口的产生，同时避免了铁型与金属液直接接触，延长了铁型的使用寿命。

（1）铁型壁厚和覆砂层厚度的设计　当进行泵阀类铸件铁型覆砂铸造工艺设计时，根据铸件壁厚、结构、材质等选择合适的铁型壁厚和覆砂层厚度，铁型壁厚为0.7倍铸件壁厚和铸件分型面尺寸平均值综合考虑来选择合适的铁型壁厚，并且通过校核。覆砂层厚度根据铸件的尺寸结构确定，对小件，覆砂层的厚度一般控制在5~8mm范围内；对大件或较大件，覆砂层厚度的范围比较广，需要具体分析。初步设计好铁型壁厚及覆砂层厚度，后期还可以通过数值模拟的结果对其数据再进行优化调整。如图5-28所示，模样与铁型间存在间隙，这部分即为覆砂层的位置。对铸件及浇注系统均覆砂，铸件覆砂层厚度较薄，为8mm；浇注系统覆砂层较厚，为12mm。铁型为保证壁厚的均匀性，随型设计。

图 5-28　覆砂层及铁型设计

（2）覆砂工艺设计　泵阀类铸件与一般铸件不同，它壁薄、分型复杂、内腔需组芯成型，因此在对覆砂造型设计时应要特别注意泵阀类铸件的曲面分型、射砂时铁型的排气，以及浇注时型芯的排气等问题。

覆砂造型是成型中极为重要的一道工序，覆砂层的质量直接影响铸件质量。覆砂造型采用射砂成型，从铁型背面的一组射砂孔，将覆膜砂射入到铁型和模样合型后形成的间隙中，再经固化成型，起模后得到覆砂铸型，此工序在专用的覆砂造型机上完成。覆砂造型机可从射砂量、射砂速度、射砂时间和温度控制等方面进行有效控制，使各类泵阀铸件覆砂铁型达到最优的覆砂效果。

铁型覆砂成型选用覆膜砂造型，其强度较好，流动性、成型性好，能够在泵阀铸件复杂结构型腔良好成型；型砂表面质量好，致密无疏松，在不上涂料的情况下也能得到较好的铸件表面质量，生产得到的铸件表面粗糙度值可达 $Ra6.3~12.5\mu m$，尺寸精度可达 DCTG7~DCTG8 级；溃散性好，铁型型腔易于清理。在覆砂造型工艺中，模板的加热温度和覆砂固化时间是控制覆砂层质量的主要工艺参数，覆砂温度控制在 250~350℃ 范围，固化时间控制在 3~5min。根据不同铸件结构的复杂程度、覆砂层厚度、铸件大小，生产环境等因素的影响，对其覆砂温度与固化时间进行调整。通过观察覆砂层颜色来确定覆砂层质量，表面呈黄褐色为质量最好的状态；若表面呈浅黄色表明固化程度不够；若表面呈褐色或更深，则表明对树脂的加热温度过高或时间过长，有过烧现象。图 5-29 所示为覆砂后的铁型。

（3）浇注系统设计　任何铸件成型工艺都离不开浇注系统的设计。浇注系统设计的好坏直接关系到铸件的质量、废品率、铸件出品率等。根据铸件结构和布置，设计时进行选择。铁型覆砂成型较常用的浇注系统为半封闭式，常用的内浇道在铸件的位置为顶注式和底注式。另外，根据努伯利方程，计算浇注系统的阻流面积和浇注时间。浇注系统的设计是否合理，可通过后期对充型过程模拟来进行验证。

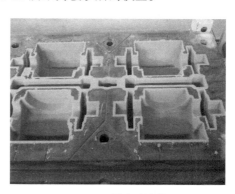

图 5-29　覆砂后的铁型

根据泵阀类铸件壁厚薄的特点，选择快速充型，采用多道内浇口同时进浇的方式进行浇注系统的设计。图 5-30 所示为一模四件，角对称分布的两种类型泵体铸件设计的浇注系统。考虑到充型的均衡与平稳性，选择了两个内浇口，两端同时进浇；在横浇道设置冒口，以便于对铸件补缩。

图 5-30　泵体铸件浇注系统

（4）计算机仿真验算 采用铸造仿真软件可以对铸件的充型、凝固、冷却过程进行数值模拟，还可以对铸件在这些过程中可能存在的缺陷进行模拟，如缩孔和缩松等缺陷；它还可以进行力学性能、残余应力及扭曲变形等的模拟，为全面最佳化铸造过程提供了可靠的保证。

本实例中研究的工艺优化主要是对铸件充型过程和凝固过程温度场进行数值模拟，通过计算充型速度，充型温度分布、凝固温度场中的温度梯度、固相率和凝固时间等参数，预测缩孔、缩松缺陷的部位、大小和产生的时间。根据已有的不同条件的缩孔、缩松判据：等流导法、温度法、温度梯度法、等固相率曲线法、固相率梯度法、压力梯度法、时间梯度法、直接模拟法等来预测缺陷。

通过对型号为TD50-35-TD32-32泵体和TD50-24-TD60-34泵体两个铸件充型、凝固过程的数值模拟，得到图5-31所示的TD50-35-TD32-32泵体铸件充型过程温度分布图，图5-31a~图5-31d分别为充型10%、40%、70%、100%情况下铸件充型过程的温度分布图。

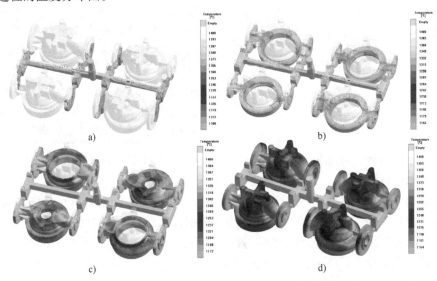

图 5-31　TD50-35-TD32-32 充型过程温度分布图

a）充型 10%　b）充型 40%　c）充型 70%　d）充型 100%

图5-31中所示的温度分布体现了充型过程金属液的流动情况。从整个温度变化过程可以看出，充型过程中没有出现很明显的铁液飞溅情况，整个充型过程中金属液从泵体底部缓慢上升直至充满整个型腔，充型过程中金属液流动并没有混乱而出现紊流，流动比较平稳。另外，由图5-31a~图5-31d中分别可以看出，每个铸件的两个内浇口两端同时进浇，充型过程均衡且平稳，横浇道上的冒口温度始终保持在较高且稳定的状态，可以有效地进行补缩作用，因此铸件不易产生由充型引起的铸造缺陷。

　　图 5-32 所示为 TD50-35-TD32-32 泵体缩孔缩松分布图。由图 5-32 可以看出，铸件凝固后，泵体铸件上观察不到缩孔、缩松缺陷，仅可以看到在浇注系统中存在

着一部分的缩孔、缩松缺陷，这并不影响铸件的质量，因此可以说明在该泵体铸件铁型覆砂铸造工艺设计中对铁型、覆砂层、浇注系统、芯砂等设计是合理的，可以运用到实际铸造生产中。该泵体铸件铁型覆砂铸造工艺设计已经在企业中运行生产，并且铸件质量稳定且良好，与模拟结果基本一致。

图 5-32　TD50-35-TD32-32 泵体缩孔缩松分布图

　　图 5-33 所示为 TD50-24-TD60-34 泵体铸件充型过程温度分布图，图 5-33a~图 5-33d 分别为充型 10%、40%、70%、100% 情况下铸件的温度分布图，由图中温度分布可以了解充型过程金属液流动情况。从整个温度变化可以看出，充型过程没有出现很明显紊流而导致的铁液飞溅情况，整个充型过程中金属液从泵体底部缓慢上升直至充满整个型腔，流动也很平稳，因此铸件不易产生由充型引起的各种铸造缺陷。

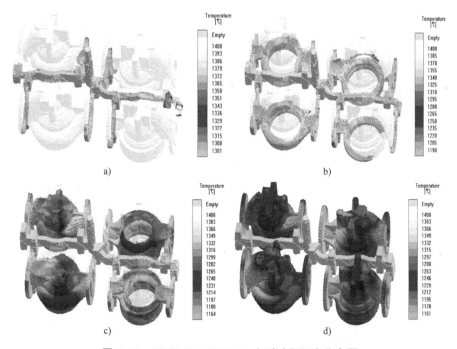

a)　　　　　　　　　　　　　　b)

c)　　　　　　　　　　　　　　d)

图 5-33　TD50-24-TD60-34 充型过程温度分布图

a）充型 10%　b）充型 40%　c）充型 70%　d）充型 100%

图 5-34 所示为 TD50-24-TD60-34 泵体缩孔缩松分布图。由图 5-34 可以看出，在该泵体铸件上不存在缩孔、缩松缺陷，在浇注系统的横浇道上存在着一些缩孔、缩松缺陷，但这并不影响铸件最终的质量，因此说明对该泵体铸件铁型覆砂铸造的工艺设计是较为合理的。从企业现场生产反馈的信息可知，铸件质量稳定且良好，没有出现缩孔、缩松缺陷，并且已在企业中大批量生产。

图 5-34　TD50-24-TD60-34 泵体缩孔缩松分布图

根据能量守恒原理，建立了泵阀铸件的铁型覆砂铸件凝固传热模型，确定了各项热物性参数，同时对两种不同的泵体铸件成型工艺进行设计，主要包括铁型壁厚、覆砂层厚度、覆砂工艺及浇注系统的设计。通过 CAD 三维建模软件对两种不同泵阀铸件、覆砂层、铁型、型芯等结构进行实体建模，将模型导入铸造模拟软件中，设置好各项模拟参数，包括材料的选择、初始条件、充型时间等，由于采用的是铁型覆砂铸造工艺技术，因此特别对于铸件/覆砂层之间的传热进行设置，其表现了砂型铸造与铁型覆砂铸造共存的传热模式，然后加载求解。通过铸件充型、凝固过程模拟结果，可以直观地看到铸件充型过程状况、凝固过程温度场、铸件铸造缺陷等，两种泵体铸件充型过程都均衡且稳定，没有出现紊流等情况，横浇道上的冒口补缩作用良好，减少了缩孔、缩松等缺陷的产生。从模拟结果中可以看出，两种不同泵体铸件均无出现缩孔、缩松缺陷，只在浇注系统中出现少量缩孔、缩松缺陷；可利用该软件对泵阀铁型覆砂铸造充型和凝固过程进行模拟，以及对其中参数的设置是有效的。以此为依据来优化铁型覆砂成型的各项工艺参数，使其在模样和工装设计制造过程的早期阶段进行正确的选择和做出正确的决策，从而优化铸造工艺，完善工装设计，为泵阀铸件的铁型覆砂铸造工装设计提供科学的理论依据。

根据上述优化设计制作完成的两种泵阀铸件铁型覆砂铸造工装进行了生产运行考核，结果表明：模拟结果与企业生产的实际情况基本吻合：两种泵体铸件经检测均无缩孔、缩松缺陷产生，铸件质量稳定且良好，与模拟结果一致，可以运用到铁型覆砂铸造生产线中进行大批量的生产。

5.5　本章小结

　　本章重点对铁型覆砂铸造工艺设计的特点、内容和步骤，以及工艺设计方案确定、浇冒口系统设计方法进行了阐述和分析。铁型覆砂铸造工艺是在砂型铸造工艺基础上，根据铸型导热性不同、退让性不同、透气性不同等特点开展设计的，其中覆砂层厚度和铁型壁厚的设计是铁型覆砂铸造工艺设计特有的内容，也是关键内容。根据不同的铸件壁厚来选择合适的铁型壁厚和覆砂层厚度，以得到所需的冷却速度。不同铸件的铁型壁厚和覆砂层厚度可以通过经验图表、经验公式、数值模拟软件、相近铸件类比等方法确定。铁型覆砂铸造工装造价较高，而且修改比较困难，因此前期的工艺要求尽可能一次成功。利用计算机模拟仿真优化工艺设计，在整个工艺设计过程中具有重要意义。

第6章 铁型覆砂铸造的工装设计与制造

铸造工艺装备设计是铸造生产过程中的关键工作之一，是铸造工艺设计方案内容的进一步延伸和具体化，对保证铸件质量，提高劳动生产率，减轻劳动强度起很大作用。本章根据铁型覆砂铸造的特点，介绍其工装设计的特点，模板、铁型、芯盒、射砂板、顶杆和落砂斗等工装的材料、设计原则及设计规范要求，以及模样的制造方法、优化设计及其应用。

6.1 铁型覆砂铸造工装设计的特点

工装是铸造生产中完成造型、制芯、浇注、清理过程所用的模样和辅具。铸造成形工艺不同，生产过程中所需的工装就会有所不同。工装的结构、设计的优劣、制造的质量对所要生产的铸件质量、生产过程的效率，以及改善生产过程的劳动条件等都会产生很大的影响。一般铸造生产中所涉及的工装主要包括：铸件模样、砂箱、芯盒、辅助工装（包括组型装配定位工装、锁箱工装、铸件配套清理工装及工具等）等。铁型覆砂铸造工装主要包括模板、铁型、芯盒、射砂板、落砂工装、浇口工装及其他辅助工装等。铁型覆砂铸造的工装设计主要有以下几个特点：

1）铁型覆砂铸型采用酚醛树脂覆膜砂热固化成形，在铸型成形过程中模板需要加热，因此在设计时要考虑到加热变形、热膨胀等对收缩率、模样尺寸、定位等方面的影响；合理地布置模板上加热管位置，尽量使模板各处的温度一致，以保证覆砂层质量和生产出的铸件尺寸精度。

2）在覆砂成形工装设计时，要选择合适的射砂位置和排气系统，以获得优质的铁型覆砂铸型型腔，保证生产出的铸件表面质量；同时，工装设计还要考虑到浇注过程的排气，减少或避免浇不足、气孔等铸造缺陷。

3）适应铁型特点，正确设计上、下铁型合箱后的紧固方式，提高铸件的致密性。

4）铁型的结构设计要有利于延长铁型寿命，尽量少用曲面分型；有利于浇注后残砂清理，尽量缩短射砂孔深度，适当简化铁型形状等。

5）工装设计应适应铁型覆砂生产线专用设备的要求，保证其在生产线上的运行通畅。

6.2　铁型覆砂铸造的工装设计

　　铁型覆砂铸造工装设计是在铸造工艺确定并经计算机数值模拟优化后才进行的，一般包括加热模板（含水冷底座）、铁型、热芯盒（含铁芯）、射砂板、顶杆板、落砂斗、箱卡、浇口模（杯）等内容的设计。

6.2.1　模板设计

　　模板主要包括模样、模底板、底座等，是铁型覆砂造型中使用的主要工艺装备。模样在铁型覆砂造型中主要形成铸件外形，模底板用于安装模样、浇冒口模、定位装置等。

1. 模样设计

　　铁型覆砂模样设计的主要内容包括选择模样材料，确定模样的尺寸和结构，以及模样在模底板上的定位和紧固的安装方式等。

　　1）铁型覆砂模样材料。一般铸造模样的材料有铜合金、灰铸铁、球墨铸铁、铸钢等。铜合金模样加工容易，表面光洁，最大优点是耐腐蚀、耐磨、导热性好，但材料成本较高。灰铸铁模样加工后表面光洁，而且强度、硬度高，耐磨损，价格低，但加工较为困难，质量较大。球墨铸铁因其具有比灰铸铁更高的强度和硬度，耐磨性更好，能承受更高的压实力而得到广泛应用，但其铸造及加工都较灰铸铁难，而且加热变形大。铸钢及模具钢模样加工后表面光洁，强度、硬度高，但相对制作成本较高，而且加热变形大。铁型覆砂铸造模样一般选择灰铸铁材料，模样局部需要热传导快，可选择铜合金，采用镶嵌的方式，与整体模样固定安装在一起。铜合金和灰铸铁的模样使用寿命为 20 万 ~30 万次。

　　考虑导热、强度、经济性等因素，铁型覆砂模样材料一般选择灰铸铁，牌号为HT200 及以上。

　　2）模样结构的设计。铁型覆砂铸造模样结构设计的原则是在满足铁型覆砂铸造工艺、铸型成形、保证铸件质量的前提下，使模样的结构便于加工制造，质量小，减少钳工工作量。模样的本体结构，按有无分模面分为整体式模样和分开式模样，按与模底板的装配方法分为装配式模样和整铸式模样。装配式模样又可分为平装式和嵌入式两种。一般情况下，模样大都为整体实心结构，这样模样加热后的变形小。

　　3）铁型覆砂铸造模样中一般不设置加热元件，模样的加热一般通过模底板加热后传热至模样。对于模样中难以受热的部位或有特殊需要，也可在模样中设置加热元件。

　　4）模样的固定与安装。一般采用螺栓将模样固定安装在模底板上。为保证生产使用过程中上、下模样的安装精度，模样与模底板在固定时均需采用定位销定位。

5）铁型覆砂铸造模样的尺寸标注和精度要求。模样的尺寸精度直接影响着铸件的尺寸精度。在所有模样尺寸中，最重要的是模样的工作尺寸，即直接形成铸件的尺寸。模样的工作尺寸应为包括收缩率在内的实际尺寸，可用铸件图上的铸件尺寸；模样尺寸也可按：$A_模 = A_铸件(1+K)$ 计算。铸件线收缩率 K 是考虑了各种因素后的铸件实际收缩率，由于结构复杂或壁厚不均的铸件，其各部分冷却速度不同，互相制约，使铸件各部位收缩情况不同。根据铸件结构、铸件材质和收缩受阻情况的不同，K 一般选择 0.4%~1.5%。为获得尺寸精度较高的铸件，当选取铸件收缩率时，一般根据铸件的重要尺寸或大部分尺寸，同时对局部精度要求高的尺寸，根据其自由收缩或受阻收缩的情况选取不同的收缩率。铁型覆砂铸造模样的起模斜度根据铸件的高度尺寸而定，一般为 1.5° 左右，最小不能小于 0.6°。模样的芯头尺寸还应考虑到芯头的间隙量，其尺寸为：砂芯尺寸 + 芯头间隙。芯头的结构及参数可参考一般热芯盒设计。

模样尺寸的标注基准也常常影响铸件的尺寸精度，一般原则：应使标注基准与零件图上的加工基准一致，以减少加工误差带来的偏差。模样工作表面的表面粗糙度值应不低于 $Ra1.6\mu m$，分模面的表面粗糙度值为 $Ra1.6~3.2\mu m$。

模样设计实例：某企业 4JBI 球墨铸铁曲轴铁型覆砂铸造工装设计中，模样材料选用 HT250，模样布置采用一型两件对称布置（见图 6-1），主要由模底板、模样、定位销、电加热管、温度计、排气系统及底座等组成。浇注系统设在铁型的中间，可使铁型均匀加热，有利于铁液的分流和铸件成形，消除了因冷热不均导致的变形和裂纹，延长了铁型的使用寿命。曲轴模样采用整体实心结构，模样的起模斜度为 1°，轴向线收缩率为 0.55%，径向线收缩率为 0.9%，模样工作表面的表面粗糙度值为 $Ra0.8\mu m$。

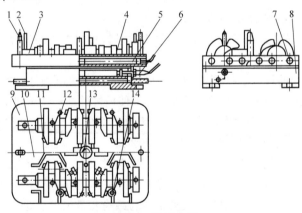

图 6-1　模样布置

1—定位销　2—气针　3—曲轴模样　4—模底板　5—电加热管　6—温度计　7—石棉橡胶板　8—底座
9—上模板　10—下模板　11—集气道　12—上模板凸台　13—浇注系统　14—下模板凹台

2. 模底板和底座设计

铁型覆砂铸造模底板的主要功能：

1）安装与支承模样、浇冒口、定位销等。

2）与上、下铁型形成统一的定位系统，确保上、下模样的合箱精度。

3）放置加热元件，用于模样的加热。

4）铁型进行覆砂造型时，形成覆砂铁型型腔的分型平面。

5）覆砂造型时承受铁型重量及射砂合型时的压力。

6）在进行射砂覆砂造型时，具有一定的排气功能，保证覆砂造型的质量。

模底板设计时需要考虑的问题：

1）模底板的结构型式。

2）模底板上布置的铸件模样的数量及位置。

3）所选用造型机的工作台面尺寸及安装方法。

4）选择模底板的加热方式。采用电加热管加热时，加热管的布置方式及加热管功率的选择；采用天然气加热时，天然气喷头的流量大小、数量、位置等方面的选择。

5）模底板与铁型的定位方式及结构。

6）模底板本身强度和刚度要求，以及模底板受热变形问题。

7）模底板的加工制造方法。

模底板设计的主要内容包括选择模底板材料，确定模底板的尺寸和结构及模底板在造型机上的安装方式等，具体如下：

1）模底板材料。对于普通铸造而言，模底板材料是根据模底板尺寸大小、使用场合、铸件的生产批量和企业铸造车间的条件等决定的。

一般而言，模底板材料的要求是有足够的强度，有良好的耐磨性，抗震耐压，铸造和加工性能好。常用的材料有铸铝合金，ZL101、ZL102、ZL103、ZL202；铸铁，HT150、HT200；球墨铸铁，QT500-7；铸钢，ZG200-400、ZG270-500 等。

铁型覆砂铸造模底板的材料一般选择与模样材料一致，以便于两者具有相同的物理性能。考虑到模底板是在加热到 200~300℃ 的状态下工作，从模底板的导热、强度、不易变形等角度出发，一般选用 HT250 及以上材质。

2）模底板尺寸的确定。模底板应根据铁型覆砂铸造所生产的铸件尺寸大小、工艺布置、每一型中产品的数量、铁型覆砂铸造的工艺要求，以及所选用的覆砂造型机的工作台面尺寸等因素来选择合适的模底板平面尺寸或平面投影尺寸。一般情况下，按覆砂造型机的参数选择，以发挥覆砂造型机的最大效率。

3）加热方式。铁型覆砂铸造通常采用热固化覆膜砂，模板需要进行外源加热。模底板设计首先要考虑采用何种加热方式。铁型覆砂铸造生产中模底板加热最为常用的方式有两种，即电热管加热和天然气燃烧加热。电热管加热生产环境好，加热装置结构简单，维护方便，加热方便，但相对加热速度要慢一些；天然气加热速度快，生产成本低，但结构相对复杂，维护相对复杂，生产环境相对要差一些。铁型覆砂铸造中一般都采用电加热。当采用电加热管加热时，要注意加热管的布置方式，电加热管的接线方式，以及在每块模底板上选择合适的加热管数量和每根加热管的功率，以保证发挥覆砂造型机的最大生产率。电加热管的电压一般为220V，选择每块模底板电加热管的数量时，一般为3的倍数，以便于三相电源的电平衡。电加热的接线方式有加热管单头出线或加热管两端出线两种形式，可根据覆砂造型机的电源接线方式或模底板接线方便来进行选择。可根据模底板和模样的重量，需要加热到的温度，加热的速度要求，以及加热的损耗和生产过程中热量的消耗，来选择确定需要加热的总体电功率。一般按经验选择，模板质量与电加热管功率的比为100kg模板∶4~8kW电功率。当采用天然气燃烧加热方式时，燃烧喷头的布置一定要考虑到模底板的均匀受热和模底板的受热变形问题，并且在模底板下方为燃烧喷头留出足够的燃烧火焰空间，使天然气能够充分地燃烧，最大程度地提升覆砂造型的生产率和加热效率。

4）模底板的厚度。模底板厚度选择要注意模底板加热时的变形；同时为保证铁型覆砂铸造的生产率，模底板需要具有一定的蓄热能力，常用的模底板厚度一般选择在50mm以上。铁型覆砂铸造通用型模底板的厚度选择可参考表6-1。

表6-1 铁型覆砂模底板厚度的选择

模底板长度 /mm	模底板厚度 /mm
≤ 600	50~60
> 600~1300	> 60~80
> 1300~2500	> 80~120

当所生产的铸件形状比较复杂，模底板需曲面分型，或者自带芯需在模底板上形成时，模底板的厚度需另行考虑，此类模底板的电加热管上下一般需至少留出各10mm的厚度。

5）当所生产的铸件很大、模底板的平面尺寸过大时，为保证模底板在加热过程中不变形，必须加大模底板的厚度。同时为了节约加热模底板的能量消耗，模底板在不与模样接触的那一面，可以通过采用加强肋的布置方式（见图6-2）来减小模底板的厚度，以起到降低模底板制造成本、节约模底板加热能量消耗、防止模底板变形的目的。

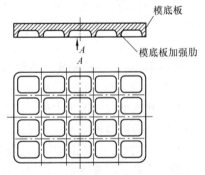

图6-2 模底板加强肋示意

6）为保证上、下模板合型后的尺寸精度，上、下模底板上模样的安装定位销孔/套的位置一定要一致，一般精度要求在0.05~0.15mm。

7）排气设计。为保证覆砂射砂造型的

质量，模底板设计时必须充分考虑覆砂射砂造型时压缩空气的顺利排出，模底板上需设置若干排气通道或装置。模底板的排气通道一般有排气槽、排气塞、排气孔或排气凸台等。在模底板设置压缩空气排出通道时要注意每个排气通道在气体排放时，相互之间不能串气。设置排气槽时，其位置不能开设在模板与铁型形成的覆砂层空隙中，每条排气槽不能与铁型的金属型腔直接贯通，一般两者之间的距离在 20mm 以上。各个型腔排气的排气槽不能相互连接在一起。排气槽一般为半圆形或 90° 夹角形式（见图 6-3），便于生产过程中的清理。排气槽的尺寸根据所需排气的量及排气槽周围的尺寸位置大小而定，半圆形排气槽的半径一般为 6~10mm；90° 夹角的深度一般为 5~8mm。排气孔一般开设在模底板上，其开设位

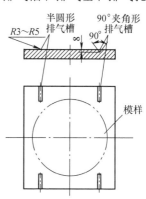

图 6-3　模底板排气槽示意

置也不在模板与铁型形成的覆砂层空隙中。排气塞放置一般可根据覆砂造型型腔的排气要求来布置，排气塞的直径为 10~25mm，排气塞一般直接开设在铸件模样上、模底板上等，模底板中与排气塞相接的部位开设相应的圆孔通道。排气凸台的主要目的是使铁型与模板合型后，两者之间形成一定的高度空隙距离，这样在覆砂射砂造型时能够通过这个高度空隙将气体排放出去。排气凸台的高度根据覆砂射砂造型所用覆膜砂的砂粒大小而定，一般为 0.2~0.4mm。上模样在射砂孔位置设计排气针，以加强浇注时铸型型腔气体通过射砂孔砂柱将气体排出型腔。需要注意的是，排气针顶部不能直接穿通，必须留有一定的覆砂层，以防在浇注过程中铁液直接从排气针孔中溢出。

8）模底板与铁型的定位主要有两种，即采用两个定位销 / 套定位或四个定位销 / 套定位。两个定位销 / 套定位主要用于对精度要求相对较低的铁型覆砂铸件的生产，其定位装置采用一个圆孔定位的方式，一个长孔定位。采用这种定位方式，当模底板加热时，在圆孔与长孔连线轴方向、圆孔定位位置附近所生产的铸件上、下型相对之间的尺寸精度高，而离圆孔越远，铸件上、下型之间的尺寸精度就越低（见图 6-4）。

四个定位销定位方式，即采用四个定位销与定位套的定位方式，在这种定位方式中，四个定位套均为长圆孔，其布置的方式根据模样的大小、数量、布置形式，可成两两连线呈十字布置或两两连线呈一定夹角布置（见图 6-5）。四个定位销 / 套的模底板定位方式与两个定位销 / 套相比，其定位精度可提高一倍。在铁型覆砂铸造生产中，定

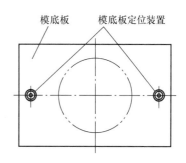

图 6-4　模底板两孔定位示意

位销与定位套之间的间隙一般为 0.05~0.15mm；定位销与定位套之间的定位销、套的定位高度一般为 25~35mm；长孔中两个半圆孔之间的距离可根据模底板的尺寸大小做相应调整，一般为 4~8mm。不论是两孔定位还是四孔定位，两个定位销/孔之间连线的距离可根据其生产的铁型覆砂铸件的大小、布置数量、模底板尺寸、要求的铸件错模精度等因素而定。一般来说，两者之间距离大于 400mm。铁型覆砂铸造模底板长度尺寸与定位销间距尺寸的选择见表 6-2。定位销/套的直径一般选用 25~35mm。

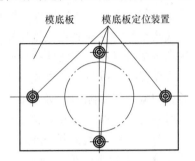

图 6-5　模底板四孔定位示意

表 6-2　铁型覆砂铸造模底板长度尺寸与定位销间距尺寸的选择

模底板长度尺寸 /mm	定位销间距尺寸 /mm
≤ 600	≤ 400
> 600~1300	> 400~1000
> 1300~2500	> 1000~2000

9）底座的设计。铁型覆砂模底板一般通过底座与覆砂造型机的工作台固定连接。模底板通过螺栓固定安装在底座上，可以通过调节底座的高度来调整模样与覆砂造型机射砂头之间的距离，使之在覆砂造型与铁型合型时的行走行程最合理化。为了防止加热的模样将热量传导到造型机工作台，影响工作台下的气缸或液压缸密封件的寿命，可在底座上设置水冷隔层，以降低底座下部的温度。但在底座上设置水冷隔层，使整个底座上下受热不均，呈现上热下冷，生产中非常容易造成底座变形，进而造成模底板变形，影响覆砂造型质量和最终铸件尺寸精度。现在已逐渐弃用带有水冷隔层的底座，而是采用分体式底座（见图 6-6），减少底座与工作台的接触面积，并通过在工作台与底座之间加装隔热材料的方法，防止模底板及底座的热量传导到覆砂造型机工作台上。

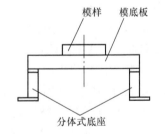

图 6-6　模底板分体式底座示意

6.2.2　铁型设计

在铁型覆砂铸造生产中，铁型是最主要的工装之一，铁型的设计对铁型覆砂铸造的实际应用起到十分关键的作用。铁型的设计一般应遵循以下原则：

1）铁型覆砂生产中铁型的加热一般利用铁液浇注冷却产生的余热，铁型需具备一定的蓄热能力，铁型与所生产铸件的质量比一般在 5∶1 以上。

2）为便于铁型在生产线辊道线及各辅机设备上的输送，铁型的外形一般设计成一定形状的长、宽、高的长方体。

3）铁型高度一般比铸件分型面最高高度高 30mm 以上，一般不低于 80mm。

铁型设计的主要内容：铁型的内腔尺寸、铁型的壁厚、铁型的外形结构、射砂孔的布置及数量、铁型加强肋的布置结构、铁型的输送跑边形式、造型及合箱定位形式，以及铁型合箱锁紧形式、排气方式和结构等。

1. 铁型的内腔尺寸

铁型的内腔尺寸是在模样的尺寸上加上覆砂层厚度。前面章节已经说明了铁型覆砂层厚度设计是铁型覆砂铸造保证铸件质量的关键，一般根据不同铸件壁厚和结构特点、材质要求和起模工艺要求等，覆砂层厚度一般为 3~15mm。从用砂量及生产过程经济性的角度，在满足上述要求的前提下，覆砂层的厚度一般取下限。除此之外，铁型设计时覆砂层厚度的选择还应考虑覆砂造型覆砂层的成形能力、完整性及覆砂层的表面质量，特别是对于一些大平面铸件的覆砂层厚度。必须注意覆砂射砂造型后，该覆砂层与背后铁型型腔的结合度。如果覆砂层厚度不合适，在金属液浇注时，因覆膜砂与铁型的线膨胀系数有一定的差别，会使覆砂层与铁型型腔脱离、拱起，最终造成铸件报废。因此，对于那些大平面型腔的覆砂层，除了考虑覆砂层厚度外，为了加强大平面覆砂层与铁型型腔之间的结合力，在铁型型腔大平面上开设一些沟槽，这些沟槽可以直接铸出，也可以加工而成。覆砂层厚度的选择还应考虑铸件覆砂层厚度与浇注系统覆砂层厚度的差异。一般来说，铁型中浇注系统的覆砂层厚度比铸件型腔覆砂层厚度要厚 5~10mm，以确保在浇注过程及随后的凝固冷却过程中浇注系统的金属液能很好地对铸型型腔进行液态补缩。

2. 铁型的壁厚

为保证铁型壁厚的均匀性，一般采用随形设计，铁型壁厚一般选择 20~35mm。铁型壁厚的选择还与所生产的铸件重量、铸件的材质要求等有关，例如，对铬系磨球，铁型壁厚就比生产球墨铸铁件的铁型壁厚要厚得多。铁型的壁厚也与铁型所需的蓄热能力有关。在铁型型腔背面的平面一般需设置加强肋来保证铸型的强度，以防止铁型在使用过程中的变形，加强肋的厚度为 20~35mm。加强肋的数量及布置形式与防止铁型变形有关，也与铁型蓄热所需的重量有关。

根据所生产铸件的大小和模数，设计和选择恰当的铁型壁厚。铁型一般采用铸件，内腔无须加工，可获得较好的覆砂效果。在铁型覆砂铸造生产中，铸型一般采用两开模分型方式，即将铸型分成上铁型和下铁型。对于一些两开模分型方式不能实现的铸件，也有采用三开模分型方式，或者采用放置型芯形成铸型的方式来实现。一般上、下铁型的上、下平面均为加工平面，其上、下两面均有平面度公差要求，一般在 0.05mm 范围内。

3.铁型的外形结构

从输送、制造、生产使用等方面的角度考虑，铁型的外形一般为长方体，铁型的上、下均为同样投影面积的长方形平面，即铁型上平面（铁型型腔的背面）也称射砂平面，射砂覆砂造型时与射砂板相接触；铁型下平面（铸型型腔分型面）为生产铸件的分型面，覆砂射砂造型时与模板相接触；合箱、浇注时，上下铁型的下平面相接触。铁型在覆砂造型时，为防止覆膜砂从铁型与射砂板、铁型与模板之间泄漏出来，对铁型的上、下平面之间有平行度公差要求，其平行度公差一般选择0.08mm。铁型的型腔平面一般设计成平面，但对于一些形状复杂、有特殊要求的铸件，铁型的分型面也可设计成异形面或曲面。对于这类铁型的型腔面设计，一定要注意必须与相对应的模板面相匹配，在覆砂射砂造型合型时，铁型面与模板面要能贴合在一起，防止射砂覆砂时跑砂；其上铁型、下铁型相应的曲面分型面也必须完全贴合，保证两者在浇注时金属液不会泄漏。这类铁型的加工工作量大，铁型的制作成本高，铁型覆砂铸造生产过程中对铁型的维护成本也高。铁型的背面设置许多加强肋，加强肋的作用主要是为了减轻铁型的整体重量，保证铁型的刚性，防止铁型的变形，提高铁型在冷却过程中的散热条件，满足铸件对铁型型腔壁厚的要求等。随着铁型覆砂铸造应用的不断扩大，铸件的复杂程度也不断变化和提高，有些铸件的铁型型腔背面也不再是一个平面，而是根据需要设计成多个台阶平面，这是为了减轻铁型的重量、减少投入；同时也是为了满足一些特殊铸件的铁型覆砂铸造生产工艺要求，以及生产装备的配置要求。为了保证这一类铁型在覆砂造型过程中覆膜砂不会从射砂板与铁型背面贴合处泄漏出来，在这一类铁型的设计时一定要注意不同平面的高度尺寸之间的公差要求，高度尺寸的公差要求一般为0.2~0.3mm。

铁型的长度、宽度一般根据铸件在铁型中的布置情况、铸件的铁型覆砂铸造工艺设计要求、生产率及相应铁型覆砂铸造生产线的参数条件而定。

铁型的高度选择一般需考虑铁型的结构强度、受热变形、蓄热和铸件的高度尺寸等因素。铁型高度选择可参考表6-3。

表6-3　铁型高度选择

铁型长度尺寸 /mm	铁型高度尺寸 /mm
≤ 600	≥ 70
> 600~1300	≥ 90
> 1300~2500	≥ 120

铁型的长度、宽度、高度、铁型型腔的壁厚、加强肋的数量和厚度及布置形式等决定了铁型的最终重量。因此，可以通过上述参数的调整来确定铁型的蓄热能力，以最经济的铁型重量来实现铁型覆砂铸造生产。

4.铁型射砂孔的布置及数量

铁型的射砂孔主要用于铁型覆砂射砂造型时，覆膜砂在压缩空气的作用下通过射砂板射砂孔进入铁型射砂孔，然后进入铁型覆砂模板与铁型型腔之间的空隙，从而完成覆砂造型。铁型中射砂孔的位置、大小、数量主要依据所生产的铸件结构、铸件在模板上布置的数量、覆砂射砂造型中覆膜砂的流动情况而定。此外，射砂孔的布置还需考虑铁型合箱后浇注过程中，可通过利用射砂孔对铸型型腔中产生的气体进行排气。铁型射砂孔的设计要注意以下几个设计要点：

1）当确定铁型射砂孔的位置时，一般考虑从铸件的最高位置设置，以便于覆砂在覆砂造型时充型顺畅、浇注时型腔气体的排出及缩短射砂孔深度；确定铁型射砂孔位置时，还要考虑各射砂孔相互之间在射砂过程中铁型型腔尽量减少串气现象。

2）一般情况下，两个射砂孔之间的距离为 200~350mm。对于一些特殊部位，两个射砂孔之间相互不串气，两个射砂孔之间的距离可小于 50mm。

3）射砂孔的数量应以在满足覆砂射砂造型要求的前提下，射砂孔数量最少为准则，但对于一些特殊位置的特殊需求，可适当增加射砂孔数量。例如，有些铸件位置需要安放排气装置以进行浇注过程型腔的排气，有些铸件部位需通过射砂孔中的砂柱来提高这部分覆砂层与铁型之间的附着力等。

4）为更好地实现射砂孔的机械化清理，采用一块顶孔板即可完成上下铁型射砂孔的顶孔清理作业，提高生产过程效率。射砂孔的布置应尽可能地采用沿铁型长度方向中轴线对称布置（见图 6-7）。

5）为提高浇注后铁型射砂孔残砂清理效率，降低射砂孔清理机械设备能耗，射砂孔一般应采用锥度孔，锥度一般设计为 1∶20（见图 6-8）。

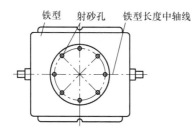

图 6-7　沿铁型长度方向中轴线对称布置射砂孔

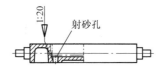

图 6-8　铁型射砂孔锥度示意图

6）铁型射砂孔的小头直径可根据铁型的大小来选择，见表 6-4。射砂孔深度尺寸一般不小于 25mm。

表 6-4　铁型射砂孔的小头直径选择

铁型长度尺寸 /mm	直径 /mm
≤ 600	18
> 600~1300	20
> 1300~2500	25~30

7）铁型背面射砂孔周围必须留有一定的壁厚，其直径一般为射砂孔直径加上 50~60mm；对于直浇道处的射砂孔，其壁厚直径为射砂孔直径加上 120~180mm（见图 6-9）。

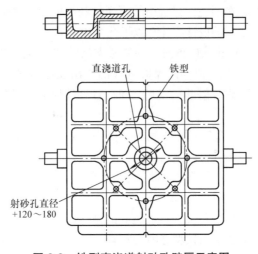

图 6-9　铁型直浇道射砂孔壁厚示意图

8）在铁型背面的各个射砂孔平面的平面度公差一般要求控制在 0.1~0.2mm。

5. 铁型的排气方式

在铁型覆砂铸造生产中，铁型的排气主要存在于两个过程中，即覆砂射砂造型过程和金属液浇注过程。覆砂射砂造型过程中的排气主要就是为了解决模板与铁型之间空隙中的压缩空气及覆膜砂固化时产生气体的顺利排出，确保获得紧实致密、完整的覆砂层；在金属液浇注过程中，铸型型腔内浇入的高温金属液与铸型覆砂层接触产生的气体能顺利地从铸型型腔中排出，从而最终获得没有气孔缺陷、外观完整的铸件。铁型排气装置的设计要点：

1）铁型排气装置的设置应与模板中模底板排气装置的设置结合起来。为了射砂造型中气体的排出，一般情况下，下铁型中不开设排气装置，而将排气装置开设在下模板的模底板上；上铁型上开设排气装置，而上模板中的上模底板不开设排气装置。

2）铁型的排气通道一般为排气槽、排气孔或排气凸台等。在设置铁型排气通道时，要注意每个排气通道在气体排放时，相互之间不能串气。当设置排气槽、排气孔时，排气槽、排气孔均不能与铁型型腔直接贯通，一般与铁型型腔的距离应大于 15mm。排气槽一般为半圆形或 V 形（见图 6-10），以便于生产过程中的废砂或钻入金属液的清理。排气槽的尺寸根据所需排气的量及排气槽周围的尺寸位置大小而定，半圆形排气槽的直径一般为 6~15mm；V 形排气槽的夹角一般为 90°，深度为 5~8mm。

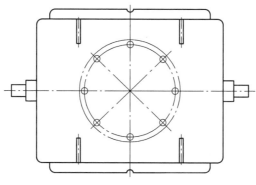

图 6-10　铁型排气槽

　　为提高铁型排气槽的排气效果，可以在铁型排气槽上钻一些通气孔。通气孔的直径一般为 6~15mm。

　　排气凸台的作用就是在上、下铁型合箱后，上、下铁型分型面之间有一定的间隙，以便于铁液浇注时铸型型腔中的气体可以通过这个间隙顺利地排出。铁型的排气凸台高度一般为 0.5~0.6mm。

　　3）当在铸型中放置型芯时，为了及时将型芯中的气体排出铸型，在铸型的芯头附近位置要设排气槽、排气孔等，并与芯头连通（见图 6-11）。在连通处设置一段薄槽过渡，以防造型时覆膜砂泄漏。

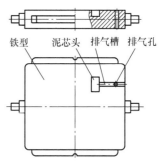

图 6-11　型芯芯头排气

6. 铁型的定位装置

　　铁型的定位包括覆砂造型时铁型与模板的定位，浇注时上、下铁型的合箱定位。为保证铸件尺寸精度和减小因温差等因素造成的尺寸偏差，在铁型设计时，采用四个定位销/套按十字布置的方式来保证定位尺寸精度。铁型的定位装置设计与模板上的定位设计类似，可参见上面章节设计。需要说明的是，铁型中的定位装置一般是下铁型设置定位销，上铁型设置定位销套。

7. 铁型的输送形式

　　铁型在生产线上运行、输送一般有以下两种形式，即通过在铁型上设置的跑边输送和直接在铁型背面输送（见图 6-12）。

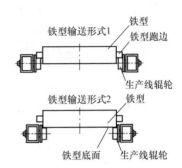

图 6-12　铁型输送形式

铁型通过跑边在辊轮上输送运动时，跑边的宽度设计应根据辊轮上输送运动部位的厚度而定。该宽度尺寸一般比辊轮上输送运动部位的厚度大 6~10mm，以使铁型能在辊道上输送顺利；跑边的长度设计主要考虑铁型在辊道上输送运行的平稳性及辊道辊轮的承受能力，要保证每个铁型跑边所接触的辊轮个数，一般铁型的跑边上至少保证有 4 个辊轮与之接触。铁型的跑边长度尺寸选择见表 6-5，一般至少在600mm 以上。

表 6-5　铁型的跑边长度尺寸选择

铁型长度尺寸 /mm	跑边长度 /mm
600	600
> 600~1000	> 600~800
> 1000~1300	> 800~1200
> 1300~2500	> 1200~2200

根据生产线对铁型输送的要求，铁型也可采用四边跑边的方式，即在铁型的长度方向、宽度方向均设置跑边。这种跑边的设置方式一般用于四方形的铁型，如铸造磨球的铁型（见图 6-13）。有的生产线的浇注段采用铁型直接放置在辊道上浇注，金属液在浇注时很容易飞溅到辊道的辊轮上，为了防止辊轮卡死，可将下铁型的下平面直接作为辊道辊轮的输送工作平面。

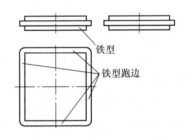

图 6-13　铁型四边跑边结构

8. 铁型的锁紧和定位

（1）铁型的锁紧　铁型的锁紧主要是为了保证铁型合箱后上、下铁型分型面相互贴合不位移；在浇注过程及随后的凝固冷却过程中，上、下铁型的分型面之间不会因在金属液的静压力、铁液的石墨化膨胀力等作用下产生间隙，造成金属液的泄漏。铁型锁紧方式可选择跑边锁紧或吊轴锁紧（见图 6-14）。吊轴锁紧一般用于铁型长度较短的铁型；

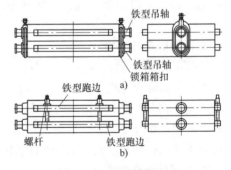

图 6-14　铁型锁紧方式

a）吊轴锁紧　b）跑边锁紧

跑边锁紧一般用于较大型铁型或较长的铁型锁紧。当铁型长度大于 1300mm 时，单纯用吊轴锁紧就难以满足锁紧要求了。铁型的吊轴一般位于铁型长度方向的两侧，沿铁型长度轴向布置。根据铁型的宽度，可以在铁型的每侧设置一个吊轴或两个吊轴（见图 6-15）。吊轴锁紧方式如图 6-14a 所示，采用长圆形环加锁紧螺杆锁紧的锁紧结构，将长圆环套在上、下铁型的吊轴上，然后转动 T 型结构的锁紧螺杆，不断缩短长圆环下部与 T 形螺杆下部的距离，最终将上、下铁型锁紧。铁型的吊轴直径尺寸一般为 80~100mm，吊轴可采用整体式，也可采用铸接式接在铁型上制出（见图 6-16）。

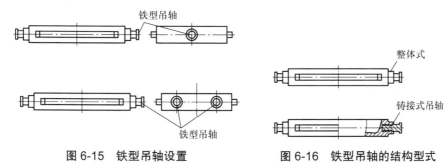

图 6-15　铁型吊轴设置　　　　图 6-16　铁型吊轴的结构型式

对于长度大于 1300mm 的铁型，仅仅采用两端吊轴的方式来固定锁紧铁型，就难以避免金属液浇注时及随后的凝固冷却过程中，因铁型受热变形及金属液静压力、石墨化膨胀力等的作用，使上、下铁型分型面产生一定的间隙，从而造成金属液泄漏。对于较长的铁型往往采用铁型跑边锁紧的方式或吊轴锁紧加铁型跑边锁紧的方式。铁型跑边锁紧方式一般采用四个或四个以上锁紧螺杆，在上铁型跑边上做出通孔，下铁型跑边上做出螺纹孔。锁紧螺杆穿过上铁型的跑边旋入下铁型跑边上的螺纹孔，直至将上、下铁型旋转锁紧。为提高铁型的使用寿命，下铁型的螺纹孔往往采用可拆卸式锁箱螺纹套的结构，如图 6-17 所示。当铁型使用久了螺纹磨损后，可以方便地更换螺纹套。跑边锁紧装置的螺杆直径一般为 25~40mm。

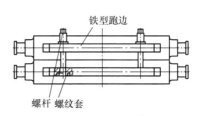

图 6-17　铁型可拆卸式锁箱螺纹套示意

（2）铁型的定位　这里铁型的定位主要是指铁型在覆砂射砂造型、铁型上下型合箱及铁型进出一些辅机时，铁型与这些机器设备之间的位置定位。铁型的定位一般有铁型跑边中间定位、铁型跑边前端定位、铁型前端外形侧定位等多种方式（见图 6-18），不管采用何种方式，为提高铁型定位精度，都需要对定位部位进行机械加工。跑边中间定位方式一般有圆形定位、直角形定位等，相对而言，直角形定位的精度比圆形定位高。

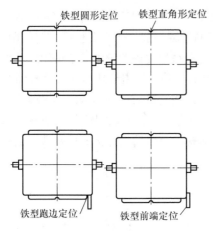

图 6-18　铁型定位方式

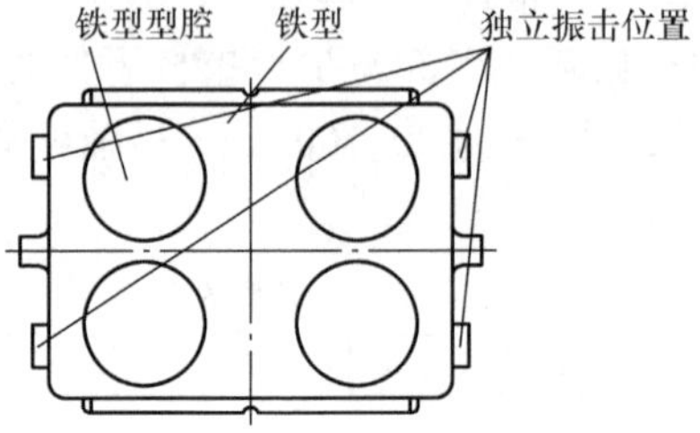

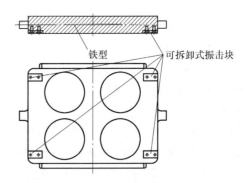

图 6-19　铁型上独立的振击块

9. 铁型的落砂结构设计

在金属液浇注、凝固、冷却、出铸件后，需对铁型进行清理，去除内腔、射砂孔等中的残留型砂。一般情况下，此时的残砂基本烧枯溃散，但仍会有一些残砂还有一定的附着力和强度，留在铁型的内腔上。对这些残砂，一般采用机械振动的方式来去除，即采用一台机械振动装置，通过该装置与铁型之间的相互振动，将残砂从铁型内腔上振动脱落下来。因此，在铁型设计时，必须在铁型上设置一些振击区域或振击块位置。振击区域或振击块位置一般不能设置在铁型型腔附近，可在铁型上专门设置出独立的振击块（见图 6-19）。为了提高铁型的使用寿命，也可将振击块设计成可拆卸式，当铁型使用时间长了、振击块损坏时，可及时更换振击块（见图 6-20）。

图 6-20　铁型上可拆卸式落砂振击块

6.2.3　芯盒设计

制芯是铸造生产的一个重要环节。芯盒设计直接关系到铸件的质量和生产率。铁型覆砂铸造用型芯一般采用与铁型覆砂铸造用砂相同的覆膜砂，因此型芯的制作也采用覆膜砂热芯盒法制芯。为了获得与铁型覆砂铸型相同的凝固冷却特性，铁型覆砂铸造生产中的型芯常常采用铁芯覆砂的方式来制作。

铁型覆砂铸造制作铁芯覆砂型芯时对芯盒的要求较高，芯盒结构也比较复杂。热芯盒主要由热芯盒本体、铁芯放置及固定、芯盒定位机构、射砂口及排气、加热和出芯机构等组成。

1. 热芯盒本体结构设计

热芯盒本体结构设计包括以下几方面：

（1）分型面的选择　芯盒的分型面根据型芯的形状决定。为了方便加工制造，应尽量选择平的分型面。应设法使型芯留在动芯盒中，以便用出芯机构将芯脱出。

（2）热芯盒的壁厚和形状　热芯盒多采用实体结构，其最小壁厚为 20~30mm。其中要安放电热管，其边缘与芯盒内腔的距离不应小于 10mm。

（3）热芯盒射砂口　射砂口是芯砂流进入芯盒的通道。要求射砂口使进入芯盒的芯砂流畅通无阻，便于排气。射砂口的尺寸，要保证射出的砂流有足够的动能，也不致发生砂流的回弹现象，因此射砂口的面积不可大于射砂方向上芯盒内腔的最小截面面积。在这个前提下，射砂口尽量选取大些，以便缩短射砂时间。但过大的射砂口将降低砂流速度，使型芯紧实度下降，影响型芯质量。

射砂时压缩空气瞬时进入射砂筒，在射砂筒上方空间瞬时产生压力，一方面使芯砂获得足够的动能，从将射砂筒内的芯砂从射砂孔中高速射出，直达芯盒底部，造成芯盒上、下及四周的压力不一致，产生了压力差；另一方面，压力差使芯砂在芯盒中由下而上顺序快速紧实，压力差越大，射得的型芯也越紧实。在射砂过程中，动能和压力差的作用变化大致分为 3 个阶段：

1）芯砂从射孔中高速射出，直达芯盒底部，这时主要是芯砂的动能在起作用。

2）芯砂速度显著减慢，动能相应降低，这时主要靠压力差将芯砂紧实。

3）当芯盒快射满芯砂时，动能和芯盒内的压力差都已降得很低，但射砂腔内尚有的压力差，使芯盒上部的芯砂进一步紧实。

2. 铁芯的设计及固定

与普通的型芯制作不同，铁型覆砂铸造生产中经常使用铁芯覆砂型芯。所谓铁芯覆砂型芯，就是为了获得与铁型覆砂铸型相似的凝固冷却条件，在成形的铁芯上覆上一层覆膜砂，形成铸型所需要的型芯外形。因此，在制作该类型芯时，需要在射砂制芯前，首先将成形铁芯放入芯盒中，并将铁芯固定，以防在射砂成形时铁芯移动，造成覆砂层不均匀或露铁现象发生。一般在芯盒中增设铁芯芯头固定位置或铁芯定位销孔位置的方式来实现铁芯的定位。对于那些浇注后整块铁芯难以取出的铁芯，在铁芯设计时还需要将铁芯拆分、拆活，以便于铸件冷却后能将铁芯取出。

3. 定位

一般在静芯盒上装定位销，在动芯盒上装定位导套。定位销的数量一般小芯盒用两个，大尺寸芯盒可用 4 个定位销。定位销中心应布置在芯盒接近最大轮廓的尺寸上，以保证定位精度。

4. 排气

热芯盒排气装置的作用有两个方面，一是保证射砂时芯盒内的空气能够顺利及时地排出，二是引导射入砂流的填充方向。正确设计的排气装置，对获得紧实度均匀、表面覆砂的型芯是很重要的。芯盒的排气装置应选择在芯盒气体不流畅的死角、芯盒最后充填的部分、芯盒转角或砂流不易达到的狭长通道处、分型面处、多射孔的芯盒中砂流干扰处等。热芯盒的排气方式有排气塞排气、排气槽排气和间隙排气等。

（1）排气塞排气 将尺寸大小不同的排气塞安装在芯盒内表面处，其后连通排气孔，使气体排出。

（2）排气槽排气 利用芯盒分型面、射砂面、镶块及底板等结合面开设排气槽进行。排气槽的深度应根据使用芯砂的粒度而定，以排气不跑砂为原则。

（3）间隙排气 在芯盒本体与活块、顶杆间的配合面上制作间隙（一般为0.1~0.3mm）进行排气。

5. 取芯

取芯主要靠射芯机上的开盒机构和专门的顶出机构来实现。取芯方法主要有移动托板取芯法，顶杆取芯法和旋转出芯法。

（1）移动托板取芯法 开盒后型芯留在移动托板的芯棒上，然后托板由气缸推动向外移出，最后取下型芯。

（2）顶杆取芯法 顶杆取芯是当开盒时用顶杆将型芯和芯盒分开。顶杆取芯法生产率高，布置顶杆时应考虑到型芯的形状，对形状复杂、薄壁的型芯，应采用数量较多、直径较小的顶杆，布置要力求均匀对称，防止型芯折断。

（3）旋转取芯法 射芯机上的旋转气缸将动芯盒移到一定距离并旋转，然后将型芯取下。比较适用于较复杂的型芯。

6. 加热

为了使型芯迅速硬化，热芯盒上都设有加热装置，有电加热法和煤气加热法。电加热法加热均匀、效率高、清洁，温度易于自动控制，一般多采用电加热法。电加热管根据芯盒形状布置，加热效率高，易得到均匀的温度，但其位置受芯盒附加机构，如电排气塞、顶芯杆等限制，其布置要精心设计。

芯盒加热温度一般为200~250℃。覆砂温度高，固化时间可以缩短，有利于提高生产率，但温度过高则型芯表面易烧焦，而内部或局部厚大的部位却没有熟透，覆砂强度低，发气量大。此外，在能保证覆砂层性能的前提下，适当地提高芯盒温度，使型芯在造型工序完成后至浇注前，在不丧失过多强度的条件下，使树脂的气体预先挥发一部分，以减小浇注时的发气量。

6.2.4 射砂板

铁型覆砂铸造的射砂装置一般由射砂头和射砂板组成，射砂头通过射砂板与铁型接触。在射砂装置中，射砂板是最重要的装置。射砂造型时，在压缩空气的作用下，覆膜砂通过射砂板上的射砂孔进入铁型的射砂孔，然后再进入铁型与模板之间的间隙，最终完成覆砂射砂造型。射砂板本质是一个隔断铁型高温、保证射砂头中覆膜砂处于低温状态的隔板，因为射砂头中的型（芯）砂必须在较低的温度下保证良好的流动性，才能使射砂通畅顺利。温度过高将使射砂头中的覆膜砂发生软化甚至固化成块状，从而堵塞射砂孔，使射砂不能顺利进行。

　　射砂板分为水冷射砂板和非水冷射砂板。图 6-21 所示为水冷射砂板的内部结构。水冷射砂板在结构上是一个密封的水冷箱，通过隔水条使水箱中的冷却水定向流动，从而带走上铁型散发出来的热量，而覆膜砂在压缩空气作用下穿过水箱中的射砂孔，射入铁型中。水冷射砂板一般为钢板焊接件，材料为普通碳素钢。

　　射砂孔防漏砂装置是射砂板上一个非常重要的装置，一方面，它可以在射砂时保证射砂顺畅；另一方面，在射砂完毕后，当射砂头中无压缩空气时，保证型（芯）砂不会从射砂头中漏出。射砂孔的防漏原理是通过覆膜砂的堆积角来实现，结构上是在射砂孔的正上方加挡砂板，如图 6-22 所示。挡砂板大小及间隙按照覆膜砂的堆积角原理设计。射砂嘴材料一般淬火处理 45 钢，其余为普通碳素钢。

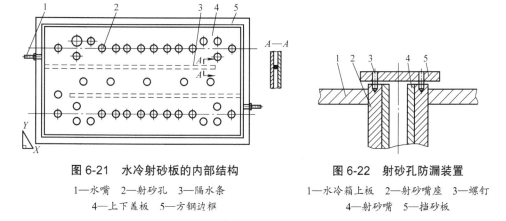

图 6-21　水冷射砂板的内部结构　　　　　　图 6-22　射砂孔防漏装置
1—水嘴　2—射砂孔　3—隔水条　　　　1—水冷箱上板　2—射砂嘴座　3—螺钉
4—上下盖板　5—方钢边框　　　　　　4—射砂嘴　5—挡砂板

　　射砂时铁型顶起，与射砂板压紧并与射砂孔对齐，将射砂头内覆膜砂射入铁型型腔内。由于铁型使用一段时间后会出现变形，射砂时射砂头和铁型不能充分接触，会出现跑砂，不仅浪费型（芯）砂，污染环境，同时也造成型腔内射砂不实。因此，在射砂板的射孔处嵌入一耐高温的硅胶圈，使其突出射砂板平面 3~5mm，或者把射砂板的射砂嘴做成活动可压缩式，背面装一压缩弹簧。这样都可以使射砂嘴与铁型射砂孔四周紧密接触，避免跑砂。

6.2.5　顶杆板和落砂斗

　　顶杆板是通过锥杆将铁型射砂孔的砂柱顶出，以便铁型下一循环的射砂造型。一般铁型上射砂孔较多，如四缸曲轴都有二十几个，如果顶孔锥杆长度一样，在顶孔时同时接触铁型，要想将铁型射砂孔中的砂柱顶出需要很大的力。为了分解这个力，便于将射砂孔中的砂柱顶下，可把顶杆做成不同长度，形成阶梯顶压形式。需要注意的是，将顶杆长度做成对称（沿铁型轴向对称或左右对称）形式，这样在顶压铁型射砂孔过程中铁型受力均匀。顶杆的材料一般选用调质处理的 45 钢。

当设计落砂斗时，一定要考虑相应落砂斗的结构尺寸和结构型式，尤其是要考虑落砂机中相应空间的高度位置，落砂斗升顶起后能充分接触并保持一定的压力，落砂斗降落下后又能使铁型自由移开。落砂斗上振击块位置与铁型振击位置相一致，一定要注意不可使落砂斗上的振击块区域碰到铁型型腔。落砂斗一般采用钢板焊接件，为了保证落砂斗的焊接强度，焊接部位应打坡口，采用气体保护焊接。

6.3 铁型覆砂铸造模样的制造

用于加工制造工模具的一般方法同样适用于铁型覆砂铸造模样的制造。

6.3.1 数控加工

大批量生产中使用的工具和模具，可采用数控加工。数控机床是集机械、电气、液压、气动、微电子和信息等多项技术为一体的机电一体化产品，是机械制造设备中具有高精度、高效率、高自动化和高柔性化等优点的工作母机。数控车床是数控机床的主要品种之一，加工中心与数控铣床高速铣削加工模具也得到应用，特别是具有各类专家系统的数控铣床在模具加工上各具特色。近年来发展起来的数控高速加工技术（以高主轴转速、快速进给、较小的切削深度和间距为特征的高效、高精度数控加工方式），可显著提高模具表面的加工质量。

模具高速切削加工是一种先进的加工技术（这是一种以高主轴转速、快速进给、较小的切削深度和间距为特征的高效、高精度数控加工方式）。高速切削在提高生产率的同时，还给加工过程带来了许多优良特性。高速切削可以直接加工淬硬钢等难加工材料，高速切削加工的零件可以获得很高的尺寸精度和几何精度，难得的是高速切削加工出的表面可以获得极低的表面粗糙度值，甚至可以达到镜面效果，这可以省去后续的磨削和抛光工序，将极大地提高模具的生产率。使用高速切削加工模具的特点：

1) 加工效率高。高速切削由于具有很高的主轴旋转速度，因此允许有较大的进给量，比普通加工切削速度提高 5~10 倍，大大缩短了模具的生产周期。

2) 切削力小。高速切削的切削力比常规切削减少 30%，使其能加工硬度较高，如硬度 60HRC 左右的淬硬钢等材料；较小的切削力还可以避免或减少加工变形，因此可以加工一些刚性较差的薄壁类零件。

3) 切削热少。高速切削的切削过程非常迅速，90% 以上的热量由切屑带走，留在工件上的热量极少，工件不会因切削热而产生变形。同时，极低的切削热使其能加工一些低熔点的材料。

4) 加工精度高。高速旋转切削时的激振频率远高于工艺系统的受激振动频率，因此高速切削能保持较好的加工状态；同时较小的切削力、极低的切削热使工件具有很高的加工精度和表面质量。高速切削能加工出表面粗糙度值 $Ra \leqslant 0.6\mu m$ 甚至 $Ra=0.4\mu m$ 的表面，达到镜面效果。

5）高速切削可以简化加工工序。利用高速切削可以获得很高的加工精度和很低的表面粗糙度值，因此经高速切削加工的零件不需要后续的手工抛光和修配等工序。高速切削可以部分取代电火花加工，而不必像电火花加工那样准备电极，即使必须用电火花加工的，也可以由高速切削加工电极，缩短加工周期，省去这些工序不仅提高了效率，还降低了不少成本。

铣削是模具的重要加工手段，特别适用于中、大型锻模的加工。近年来，高速铣削加工获得了迅速的发展，高速铣削加工通常指的是在合理的速度和较高的表面进给量下进行的立铣加工，主要体现在以下几个方面：

1）高精度化。采用了精密机床的热平衡结构及主轴冷却等措施，以控制热变形，使铣削加工机床进入了精密机床的领域。

2）加工效率高速化。随着刀具、电机、轴承、数控系统的进步，高速铣削技术迅速崛起。通过高速加工工艺，可以在很大程度上满足这样的需求，即通过减少装夹次数和简化流程而缩短加工时间。在模具行业中，一个典型的目标是通过一次装夹而对完全硬化的小尺寸模具完全加工好。通过高速加工还可以减少甚至免除成本高昂而费时的电火花加工（EDM）过程。

3）铣削材料的高硬度化。高速铣削技术与新型刀具（如金属陶瓷刀具、PCBN刀具、特殊硬质合金刀具等）相结合，可对硬度为36~52HRC的工件进行加工，甚至可加工硬度为60HRC的工件。高速铣削加工技术的发展，促进了模具加工技术的进步，特别是对汽车、家电行业等中、大型型腔模具制造注入了新的活力。

为了提高大型复杂模具制造水平，越来越多借助于计算机仿真技术（AE）分析和 CAD/CAE/CAM 一体化技术，大大提高了模具设计与制造进度，减少了试模、修模次数，降低了成本，提高了质量。

6.3.2　特种加工

铁型覆砂铸造模样的特种加工方法一般包括电火花成形加工和线切割。

1. 电火花成形加工

电火花成形加工是在一定的液体介质中，通过工具电极相对于工件做进给运动，利用脉冲放电对导电材料的电蚀现象来蚀除材料，将工件电极的形状和尺寸复制在工件上，从而使零件的尺寸、形状和表面质量达到预定技术要求的一种加工方法。在特种加工中，电火花加工的应用最为广泛。

电火花加工的特点：

1）模具加工要求低的材料特性。在加工过程中，模具的电极不会和工具发生直接接触，因此两者之间就不会产生较为明显的作用力，工件材料一般比工具材料

（如紫铜、石墨等）软。

2）能加工出形状较为复杂的零部件。当电极不能加工出熔点高、硬度高、强度高和韧性高的材料，并且工件的形状比较复杂时，可以采用机械加工。

3）选择材料的范围比较宽。使用脉冲放电的方式加工能够加工更硬、更脆、更韧和高熔点等具有导电性能的材料。

4）加工时工具电极和工件保持不接触的状态能使加工状态良好。这种加工在加工刚度低、工件比较薄且外形比较复杂时能便于实现精细加工。

5）加工精度和加工工件表面的质量较高。由于脉冲放电的时间短，因此热量不能及时地传到零件内部，这样影响工件表面的热性能就较小；同时又由于工具的切削力较小，工件的变形量小，因此就会使得工件具有较为精确的尺寸。

6）生产率高。利用电能进行加工使自动化生产程度有所提高。

2. 线切割

线切割是利用移动的细金属丝作为工具电极，按预定的轨迹进行脉冲放电切割。按金属丝电极移动的速度大小分为高速走丝和低速走丝线切割。我国普遍采用高速走丝线切割。线切割时，电极丝不断移动，其损耗很小，因而加工精度较高，可以加工任何高强度、高硬度、高韧性、高脆性及高纯度的导电材料；加工时无明显机械力，适用于低刚度工件和微细结构的加工。

6.3.3　磨削和抛光

1. 磨削

磨削是一种精密加工技术。到目前为止，磨削加工精度已经很高了，加工的表面质量也非常好，表面粗糙度值一般为 $Ra0.04\sim0.32\mu m$，并且利用磨削加工出的表面没有软化层、变质层等缺陷，因此广泛用于精密模具的加工中。随着磨床种类的增多，特别是数控程度的提高，使磨削加工的范围越来越大，精度越来越高，仍是精密模具加工的主要手段。

精加工磨削时要严格控制磨削变形和磨削裂纹的产生，即使是十分微小的裂纹，在后续的加工使用中也会显露出来。因此，精磨的进给量要小，切削液要充分。精磨时选择好恰当的磨削砂轮十分重要。针对模具钢的高钒高钼状况，选用GD单晶刚玉砂轮比较适用；当加工硬质合金、淬火硬度高的材质时，优先采用有机黏结剂的金刚石砂轮。有机黏结剂砂轮自磨利性好，磨出的工件的表面粗糙度值可达 $Ra=0.2\mu m$，近年来，随着新材料的应用，CBN 砂轮，即立方氮化硼砂轮显示出良好的加工效果，在数控成型磨、坐标磨床、CNC 内外圆磨床上精加工，效果优于其他种类砂轮。

磨削加工中要注意及时修整砂轮，保持砂轮的锐利。当砂轮钝化后，会在工件表面滑擦、挤压，造成工件表面烧伤，强度降低。

2. 抛光

抛光是利用机械、化学或电化学的作用，使工件表面粗糙度值降低，以获得光亮、平整表面的加工方法。机械抛光是铁型制造中常用的抛光方法，一般使用油石条、布轮、砂纸等，以手工操作为主，特殊零件如回转体表面，可使用转台等辅助工具。

6.4　生产案例

实例 1：六缸曲轴的铁型覆砂铸造

该曲轴铸件（见图 6-23）的每个曲拐之间的夹角为 120°，主轴径为 105mm，连杆径为 92mm，平衡块扇板厚度为 33mm，扇板半径为 116mm，曲轴总长为 1110mm。该曲轴采用的铁型覆砂铸造生产线参数为：辊道路宽度 660mm，铁型的长度为 1300mm，铁型高度允许为 140~200mm。该曲轴的铁型覆砂铸造工艺为：一型 2 件布置，水平分型、水平浇注，曲轴浇注位置在中间 5、6、7、8 平衡块，采用同时凝固、无冒口铸造，铸件出品率为 90% 左右。该曲轴的 3、4 曲拐呈水平布置分型，可直接起模，其他四个曲拐成形采用铁芯覆砂下芯的方式做出。曲轴模型的缩尺轴向为 0.6%~0.8%，径向为 0.7%~1%。本曲轴模样采用实体模样，材质为 HT250。

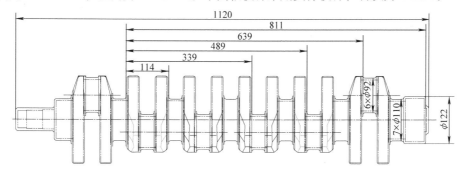

图 6-23　六缸曲轴铸件

六缸曲轴的模样如图 6-24 所示。因 1、2、5、6 曲拐不能直接在模板平面分型，故采用下芯的方式形成，这样上模样、下模样就不能整体形成，而是分别由三段曲轴模样形成。从图 6-24 可以看出，模样与模板安装时，均需通过定位销对模样在模底板上的位置进行准确定位，从而保证模样在模底板上的位置精度和上下模样不错箱。定位销孔上下模样都有，每块模样（每段模样）上定位销为两个。定位销孔直径为 10mm，上、下模样之间定位销孔采用配钻的方式来保证两者之间的定位精度。模样与模板的固定方式采用螺栓固定，每块模样（每段曲轴模样）上至少在两个以上。从图 6-24 可以看到，本曲轴模样上在每个平衡块、主轴颈、连杆颈上均布置了固定螺栓孔，沿曲轴轴线方向 40~60mm 之间就有两个螺栓固定孔，这样在模板加热过程中，模样就牢牢地固定在模底板上不会产生变形现象。模样表面的表面粗糙度值为抛光 $Ra0.8\mu m$。

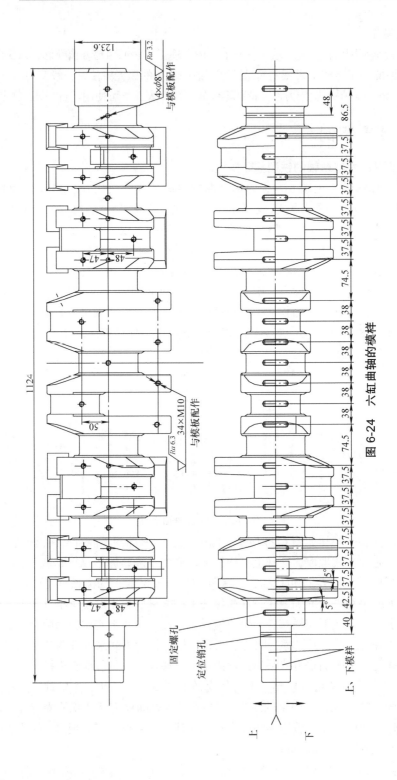

图 6-24 六缸曲轴的模样

图 6-25 所示为六缸曲轴模板总图。模板中的模底板长度为 1170mm，宽度为 580mm，厚度为 60mm，材质为 HT250。模底板采用电加热管加热，每块模底板有 6 根电加热管，每根加热管电功率为 2.8kW，从室温加热到 200℃大约需要 2h。模底板的一端装有电加热管的接线罩，将电热管接线保护起来，确保在生产过程中用电安全。从图 6-25 可以看到，模底板上开有射砂造型用排气槽，排气槽采用半圆形，半圆直径为 9mm。上模板模样的各最高点（也是铁型的射砂孔位置）处均安装有排气针，排气针的最高点到模板上平面的距离为 145mm，这样当铁型高度为 150mm 时，覆砂造型完成后，在排气针上方还会留有 5mm 的覆砂层，从而保证在浇注过程中，金属液不会从排气针中溢出。模板与铁型的定位采用两根定位销定位，定位系统中的定位销、定位销套材质为 45 钢，直径为 30mm，长孔两半圆之间距离为 6mm，定位销直径与定位套之间的定位长度为 30mm，两定位销之间的间距为 720mm，两者之间的尺寸公差为 0.08mm。定位销的高度为 148mm，小于铁型高度 2mm。模底板的底座采用分体三立柱式底座，材质为普通碳素钢，与模底板螺栓固定连接在一起，散热条件好，不易变形。

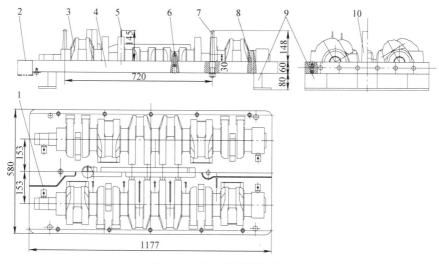

图 6-25　六缸曲轴模板总图

1—排气槽　2—接线罩　3—曲轴模样　4—上、下模底板　5—气针　6—固定螺栓
7—合型定位销　8—模样定位销　9—底座　10—浇注系统

图 6-26 所示为该曲轴的铁型。铁型外形尺寸（长 × 宽 × 高）为 1300mm × 660mm × 150mm，工作净尺寸（长 × 宽 × 高）为 1177mm × 580mm × 150mm。铁型材质为 HT250。铁型分型面为整体平面结构，背面为由多条一定厚度加强肋组成的框架结构。铁型分型面与背面形成的两个平面有平等度公差要求，两者之间公差要求为 0.1mm。铁型中曲轴型腔的覆砂层厚度为 5~7mm，浇注系统的覆砂层厚度为 12~15mm，铁型中两者型腔均为直接铸出的铸造毛坯面。在制作铁型时，一

定要注意铁型铸件的缩尺，否则将会造成铸型覆砂层厚薄不均。从图 6-26 中可以看到，该曲轴铁型型腔到铁型各个侧面的最小距离大于 30mm。铁型型腔的壁厚为 30mm，铁型背面加强肋厚度为 30mm。

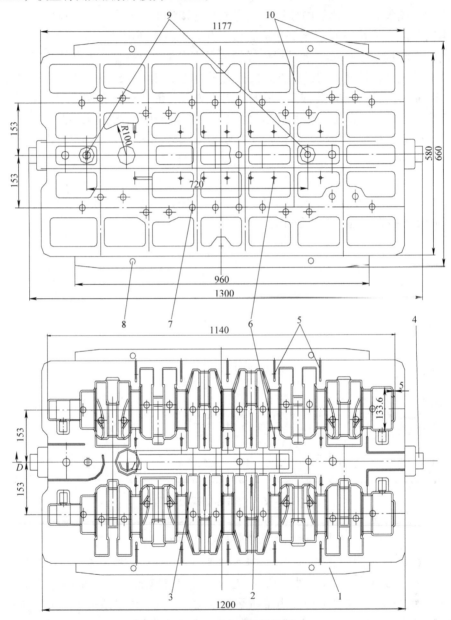

图 6-26　六缸曲轴的铁型

1—铁型输送跑边　2—铁型浇注系统型腔　3—铁型曲轴型腔　4—铸接式吊轴　5—排气槽
6—排气孔　7—射砂孔　8—锁紧螺孔　9—铁型定位销孔　10—铁型背面加强肋

　　每块铁型共有 30 个射砂孔。其中铁型中每根曲轴有 14 个射砂孔，曲轴的每个平衡块上都有一个射砂孔，均设置在平衡块的最高点或主轴颈、连杆颈的最高点；浇注系统上有两个射砂孔，射砂孔直径为 25mm。

　　铁型的排气采用排气槽排气、排气孔排气及排气槽和排气孔相结合的排气方式。从图 6-26 可以看出，铁型中曲轴平衡块靠近铁型侧面的排气采用排气槽方式，而铁型中间曲轴平衡块的排气则采用排气槽加排气孔结合的形式，排气槽采用 V 形夹角 90°，深度为 8mm；排气孔直径为 10mm。铁型跑边的厚度为 40mm，长度为 960mm。跑边的两端是带有一定斜度的引导头，防止铁型在输送过程中跑出边辊道。

　　铁型的合箱锁紧方式采用铁型吊轴锁紧加铁型跑边螺杆锁紧，即在铁型两端的吊轴上用圆环形闭式锁紧装置来锁紧上下铁型，而在铁型两边的跑边上，每个跑边用两根直径为 25mm 的螺杆将上下铁型锁紧，两根螺杆之间的间距为 580mm。

　　图 6-27 所示为该曲轴的射砂板。此射砂板为水冷结构，采用在射砂板长度方向的一端侧面两个进水口进水，另一端侧面两个出水口出水的形式，在使用时可以通水冷却，以防止射砂板上覆膜砂受热固化。整个射砂板高度为 80mm，其中的水冷水槽高度为 15mm。射砂板框架结构焊接后需经水压试验，以保证在使用过程中不漏水。射砂板整体框架结构采用碳素钢焊接而成，在其框架结构平面、侧面的相应位置安装了射砂嘴、射砂嘴盖、水嘴等。射砂嘴、射砂嘴盖的材料选用 45 钢，需进行淬火处理，以提高这两个零件的耐磨性。射砂嘴中的射砂孔直径为 15mm。射砂嘴中覆膜砂的封断采用型砂堆积角原理，射砂嘴盖下平面与射砂嘴上平面的间距为 10mm，射砂嘴盖投影面比射砂嘴孔大 20mm 以上。

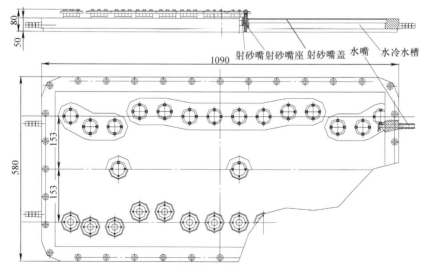

图 6-27　六缸曲轴的射砂板

图 6-28 所示为该曲轴的顶杆板。顶杆板包括顶杆安装平板和顶杆。该装置材料为碳素钢，其中杆板的厚度为 25mm，顶杆为 45 钢调质处理。顶杆板中的顶杆分为两种高度尺寸，对称平衡布置，可大大降低清理射砂孔时的顶孔压力。

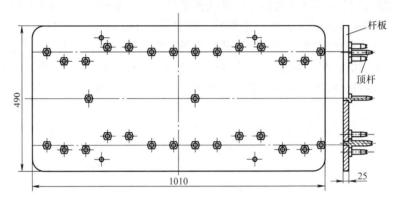

图 6-28　六缸曲轴的顶杆板

图 6-29 所示为该曲轴的落砂斗。落砂斗包括落砂斗本体、定位销、安装盖板和振击块等。落砂斗的材料为普通碳素钢，其中定位销为 45 钢调质处理。落砂斗上还有四块安装盖板，用于落砂斗安装。落砂斗本体为钢板焊接件，钢板的厚度为 20mm。为提高该件的焊接强度，焊接时需采用气体保护焊接。落砂斗本体四周为实体钢板结构，框架上部焊接有六块振击块，用于铁型振动清理时落砂斗本体与铁型底面振动碰撞；落砂斗本体的底部焊有带有一定斜度的底板，当铁型振动清理时，落下的残砂可顺着斜板落入铁型清理机下方的废砂斗中。本落砂斗有两根定位销，铁型上有两个与之对应的定位销孔，铁型在进行落砂清理时，定位销将插入铁型的定位孔中，使两者之间完全对应定位。定位销的直径为 30mm。

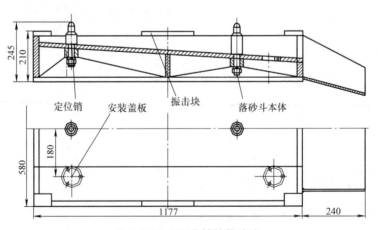

图 6-29　六缸曲轴的落砂斗

实例 2：ZH860 射芯机热芯盒的优化设计

通过该热芯盒的一些附件结构来完成，具体设计如下。

（1）模底框　对于 ZH860 制芯机热芯盒的模底框（通常简称底框或模架），较多的企业和公司沿用了制芯机使用说明书推荐的结构，如图 6-30 所示。由图 6-30 可见，传统底框结构在四侧壁上设置有数条加强肋，为使安装下顶芯杆等附件方便必须开设窗口，就只能设计为多个小窗结构。此外，其滚轮和吊轴的结构是其两个主要受力结构，均存在受力不合理的问题。

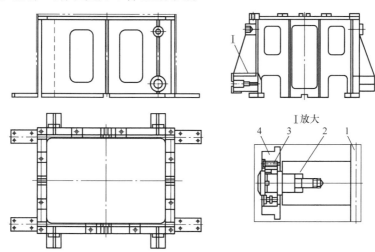

图 6-30　ZH860 制芯机使用说明书推荐的热芯盒底框结构（非优化结构）

1—底框本体　2—滚轮轴　3—轴承　4—滚轮

优化后的热芯盒底框结构如图 6-31 所示。其特点主要表现在以下几个方面：

1）内肋外光。将平整的钢板面作为四侧壁的基础面，法兰结构及加强肋内置；在保证底框总重量不变的情况下，适当增加四侧壁钢板的厚度而又适量减少加强肋的数量。

2）少肋大窗。在保证底框具有足够刚性工艺要求的前提下，尽量少设置加强肋，以及用黄金分割原理指导设计的"大窗"结构，也使四侧壁的窗口数量减少了80%。由此，既可大幅度降低制作工作量，又方便下顶芯杆等附件结构的安装，提高了工人的工作绩效。

3）受力结构合理。将滚轮轴及吊轴类受力件的连接内螺纹设计在轴上，增加（2×4 个）螺钉标准件。这样既简化了其相应零件的制作难度，更重要的是改善了相应轴的受力点，使其受力面直接作用在"轴"的主体上；同时，还可节约该类轴的用料量 20%~30%，以及节省了一定量的加工工时。

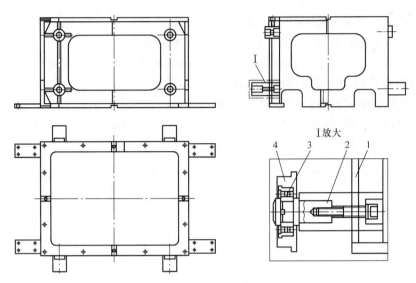

图 6-31 ZH860 制芯机热芯盒底框优化结构

1—底框本体 2—滚轮轴 3—轴承 4—滚轮

（2）射砂板导向销   在 ZH860 射芯机的热芯盒上，其射砂板（及上顶芯板）与上盒体之间各设置了一组（3 个／组）导向销（也称定位销），其作用是保证插入式射砂嘴及上顶芯杆的工作位置准确度。有的企业或公司将这种导向销设计、制作成了图 6-32a 所示的大法兰式结构。该结构的主要不足之处是用料量大、制作工作量大和标准件数量多。将其优化设计为图 6-32b 所示的柱销式结构，便可很好地克服前者的不足。达到用料少、工效高、成本低的良好技术经济效益。

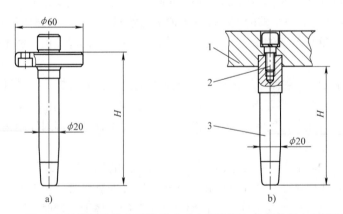

图 6-32 ZH860 制芯机热芯盒射砂板（或上顶芯板）的两种导向销结构型式

a）大法兰结构（非优化结构） b）柱销式结构（优化结构）

1—射砂板 2—螺钉 3—导向销

（3）下顶芯板的垫板吊柱　对 ZH860 射芯机热芯盒下顶芯板上的垫板吊柱，一些企业或公司将其设计为图 6-33a 所示的双头螺纹结构。将图 6-33a 所示的双头螺纹结构与图 6-33b 所示的套筒式优化结构相比，前者存在的主要不足有以下几点：

1）用料多。前者的材料有效利用率不到 40%，而后者则可达到 80% 以上，前者是后者的 2 倍以上。

2）制作工作量大。前者的切削等制作工作量也成倍高于后者。

3）操作难度较大。前者的安装、维修等操作难度也大于后者。

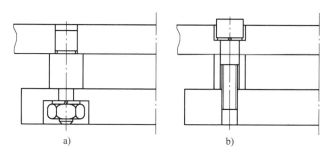

图 6-33　ZH860 制芯机热芯盒下顶芯板一垫板吊柱的两种结构

a）双头螺纹式结构（非优化结构）　b）套筒式结构（优化结构）

（4）下顶芯杆及其压板　热芯盒所用的下顶芯杆及其压板结构在各企业或公司可谓是多种多样。有的企业或公司是在 ZH860 射芯机热芯盒上采用了图 6-34a 所示的过孔 - 单卡板式下顶芯杆及其压板结构。将图 6-34a 所示的过孔 - 单卡板式下顶芯杆及其压板结构与图 6-34b 所示的优化后单个压板式结构进行比较，不难发现：前者的结构复杂于后者，前者的操作难度也大于后者，前者的工作可靠性低于后者。因此，热芯盒下顶芯杆及其压板的优选结构为图 6-34b 所示的单个压板式结构。

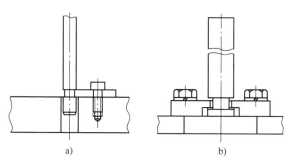

图 6-34　ZH860 制芯机热芯盒下顶芯杆及压板的两种不同结构

a）过孔 - 单卡板式结构（非优化结构）　b）单个压板式结构（优化结构）

6.5　本章小结

　　铁型覆砂铸造的特点决定了铁型覆砂铸造工装的种类和设计都不同于普通砂型铸造工装。通过本章的阐述，进一步了解了铁型覆砂铸造工装中模板、铁型、射砂板、落砂装置、铁芯覆砂芯盒等工装的设计方法及需要注意的问题。模板、铁型两者之间的定位方式，对铁型覆砂铸造生产的铸件精度起十分关键的作用。铁型覆砂模板、铁型的排气方式及结构的设计与选择对铁型覆砂铸件的内外在质量影响很大。铁型覆砂铸造模样的制造主要通过数控加工、特种加工和磨削、抛光完成。

第7章 铁型覆砂铸造的生产线设备及车间设计

随着铁型覆砂铸造技术的大量应用，铁型覆砂铸造生产方式也从最初的单机覆砂造型发展为机械化或简单机械化生产线。铁型覆砂铸造生产线是在生产工艺流程的基础上，根据铸件材质、批量和铸造工艺的要求进行设计。各类生产线的布置形式、主机结构、辅机结构、输送方式、控制要求都有较大差异，属于非标生产线。近年来，随着产业升级和人工成本的增加，对生产线的自动化程度要求越来越高，铁型覆砂铸造生产线在机械化、自动化方向的发展也比较快，已基本上可以满足企业的不同要求。以铁型覆砂铸造为主要生产工艺的铸造车间、铸造企业在我国也比较多，结合铁型覆砂铸造特点的车间设计也有一定的特殊性。

本章主要介绍铁型覆砂铸造生产的工艺流程、生产线种类、主要配套主辅机及铁型覆砂铸造车间的设计等。

7.1 铁型覆砂铸造生产工艺流程

铁型覆砂铸造生产的工艺流程如图 7-1 所示。其主要包括覆砂造型、合箱、浇注、冷却、开箱、出铸件、铁型清理等工序，主要工艺及对设备的要求简述如下。冷却过程一般在输送辊道上完成，没有专用设备，因此不再单独阐述。

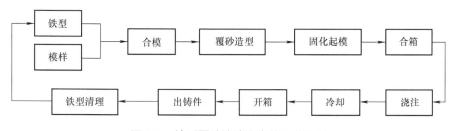

图 7-1 铁型覆砂铸造生产的工艺流程

7.1.1 覆砂造型及对设备的要求

覆砂造型就是对铁型型腔内覆上一层型砂形成铸型的过程，是铁型覆砂铸造的关键工序，它直接影响到生产的全过程和铸件的质量。大批量生产的覆砂造型采用覆膜砂射砂填充、热固化成型方式，其原理与热芯盒制芯类似，但整个填充过程更加复杂。覆砂造型对设备的主要要求如下：

1）根据造型原理实现覆砂造型功能，在结构上要满足生产线的布置和模板工装的要求，确保造型机在实现需要功能的同时具有合理的结构。其主要受力结构件可采用仿真软件进行强度校核、优化。

2）压缩空气压力、流量可控，确保射砂过程平稳连续；根据单次覆砂所需覆膜砂重量、铁型形状设计射砂头的形状和高度。可借助射砂数值模拟软件进行优化设计。

3）选择开合型的驱动方式（气动、气压油、液压）和速度，确保开合型过程平稳，保证模板和铁型的平行度；在射砂的瞬间保证足够的合型压力，以免在压缩空气作用下模板和铁型分型面、铁型和射砂板接触面产生喷砂。

4）造型机要配置可靠的加砂系统，确保射砂时加砂通道完全封闭，防止覆膜砂泄漏。

5）造型机控制系统包括造型动作控制和模板加热控制；根据造型过程和特定铸件的造型工艺，造型机动作控制有气控或电控两种可选方式，但必须明确各动作的逻辑关系和安全自锁，确保造型机运转稳定、安全、可靠。模板温度要控制在合适温度范围内，保证覆膜砂固化质量。

6）为了便于操作和实现自动化，造型机可配备快速换模系统、自动加砂系统、铁型输送系统和铁型定位系统等。

7.1.2　合箱及对设备的要求

合箱是将造完型的上、下铁型合在一起的过程。合箱前，如果需要放置型芯，则先下芯，然后根据需要略加修整，清除浮砂；按照工艺要求有时需要在浇注系统的分型面上放置过滤网。上下铁型通过定位销进行定位，合箱后通过箱扣锁紧。合箱不当会影响铸件的质量，如铸件会发生错边、飞边等缺陷，还可能造成型芯的损坏而导致废品，因此合箱是铸造中的一个重要环节。合箱对设备的主要要求如下：

1）合箱机定位要准确。可通过两种方式实现：一种是要求上下铁型绝对定位准确，一般通过一套定位系统分别对上、下铁型进行定位，并要求上、下铁型的定位块加工尺寸精确；另一种是下铁型固定，上铁型置于可浮动装置上，上、下铁型初定位后通过定位销和定位套实现精确定位。

2）合箱机升降要平稳，升降速度可调。铁型提升速度可以快一些，但在上下铁型快接触或型芯头接触时，速度要慢一些，以免铁型碰撞造成冲击，覆膜砂跌落或型芯头破损。

3）在合箱机上要保证上、下铁型的分型面保持平行。

7.1.3　浇注及对设备的要求

浇注是将处理好的符合工艺要求的金属液注入型腔的过程。铁型覆砂的浇注过程与普通砂型浇注过程有一些差异，对浇注设备也有一些特殊要求。浇注对设备的主要要求如下：

1）为便于浇注，一般在上铁型直浇道处放置浇口杯。浇口杯除了有利浇注外，有时也设计成过滤式，起净化金属液的作用，还可以增加压头，有利于充型和补缩。由于铁型的限制，一般要求浇口杯中金属液刚刚冷却凝固时及时铲除，否则等浇口杯金属冷却到有强度后则很难去除，会影响下一步的开箱过程。

2）一般采用大包直接浇注，可以人工浇注也可以采用浇注机浇注。人工浇注采用行车或单轨吊移动浇包浇注。浇注机一般采用可移动、倾转式。浇注速度要求先慢、再快、最后再慢，浇注过程尽量保证浇口杯内金属液充满，不要有断流现象出现。对于节拍固定的磨球生产线，也可采用保温底注式浇注机浇注。

3）铁型覆砂浇注过程中要注意引火，以利于排气和减少有害气体排放。引火一般采用人工，如果采用浇注机，可以在浇注机上设置自动点火装置。

7.1.4　开箱及对设备的要求

开箱是将上下铁型打开，取出铸件的过程。开箱前必须再次检查上铁型表面浇口杯是否铲除干净，是否有超出直浇道直径的浇口存在，否则无法开箱。开箱一般采用提起上铁型，铸件留在下铁型，在下一工位通过翻转倾倒或夹取的方式取出铸件。开箱对设备的主要要求如下：

1）当采用开箱机时，由于热胀冷缩的原因有可能造成铸件卡住，开箱所需要的拉力比较大，开箱机的升降缸需要有足够的提升力。升降缸若采用气缸，往往会产生瞬间的冲击，对要求较高的生产线建议采用液压缸。

2）按照一般生产工艺，开箱时下铁型不动，上铁型被提起，铸件留在下铁型。因此，开箱机需要设置下铁型限位机构、铸件限位机构。如果采用可移动的铸件限位机构，对气缸、气管等要做好热防护措施。

3）开箱机结构刚性要好，升降要平稳。

7.1.5　铁型清理、调温及对设备的要求

铁型清理是将铁型型腔和射砂孔内的残砂及分型面、铁型背面清理干净的过程，调温是调节铁型温度，以便再次覆砂的过程。铁型清理是铁型覆砂铸造特有的一个过程，也是工艺上的难点，特别是型腔内残砂的清理。由于型腔结构复杂，而且部分型砂可能没有烧透、溃散性差，目前主要是通过振动去除，而且必须结合人工清理，对铁型也有一定的损伤。调节铁型温度包括加温和降温两种，加温一般采用火焰加热，也有的采用中频电磁感应加热；降温一般采用自然冷却、风冷、喷雾

喷水等方法。铁型清理、调温对设备的主要要求如下：

1）将铁型型腔和射砂孔内的残砂尽量清理干净，减少人工清理的工作量。

2）清理过程中要尽量减少对铁型的损伤和磨损，减少对铁型寿命的影响。

3）当采用振动落砂时，要采用适当的隔声措施，减少噪声影响。

4）调温要求型腔内温度尽量保持均匀，降温过程中尽量减少激冷，以免造成铁型变形或开裂。

7.1.6　铁型输送及对设备的要求

铁型输送是实现铁型从一个工作位置转移到下一个工作位置，最终实现铁型在生产线上循环使用的过程。铁型的分型面不宜直接与输送器接触，因此铁型一般利用跑边在辊道的边辊轮上移动，也有在滚子链上移动的；在浇注段，铁型也有用循环浇注小车输送的。铁型输送的动力有人工推拉、重力、电动机、推缸等。铁型输送对设备的主要要求如下：

1）输送平稳，减少振动，减小输送阻力。

2）避免铁型与铁型、铁型与限位装置的撞击。

3）利用各类定位装置、传感器，实现精确定位。

7.2　铁型覆砂铸造生产线及分类

7.2.1　铁型覆砂铸造生产线的特点及要求

按照铁型覆砂铸造生产的工艺流程，通过布置造型主机、各类辅机和输送设备形成生产线，实现铸件生产。铁型覆砂铸造区别其他铸造的最大不同是砂箱采用铁型，不同铸件的铁型一般不能通用；从成本上考虑，单一产品配置的铁型不能太多；生产中铁型需要循环使用，同时铁型重量比较大，适合采用机器操作。因此，铁型覆砂技术用于批量铸件的生产一般都采用生产线形式。生产线是铁型覆砂铸造技术的重要组成部分，是该技术应用推广的保障条件。铁型覆砂生产线的主要特点及要求如下：

1）铁型覆砂工艺采用覆膜砂热固化完成，需要利用铁型浇注后的余热，因此铁型覆砂铸造生产线的正常生产循环都是从浇注开始，造型合箱后结束。

2）铁型循环使用，设备布置紧凑，生产线占地面积小。

3）铁型覆砂铸造生产线机械化、自动化程度不同，生产线投资相差比较大，可根据企业实际情况选择。

4）根据生产的铸件品种、批量不同，生产线的布置形式和部分单机结构会有不同，生产线的形式变化比较多。

5）采用热固化造型，造型效率不高，解决办法是设计多工位造型机，或者在生产线上布置多台造型机。

6）生产线一般采用断续浇注，当生产球墨铸铁件时，浇注时间比较短，为了保证生产率，生产线布置要处理好连续造型与断续浇注的衔接。

7）除了设计铁型与每型铁液的重量比外，生产线设计也要考虑铁型浇注完到造型的移动节拍，使造型的铁型温度处于适合的范围内。

7.2.2　铁型覆砂铸造生产线的分类

铁型覆砂铸造生产线根据铁型输送形式分为刚性生产线和柔性生产线。刚性生产线一般是由连续式或脉动式铸型输送机组成的环状生产线，目前除了部分铸造磨球生产线外，很少被应用。图 7-2 所示为刚性磨球铸造生产线。这类生产线中的各工序按照确定的节距、统一的节拍循环进行，主要适用于大批量铸件生产，同时必须满足连续浇注的要求。刚性生产线由于输送设备简单，自动化程度高，具有运行效率高、故障率低、动力消耗低等优点，但需要的铁型数量较多，模样投入成本高；一旦某个工序发生故障，会造成全线停止运行，严重的可能会造成大量清理后的铁型得不到及时造型而冷却，需要再加热才能造型，生产线再次开动需要花较长的时间。柔性生产线是由各类间歇式铸型输送机组成直线布置的生产线，是目前铁型覆砂的主流生产线形式。这类生产线布置灵活，根据产品特点、生产纲领等可以有多种布置，铁型配置数量较少，生产节拍要求不高，各工序之间的故障影响相对小一些。柔性生产线根据机械化程度不同，可分为简单机械化生产线、半自动化生产线和自动化生产线。

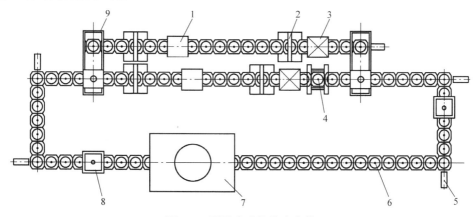

图 7-2　刚性磨球铸造生产线

1—造型机　2—翻箱机　3—铁型清理机　4—出铸件机　5—推箱机构　6—生产线布置的铁型
7—保温浇注炉　8—开箱清理机　9—移动开合箱机

1. 简单机械化生产线

简单机械化生产线主要由造型机、合箱机、翻箱机、开箱机、铁型清理机、转向机、过渡小车和输送辊道组成，一般采用直线布置，通过转向机或过渡小车连接起来。简单机械化生产线中的单机设备一般采用气动驱动、手动阀控制，部分生产线的造型机有简单的单机电控，铁型在生产线上的移动全部采用人工推动方式。早期简单机械化生产线的典型布置如图7-3所示。双工位造型机布置在生产线一头，四周环绕辊道，通过转向机连接起来，上下铁型分两个方向进入造型机。优点是上、下铁型可以不同步造型，但铁型转向多，人工操作劳动强度大。目前，简单机械化生产线的典型布置如图7-4所示。将双工位造型机设计为通过式，布置在直线段上，上下铁型按次序从一头进入，造型后从另一头出来。铁型输送简化，降低了劳动强度。配置单台双工位造型机或两台单工位造型机的简单机械化生产线生产率为20~25型/h，电功率为30kW，配套3~6m³/min的空压机，人员需求7~8人。简单机械化生产线具有设备数量少、投资少、见效快、通用性好、维护方便等优势，在我国铸造行业中小企业多、装备水平普遍较低的环境下，受到企业的欢迎，近三十多年来得到大量应用，为铁型覆砂的普及发挥了重要作用。图7-5所示为简单机械化生产线实例。

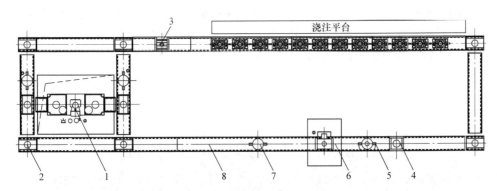

图7-3　早期简单机械化生产线的典型布置

1—双工位造型机　2—转向机　3—合箱机　4—开箱机　5—出铸件机
6—铸型清理机　7—翻箱机　8—输送辊道

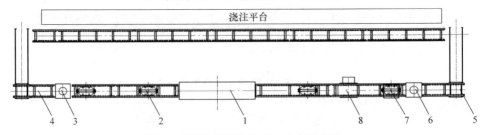

图7-4　简单机械化生产线的典型布置

1—造型机　2—翻箱机　3—合箱机　4—输送辊道　5—过渡小车
6—开箱机　7—出铸件机　8—铁型清理机

图 7-5　简单机械化生产线实例

近年来，铸造行业在环保、节能、用工紧缺等大环境要求下，不断向集约化方向发展，简单机械化生产线由于劳动强度大，现场生产环境较差，选择应用此类生产线的企业在不断减少。

2. 半自动化生产线

为了适应市场需求，改进简单机械化生产线的主要不足，增加设备的自动化程度，半自动化生产线应运而生。半自动化生产线通过对生产线上主要设备进行自动化改造或重新设计，实现单个单元（工序）自动化运行，再将各单元（工序）组合成生产线，形成半自动化生产线。与简单机械化生产线相比，半自动化生产线减轻了劳动强度，改善了劳动环境。另外，半自动化生产线自动化控制系统相对简单，对维护检修的要求不是特别高，很适合现阶段我国铸造企业的应用，已成为铁型覆砂铸造生产线的主流形式。由于生产不同铸件的铁型尺寸、数量不同，要求的生产率不同，半自动化生产线的布置形式会根据实际需要有多种形式。

图 7-6 所示为某曲轴半自动化铁型覆砂铸造生产线布置。该生产线是由浙江机电院设计制造的国内最早的半自动化铁型覆砂铸造生产线，用于四缸、六缸柴油发动机曲轴铸件的生产。生产线上布置有两条独立的铁型清理和造型线，各配置 1 台双工位造型机，可以实现同时生产两个品种的铸件；合箱、开箱设计在公用段上；采用循环浇注小车，通过两端配置提升机，自动实现铁型在辊道与小车之间的变轨。每个设备单元通过 PLC 控制，可以实现自动运转；设备之间通过机动辊道、有一定斜度的无动力辊道及无动力辊道加推缸等多种形式连接成线。生产线采用电、气、液 3 种驱动方式：①电动小车和翻箱机及机动辊道采用电动机驱动；②变轨系统采用液压驱动；③其余设备均采用压缩空气驱动。控制方式：全线设置 6 个 PLC 控制子站和 1 个监控主站，子站与主站之间采用高速总线连接组成控制网络，主站计算机记录全部运行过程并可查询。所有设备均有手动与自动两种运行方式，单台或多台设备的手动运行不影响其余设备的自动运行。图 7-7 所示为该生产线建成后的实景照片。

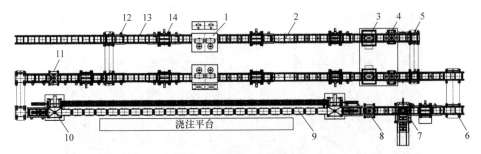

图 7-6 曲轴半自动化铁型覆砂铸造生产线布置

1—造型机　2—调温装置　3—振动落砂机　4—射砂孔清理机　5—单型过渡小车
6—双型过渡小车　7—出铸件机　8—开箱机　9—浇注平车　10—升降机
11—合箱机　12—机动辊道　13—无动力辊道　14—翻箱机

图 7-7 曲轴半自动化铁型覆砂铸造生产线实景照片

该生产线的主要设计参数：

1）生产率：25~30 型 /h，造型生产率 40 型 /h。

2）生产线最大容纳铁型数量 40 套，最佳配置数量是 25~30 套。

3）公用配套：压缩空气消耗量为 15m³/min，压力为 0.6MPa；电功率为 60kW；冷却水最大流量 5m³/h。

4）生产线占地（长 × 宽）：52m×9.0m。

此类生产线在实际运行中也出现一些不足：

1）工艺路线布置烦琐影响生产率，虽然自动化程度提高了，但生产率不高。

2）铁型输送需要人工干预较多，特别是斜辊道设计，斜度太大，造成铁型对设备冲击太大；斜度太小，铁型无法自动向前移动。机动辊道输送时，铁型有时被卡住，造成铁型跑边磨损，需要人工监视。

3）两个品种的铁型需要人工进行分箱操作，以便进入各自的清理造型段。

4）生产线检测开关比较多，环境恶劣条件下稳定性差。

为了提高生产率，减少投资，半自动铁型覆砂铸造生产线在实际应用中不断得到完善。图 7-8 所示为一种适应重载卡车制动鼓铸件大批量生产的半自动铁型覆砂铸造生产线的布置形式。生产线由两条造型线、一条开箱清理线和一套浇注循环线组成。铁型运转线路有了简化，采用链式驱动的长距离推箱系统代替原来的斜辊道。该生产线的主要参数：

1）生产线设计生产率为 30 型 /h（分两包浇注，隔半小时浇注 1 包）。以三班制实际工作 20h，每月 25 天计，月产 30×20×25=15000 件。以每型铁液需求量 70kg 计，每小时需要铁液 2100kg。

2）采用柔性输送，适合多品种批量生产。一条线可以同时生产两个品种制动鼓，单个品种配铁型 25~30 副。适用铁型尺寸（长 × 宽）为 640mm×640mm。

3）电功率为 120kW，压缩空气消耗量为 6m³/min，压力 0.55MPa；循环冷却水流量最大 5t/h。

4）生产线占地（长 × 宽）为 38m×10m。

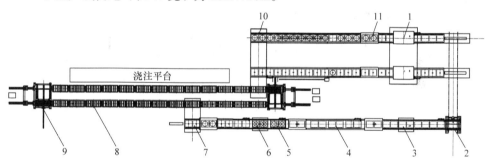

图 7-8　制动鼓半自动化铁型覆砂铸造生产线的布置形式

1—造型机　2—合箱转箱机　3—调温装置　4—输送辊道　5—下型清理机（出铸件）　6—上型清理机
7—开箱移箱机　8—浇注平车　9—变轨循环系统　10—合箱移箱机　11—翻箱机

如果生产纲领可以得到满足，也可采用单造型机布置的生产线，这样的生产线物流更加顺畅。图 7-9 所示为典型的单造型主机半自动化铁型覆砂铸造生产线，图 7-10 所示为建成的生产线照片。该生产线用于轴承盖的制造，属于小件大批量生产方式。生产线布置了一台双工位造型机，在造型至合箱段采用刚性节拍输送，并且将合箱功能整合到移箱机上，简化了铁型输送设备，提高了自动化程度。为保证浇注段和造型段有较好的匹配，结合工艺要求，在浇注段前后设计了存储段，确保分时浇注与连续造型之间的匹配。该生产线运转顺畅，生产率有了较大提高。

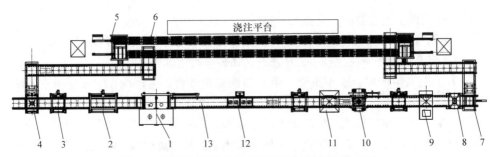

图 7-9　单造型主机半自动化铁型覆砂铸造生产线

1—造型机　2—双型翻箱机　3—单型翻箱机　4—合箱移箱机　5—变轨循环系统
6—浇注平车　7—移箱机　8—开箱机　9—出铸件机　10—射砂孔清理机
11—振动清理机　12—调温装置　13—输送辊道

图 7-10　轴承盖半自动化铁型覆砂铸造生产线照片

该生产线的主要参数：

1）生产线生产率为 25 整型 /h。

2）生产线每半小时浇注 1 次，每次浇注 10 箱，从开始浇注计 18min 后开箱。

3）整线电功率约为 100kW。

4）配置上下铁型 35 副。

图 7-11 所示为某制动盘半自动化铁型覆砂铸造生产线。采用双造型机布置的更为简化模式，浇注段不用浇注小车，直接在辊道上浇注，将所有生产线主辅机都布置在一侧，设备之间距离根据工艺要求尽量缩短，便于铁型输送。浇注辊道一侧分为三部分，第一部分为合箱后铁型储存，第二部分为浇注段，第三部分为浇注后的冷却段，同样可实现分时浇注和连续造型的节拍匹配。浇注段铁型输送设计长距离的侧面输送机构，可防止铁液对送箱机构的破坏。该生产线进一步减少了设备数量，可以减少建设成本。但由于浇注段不能设计太长，生产率不高，一般用于中等批量的中小铸件生产。

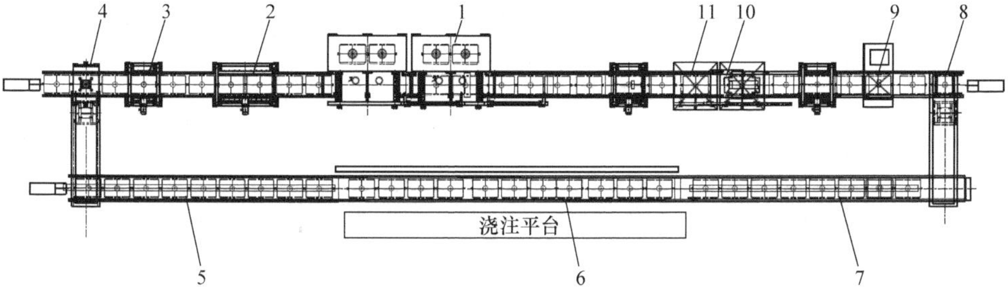

图 7-11　某制动盘半自动化铁型覆砂铸造生产线

1—造型机　2—双型翻箱机　3—单型翻箱机　4—合箱移箱机　5—储存辊道　6—浇注辊道
7—冷却辊道　8—开箱移箱机　9—出铸件机　10—射砂孔清理机　11—振动清理机

该生产线用于生产汽车制动盘铸件，主要参数如下：

1）生产率约为 20 整型 /h。

2）适用铁型尺寸（长 × 宽 × 高）为 1200mm × 740mm × 120mm。浇注段设 11 个浇注位置。

3）整线最大电功率约为 40kW，压缩空气消耗量为 2m³/min。

4）生产线占地（长 × 宽）为 40m × 5.5m。

3. 自动化生产线

自动化生产线是在半自动生产线进一步发展的基础上形成的，主要特点是人工不参与直接操作，具有生产率高、用人少和改善劳动环境等优点。随着我国制造业的转型升级，劳动力的减少，工作环境恶劣下的铸造行业对自动化生产线的需求越来越大。

铁型覆砂铸造自动化生产线是集光、机、电、液、气、仪为一体的生产线，为了实现可靠性，对定位精度、检测信号都要求较高。自动化生产线要求铁型必须标准化，工艺稳定，才能保证生产的节拍，实现连续生产，因此一般要求生产的铸件是单一大批量的。另外，自动化生产线由于投入大、维护要求和成本较高，在我国铸造产业还比较分散的环境下，选择自动化生产线的企业还不多，铁型覆砂铸造自动化生产线的应用还处于刚刚起步阶段。

图 7-12 所示为浙江机电院为国内某企业设计制造的斗齿自动化铁型覆砂铸造生产线。为了确保铁型输送和定位，生产线分成了四段，每段铁型的输送都是刚性的。在生产线一头布置一台四工位转台式造型机，可生产同一品种铸件（配置两套模板），也可交替生产两种铸件（但必须通用射砂孔位置）。生产线采用严格的节拍生产，因此必须配套相同节拍的浇注机，一般为带保温的自动浇注机，因此该生产线不适合生产球墨铸铁铸件，否则浇注时间太长会造成球化衰退。生产线控制系统的网络结构采用经典三级控制网络体系，即现场级、控制级、车间级三层网络结构。

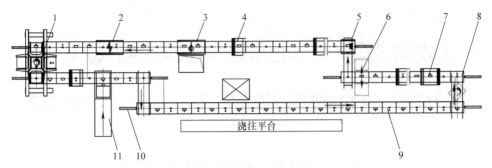

图7-12 斗齿自动化铁型覆砂铸造生产线

1—四工位转台式造型机 2—铁型加热装置 3—铁型冷却装置 4—翻箱机 5—移箱机
6—铁型清理机 7—开箱机 8—移箱转向机 9—输送辊道 10—推箱装置 11—合箱机

该生产线的主要参数：

1）生产率为40整型/h。

2）铁型有效尺寸（长 × 宽）为860mm × 700mm，铁型外围尺寸（长 × 宽）为1000mm × 800mm，铁型高度为120~160mm，跑边宽度为40mm；铁型数量为46副。

3）整线电功率约为370kW，压缩空气消耗量为4.5m³/min，工作压力为0.6MPa；冷却水水压为0.1~0.3MPa，配置循环冷却水。

4）生产线配置集中液压站，压力稳定，能耗低。液压泵及电动机用一备一，克服因故障停机的情况。

由于铁型覆砂铸造生产线布置形式受生产的铸件结构、材质、批量等影响，随着应用的增加，全自动化生产线的布置形式还有很多，需要广大科研工作者和设备制造商不断去完善和创新。

7.3 铁型覆砂铸造生产线发展前景

全球新一轮科技革命和产业变革的加紧孕育兴起，与我国制造业转型升级形成历史性交汇。智能制造在全球范围内快速发展，已成为制造业的重要发展趋势，对产业发展和分工格局带来深刻影响，推动形成新的生产方式、产业形态、商业模式。智能制造是基于新一代信息通信技术与先进制造技术的深度融合，贯穿于设计、生产、管理、服务等制造活动的各个环节，具有自感知、自学习、自决策、自执行、自适应等功能的新型生产方式。我国是铸造大国，智能铸造一定是未来转型升级的重要方向之一。铸造智能化目标是实现铸造各阶段的自感知、自决策和自执行，体现为机器人、传感器、数字化制造技术的普遍应用。

铸造智能化发展途径的重点体现在以下几个方面：

1）铸造成型全过程计算机工艺模拟与优化。

2）数字化、智能化铸造机械和生产线。

3）机器人在熔炼、浇注、造型、制芯、上涂料、精装等工艺中得到广泛应用。

4）在生产过程中大量应用在线监测技术及管理信息系统。

5）快速造型、制芯、模样加工等快速制造技术。

6）数字化铸造车间。

铁型覆砂铸造的智能化特色主要体现第 1）和第 2）点，目前铁型覆砂铸造计算机工艺模拟与优化已经比较成熟，而数字化、智能化的机械和生产线目前还基本没有，或者说铁型覆砂铸造装备正在向全自动化阶段发展，离智能化还有一定的距离。

7.4　铁型覆砂铸造生产线的关键设备

7.4.1　覆砂造型机

覆砂造型机用于对铁型内腔覆砂造型，形成浇注用的型腔。一般利用压缩空气将覆膜砂吹射入铁型与模样形成的空间，通过压缩空气使覆膜砂填充紧实，利用覆膜砂加热固化后起模完成造型。覆砂造型机是铁型覆砂铸造的最关键设备，覆砂质量直接关系到生产率和铸件的质量，因此一般也称为造型主机。

在二十世纪七八十年代，为了满足批量生产的要求，参照热芯盒射砂的原理，通过改造 Z8625 射芯机作为造型机用，但此类造型机的射芯机结构、刚性、射砂量等有很大限制和不足，无法满足大批量、大尺寸铁型造型生产的要求。进入二十世纪九十年代，浙江机电院研制开发了 2ZF25 双工位覆砂造型机。该造型机是国内首台铁型覆砂专用造型机，采用两工位穿梭式上起模形式，较好地解决了造型质量和效率的问题，与当时开发的简单机械化生产线配套，为实现批量生产提供了条件。正是该造型机的研制，推动了铁型覆砂铸造工艺的推广，以该造型机为核心组建的铁型覆砂铸造生产线成了当时的标准线。近十多年来，随着铁型覆砂铸造在许多大中型企业的应用和我国用工环境的变化，对生产线的自动化水平要求越来越高，以造型机为中心的铁型覆砂生产线有了很多的创新，研制了适合不同生产条件下的覆砂造型机。2015 年，由浙江机电院负责起草的 JB/T 12281—2015《铁型覆砂造型机》发布并实施，进一步规范了造型机的型号参数、质量要求。按照该标准，覆砂造型机主要从工位数分为单工位、双工位和四工位，主要参数见表 7-1。除该表中所列参数外，造型机的一次最大覆砂量、适用铁型大小和自动化程度等也是重要的参数。造型机的生产率主要受覆膜砂固化时间限制，一般固化时间为 2~3min，单工位造型机造型效率为型 20/h 左右；若要提高效率，一般只能增加工位数。

表 7-1　覆砂造型机的主要参数

工位数	生产率 /(型 /h)	工作气压 /MPa	起模缸行程 /mm	起模最大力 /kN	顶升最大力 /kN
一（单）工位	20 个单型	0.6	≥ 400	≥ 74	≥ 74
二（双）工位	20~25	0.6	≥ 160	≥ 28	≥ 115
二（双）工位 A	15~20	0.6	≥ 400	≥ 74	≥ 74
四工位	30~35	0.6	≥ 400	≥ 74	≥ 74

1. 单工位覆砂造型机

单工位覆砂造型机是指只有一套开合型机构和一套射砂机构的造型机。造型一般采用上下分型造型，因此在实际应用中，单工位覆砂造型机成对布置，分别用于上、下铁型的造型。单工位造型机的主要形式有两种，即 Z8625 射芯机改造的覆砂造型机和后续研发的四立柱专用覆砂造型机，如图 7-13 所示。都是为了适应最初简单机械化生产线布置的要求，上下型可以不同步造型，生产比较灵活，而且造型机结构简单，制造方便，操作简单；同时，单工位覆砂造型机由于生产率低，用人多，随着生产线自动化程度的要求越来越高，此类造型机已很少使用，目前主要应用在一些较大型的铸件生产。由于铁型太大，从造型机的机构设计要求上采用单工位设计，但一般在生产线中两台单工位

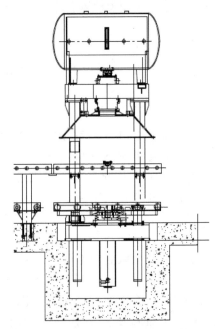

图 7-13　四立柱专用覆砂造型机

串联布置。四立柱覆砂造型机射砂头可以采用固定式，也可以采用移动式。

2. 双工位覆砂造型机

双工位覆砂造型机是指带有两套开合型机构和一套（或两套）射砂机构的造型机，可以同时对两个铁型进行造型，一般是上下铁型，从而实现整型同时造型。双工位造型机也有两种形式，第一种是由浙江机电院研制开发的 2ZF25 双工位覆砂造型机（见图 7-14），该造型机由两个开合型机构和一套射砂机构串联布置，铁型合型后通过穿梭小车移动到中间的射砂头进行射砂，射砂完毕再退回到开合型工位等待固化起模，此类造型机的射砂头是固定的。起初该类造型机采用上起模形式，起模力大，后改为下起模形式。该类造型机主要应用在简单机械化生产线中，一般采用手控阀门控制，操作比较简单，但自动化程度比较低，目前使用也越来越少。第二种是射砂起模为独立单元的双工位覆砂造型机（见图 7-15），即开合型机构和射

砂机构组成独立单元，双工位造型机就有两套这样的单元分别安装在造型机上下梁上，上下梁采用多个立柱连接组成完整的一台造型机。为了与生产线配置相适应，造型机又分为射砂头可移动式、辊道架可移动式等不同形式。此类造型机造型效率高，开合型平稳，可以适应不同生产线工况，已成为目前各类铁型覆砂铸造生产线上最常用的造型机。

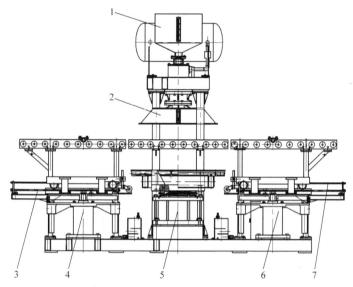

图 7-14　2ZF25 双工位覆砂造型机

1—砂斗　2—射砂头　3—左移动缸　4—左开合型机构　5—射砂定压缸
6—右开合型机构　7—右移动缸

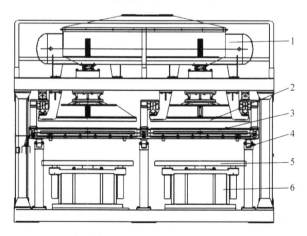

图 7-15　射砂起模为独立单元的双工位覆砂造型机

1—混砂系统　2—射砂板　3—铁型　4—移动导轨　5—模样　6—升降缸

3. 四工位覆砂造型机

四工位覆砂造型机是由四套开合型机构和射砂机构组成独立单元的造型机，是双工位覆砂造型机的扩展。四工位覆砂造型机主要为了适应大批量高效生产情况下的造型要求，目前主要应用于如制动鼓、磨球等铸造线上。图 7-16 所示为制动鼓铁型覆砂造型机。其特点是铁型高度尺寸大，但长宽尺寸不是很大，因此造型机的起模行程较大，但造型机总体长度并不是很大，在结构设计和制造上没有特别的要求。当工作时，上下铁型交替送入，可以同时完成两个整型的造型，效率比双工位要高许多。但由于一次送入四个铁型，往往与合箱、开箱的节拍不同，因此不适合用于自动生产线上。

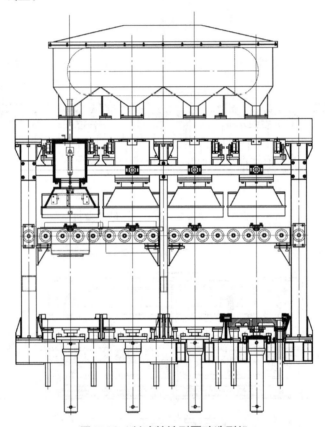

图 7-16   制动鼓铁型覆砂造型机

近年来，随着铁型覆砂铸造生产线自动化程度的不断提高，为了满足自动化要求，一些非标造型机也有出现。图 7-17 所示为一种转盘式四工位覆砂造型机。它结构原理完全不同于上述四工位造型机，是将造型过程中的四个工序，即合型射砂、固化、开模和模样清理分别在四个工位上完成。该造型机配置两套模样，生产率为 40 型 /h 左右。

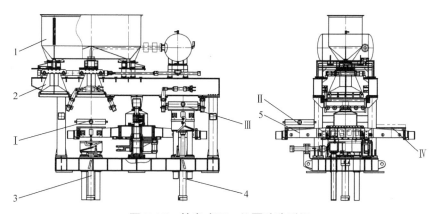

图 7-17　转盘式四工位覆砂造型机

Ⅰ—合型射砂工位　Ⅱ—固化工位　Ⅲ—开模工位　Ⅳ—模样清理工位
1—砂斗　2—射砂头　3—合型缸　4—开型缸　5—回转梁

经过多年的发展，覆砂造型机在功能和局部机构上也有了不断的改进，下面介绍主要的几种机构及其主要特点。

1. 开合型机构

开合型机构是造型机上最重要的机构之一，是除射砂机构外影响造型效果和质量的主要机构。开合型机构主要由驱动缸、导杆组成的升降机构和固定在上面的工作台组成，铸件的模板通过底座安装在工作台上，实现上下运动。从开合型机构的功能上要求必须具备足够的顶升力、起模力、升降平稳性、中位可停（固化）。开合型机构有气缸、气压液压缸和液压缸等三种结构，可根据铁型尺寸的大小、起模平稳性要求和投资的大小选择。气缸结构的开合型机构结构简单，升降速度快，维护要求低，投资少，但起模的平稳性差。由于开合型机构要求的顶升力都比较大，缸径也较大，一般为 400~600mm，因此整个缸的体积较大。气压液压缸的开合型机构适用于铁型尺寸中等、起模要求平稳等工况。气压液压缸是用压缩空气推动油液，由油液推动活塞及活塞杆移动的动力缸，其设计原理就是帕斯卡定律。气压液压缸相对液压缸造价低、结构简单，可以实现开合型的平稳运行，但当要求较大开合型力时，或者需要承担射砂时的顶升压力时，气压液压缸的体积就会很大，成本也高了，因此也是不适合的。

液压缸的开合型机构可以适用于各种工况，但铁型较小时，一般还是采用气缸比较经济。液压缸一般采用 YG（YHG）型冶金设备标准液压缸，采用中低压力，缸径为 160~200mm。该结构的开合型机构需要另外设计底座，用于液压缸的固定和工作台的导杆安装导杆座，也可以直接利用造型机底座。

2. 射砂机构

射砂机构包括气包、进气开关阀、射砂筒、导砂筒、射砂头、射砂板以及连接结构和密封机构。按照射砂头是否可移动分为两种类型。可移动射砂头机构也是来自射芯机，射砂头在射砂位置和加砂位置交替移动，其主要优点是射砂完毕后射砂头就可以移开，射砂板不会受到热铁型的烘烤，射砂板可以不用冷却水水冷，射砂后铁型表面的清理空间较大，加砂结构简单，但缺点是移动过程中的振动可能会造成覆膜砂的掉落，对于较大的射砂头也不适合采用可移动结构。固定式射砂头是一直固定在射砂位置，与加砂在一个位置，优点是稳定可靠，但射砂板受到热铁型的烘烤，必须采用水冷。

在最初的专用覆砂造型机，如2ZF25型及单工位覆砂造型机上，固定式射砂头的射砂机构一般采用原来Z8625射芯机的射砂机构，其主要缺点：射砂进气开关由压缩空气压住射砂薄膜来控制，通过控制气压的大小来实现射砂进气的关与开。在实际生产中，由于管道气压的变化或泄漏，常常会造成误射砂动作；当射砂薄膜完全打开时，射砂气流瞬间增大，储气包的降压严重，造成的后果是覆砂层容易产生空洞、覆砂层疏松等射不实现象。另外，该机构结构复杂，射砂薄膜为易损件，更换麻烦。因此，现在开发的造型机射砂机构做了结构优化，一般都采用独立的标准储气包。可根据一次射砂量的大小调整储气包大小，储气包与射砂筒之间通过多路气管连接，可以通过灵活调整气管直径和数量来控制射砂时的进气量；射砂控制采用常闭式二通阀，可以电控或气控，在停电或断气情况下不会有射砂误动作。

固定式射砂头的加砂机构在结构上也有了改进。加砂机构的作用是将存储在造型机砂斗内的覆膜砂加入到射砂筒内。一般要求射砂时，加砂通道必须密封，否则射砂筒内的覆膜砂会喷出来；射完砂后再打开加砂通道，为射砂筒内补充覆膜砂。原来造型机的加砂机构也是参照Z8625射芯机设计的，采用闸板加密封圈的机构。

在实际使用过程中，这种加砂机构存在以下缺点：闸板密封圈是上下活动的，密封圈沟槽内容易进砂，造成密封效果不好，喷砂现象不能彻底解决；闸板密封圈需要密封时依靠压缩空气吹入，密封圈顶起来压住闸板实现密封，密封圈周边是漏气的，部分压缩空气会进入射砂筒，射砂筒内产生压力，会造成射砂板漏砂；闸板密封圈属于易损件，更换麻烦。改进的加砂机构采用加砂阀（见图7-18），在非射砂状态，橡胶球受重力和覆膜砂的压力作用，停留在阀体底部，加砂通道打开，覆膜砂自动流入射砂筒，直到充满射砂筒。

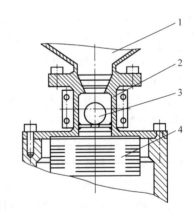

图7-18 改进的加砂机构（加砂阀）

1—砂斗 2—射砂阀体 3—橡胶球 4—射砂筒

射砂时，压缩空气迅速进入射砂筒内，橡胶球在压缩空气作用下顶住上部圆形口，封闭了加砂通道。这种加砂机构结构上更加简单，不需要气缸等外部驱动设备，实现了自动加砂。

射砂板的安装近年来也有了较大改进，原来射砂板通过大量螺栓固定在射砂头上，虽然安装可靠，但拆装都不方便，现在一般都采用液压或气动加紧装置来固定射砂板，简化了更换射砂板的过程。

3. 辊道架结构

造型机的辊道架一般有两种形式，即固定式和移动式，主要考虑与生产上铁型输送方式有关。带固定式辊道架的造型机在生产线中的布置一般如图 7-19 所示。造型机直接位于生产线的中心线上，铁型由造型前辊道线上送入造型机辊道后直接合型造型，造型后推出，这是大部分半自动生产线采用的方式。带移动式辊道架的造型机在生产线中的布置如图 7-20 所示。造型机的造型工位在生产线外侧，通过移动辊道架使铁型在造型位置和输送位置变换，主要目的是铁型可以通过外部推箱机构送入造型机内，可以与外部生产线实现联动，有利于实现自动化的铁型输送，而且模板的清理空间比较大。当然，如果采用机动辊道输送铁型，移动辊道架就没有必要了。图 7-21 所示为移动式辊道架造型机。

图 7-19　固定式辊道架的造型机布置

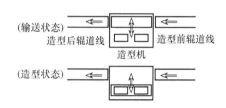

图 7-20　移动式辊道架的造型机布置

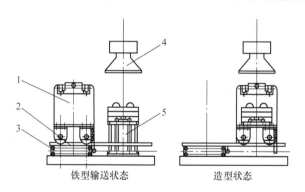

图 7-21　移动式辊道架造型机

1—移动辊道架　2—导轨　3—驱动缸　4—射砂头　5—开合型缸和模板

4. 快速换模机构

快速换模机构是造型机为满足多品种铸件生产工况、频繁更换模板的要求而设计的。铁型覆砂铸造用模板需要加热，材质一般为铸铁，质量大、换模不方便一直是覆砂造型机的通病。近年来，国内设备生产厂家已开发了许多快速换模机构，但都是手工操作，达不到静压线造型机那样的自动换模水平。图 7-22 所示为一种覆砂造型机快速换模机构。在造型机工作台两侧设计有固定辊道，当工作台降到最下面时，固定辊道上的辊轮会顶起模板；在造型机外部可设计移动辊道架或可折叠辊道，与工作台两侧的辊道对接。模板顶起后，一般行程为 5~10mm，就可以在辊道上推出造型位置，通过行车运走，将新的模板再送到工作台上方。模板在工作台上的固定一般采用液压机构夹紧，如果要简单一些也可以用螺栓，但人工操作会麻烦一些。当模板送入时，需要考虑方便的定位装置，可在模板和工作台的设计上进行考虑。

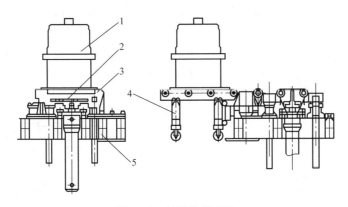

图 7-22　快速换模机构

1—模板　2—造型机工作台　3—固定辊轮　4—移动辊道架　5—造型机底座

7.4.2　铁型清理机

铁型清理机是用于在铸件取出后，清理掉铁型型腔及射砂孔内的残砂，以便下次造型，是铁型覆砂铸造生产线的专有设备。射砂孔内与型腔内的残砂清理方式不同，射砂孔内的残砂清理一般采用顶杆将射砂孔内的砂柱直接顶出，而型腔内的残砂一般采用机械振动方法，因此铁型清理机也有两种类型，一种为一体机，另外一种为独立分开的两台设备，即顶孔机和振动落砂机。典型的一体机是用 Z148 或 Z1410 微震压实造型机的震压机构，在工作台上安装有落砂斗，并在上方固定好顶杆板，如图 7-23 所示。将铁型送入铁型清理机后，震压机构工作台上升，使铁型落在落砂斗上。落砂斗具有定位功能，确保铁型射砂孔与上方顶杆板上的顶杆对齐。利用震压机构的压实功能将铁型顶压到顶杆上，使顶杆插入射砂孔，将射砂孔内的残砂顶出。定压完成后开启震压机构的振动功能，清理型腔内残砂。该类铁型清理机，清理效果比较好，但压缩空气使用量比较大，震压机构的体积比较大，造价也比较高，而且震压机构出现故障后检修比较麻烦。国内设备厂家又开发了一种振动电动机振动台和液压缸组成的一体机，如图7-24所示。一般液压缸布置在上部，通过液压缸驱动的顶杆板下压，顶出射砂孔残砂，再通过振动电动机驱动振动台落砂。通过调节振动电动机两端安装的可调偏心块，实现激振力无级调节，使用方便。振动电动机的激振力利用率高、能耗小、噪声低、寿命长。如果采用独立分开的两台机器，功能和原理上是差不多的，设备结构简单一些，运行可靠一些，但增加了工位和铁型输送过程。由于振动落砂会产生较大的噪声，为了较好的阻隔噪声，有些厂家把振动部分安装在地坑内，工作时全部封闭起来，隔声效果比较好。在这种形式下，振动与顶孔肯定分开设计了。

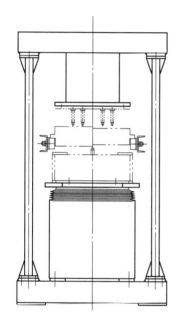

图 7-23　带微震压实机构的一体机

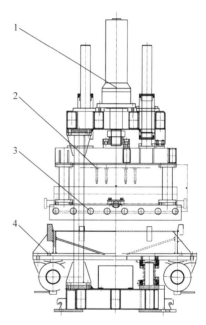

图 7-24　振动台和液压缸组成的一体机

1—顶压液压缸　2—顶杆板　3—辊道架　4—振动台

振动落砂时，铁型是放在落砂斗上的。落砂斗要保证铁型的定位，在振动时不移位，而且落砂斗与铁型接触的地方在振动时会造成铁型磨损。接触位置设计不合理，会破坏铁型的分型面，因此落砂斗需要根据不同铁型进行设计。

对顶杆板上的顶杆也有一些要求，顶杆一般需要经过淬火和回火热处理，保证一定的硬度。有时铁型的射砂孔比较多，一次同时顶的压力太大，需要将顶杆设计成不同长度，分批工作来减少需要的压力。顶杆的安装方式也有两种，即固定式和浮动式。浮动式主要用于较长铁型，因为铁型温度分布不均，而顶杆板温度是不变的，较大铁型的射砂孔位置会受热胀冷缩的影响。顶杆如果固定，会与射砂孔会产生位置偏差，从而导致顶杆卡在射砂孔中，使铁型与顶杆板分离困难。

7.4.3　合箱机和开箱机

　　合箱机用于浇注前将上、下铁型合起来形成完整铸型，为浇注做准备；开箱机是浇注后将上、下铁型分开，以便取出铸件的设备。这两种设备执行相逆的过程，在主体机构上基本相同，主要包括驱动缸、动梁、导杆、辊道等。合箱机的主要结构组成如图 7-25 所示。在设计时主要考虑适用铁型的大小，驱动缸的提升力和行程，与生产线配套中的铁型输送方式，如采用机动辊道或推缸。合箱机的驱动缸需要的提升力和行程一般都比开箱机小，因为开箱时有铸件的阻碍会增大开箱力，上铁型的提升高度要超过直浇道高度。驱动缸可以采用气动或液压，但较大铁型（1t 以上）一般采用液压。合箱机在性能上还要求升降更平稳、定位准确。由于铁型上一般设计有精度较高的合箱销，为了减少多重定位，将抓取上铁型的钩子安装在浮动梁上，可以保证上铁型在平面各方向有 5mm 左右的可移动距离，减少了因铁型输送定位不准而造成的定位销磨损过快。开箱机在功能上还要求有下铁型的限位机构和铸件顶出机构，防止下铁型被提起和铸件卡在上铁型中。

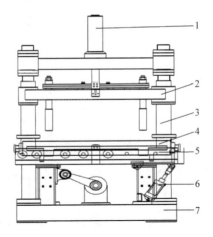

图 7-25　合箱机的主要结构组成

1—驱动缸　2—动梁　3—导杆　4—铁型　5—辊道　6—定位箱挡　7—机座

　　在半自动生产线上，移动式合箱机也越来越多，主要为了与铁型自动输送的匹配，通过合箱机功能完成合箱及铁型输送。

7.4.4　翻箱机

　　翻箱机是用于将铁型翻转的设备，是铸造生产线上最常用设备。在铁型覆砂铸造中除了造型合箱需要外，在铁型清理中也需要翻箱机。另外，部分铸件是利用翻箱机将下铁型翻转后，铸件在重力作用下跌落，实现生产线出铸件功能。翻箱机根据驱动形式主要分为手动翻箱机和电动翻箱机。手动翻箱机在铁型覆砂铸造的应用早期比较多，主要用于简单机械化生产线。结构上仅仅是一个升降机构，使用的铁型两端必须设计吊轴，通过翻箱机的叉起吊轴（或用链条挂住吊轴），提升铁型到一定高度（翻转时不会碰到辊轮），人工翻转。这种翻箱机结构简单、刚性差，劳动强度大，应用已经越来越少。目前最常用的翻箱机为滚筒式电动翻箱机，如图 7-26 所示。这种翻箱机一般采用双回转轮结构，采用电动机驱动链条翻转，变频器控制翻转速度，运转平稳，可实现慢—快—慢方式将铁型翻转 180°，翻转误差为 ±5°。翻箱机配置特殊封闭式辊轮，可防止翻箱时残砂进入辊轮使辊轮卡死。支撑轮全部罩壳封闭，适应多灰尘环境。为了提高翻箱机的自动化水平，翻箱机辊道也有使用机动辊道的。

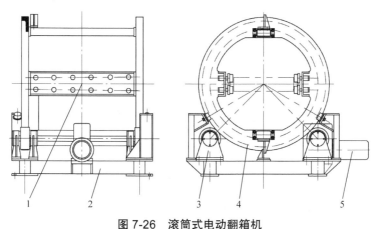

图 7-26　滚筒式电动翻箱机

1—双层辊道架　2—底座　3—支撑轮　4—回转轮　5—驱动机构

7.4.5　出铸件机

　　出铸件机是通过机械手将铸件夹住从铁型中取出铸件的设备。出铸件机并不是铁型覆砂铸造生产线的必需设备，目前生产线大部分出铸件采用的是通过翻箱机翻转铁型使铸件落下，而一些对变形、磕碰要求较高的铸件，就不能用这种方式，需要专门的出铸件机。浙江机电院设计了一款出铸件机，采用机械手夹取铸件方式，成为行业内普遍效仿的设备。图 7-27 所示为一种出铸件机的结构，图 7-28 所示为出铸件机的实景照片。出铸件机由机械夹头、升降缸、X 向运动小车、Y 向运动小车及机架组成。机械夹头采用长臂和有效的隔热，克服高温铸件的热辐射，夹紧机构采用气缸驱动。机械夹头在一个刚性框架内上下移动，保证夹持铸件后在铸件重心偏的情况下机械夹头不会倾斜，使铸件始终保持水平。机械夹头一般是夹住直浇道，由于不同铸件直浇道的位置可能不同，因此设计了 X 向运动小车和 Y 向运动小车，同时 Y 向运动小车还可以将铸件移动到生产线外侧的料斗上方，将铸件放入料斗中或鳞板输送器。为了使料斗可以多放一些铸件，一般将料斗放置在可移动的电动平板车上（Y 向移动），这样可以在料斗中放置多排铸件。

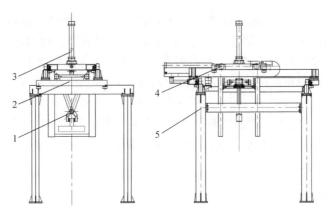

图 7-27　出铸件机的结构

1—机械夹头　2—X向运动小车　3—升降缸　4—Y向运动小车　5—机架

图 7-28　出铸件机的实景照片

7.4.6　其他设备

为了满足生产线完整、连续运转和一些特殊要求，生产线还需要配置输送设备和其他一些辅机。输送设备主要包括辊道、过渡小车、移箱机构、送箱机构、浇注小车等，一般根据工艺布置和用户实际选配。辊道一般采用边辊道，分为无动力辊道和机动辊道。过渡小车和移箱机构是实现在不连续生产线、不同轨道上的连接设备。过渡小车一般采用四轮结构，在地轨上通过电动机驱动。移箱机构是在上方的架空轨道上移动，有两种形式，一种为四轮小车结构，另外一种为侧挂导轨形式。移箱机构通过夹具抓取铁型，根据生产工艺要求，有些移箱机构还具有铁型翻转和转向的功能。送箱机构形式比较多，最简单的形式就是推缸。另外，长距离的送箱机构一般采用电动机驱动的齿轮齿条结构或链条结构。浇注小车一般通过两端的推缸和变轨形成循环线。

铁型在造型前的最后处理工序是调节温度，在铁液重量和铁型重量与生产节拍匹配的情况下，铁型温度保证在 150~250℃，可以直接造型。对有些相对较小的铸件，往往在铁型生产前几个循环时温度不够高，而对于一些厚大件，在连续生产时，铁型的温度又太高。因此，需根据工艺要求，确定生产线是否配置调温设备和配置哪类调温设备。目前应用较多的铁型加热装置是专用燃烧器，采用柴油、煤气或天然气；对于需要快速加热的，也有用中频感应加热装置。铁型冷却一般采用喷水或喷雾冷却，以喷水冷却为多。当铁型首次使用或因停产造成大批量铁型需要从室温加热到造型温度时，建议采用车间退火炉或红外线加热方式，在效率、节能等方面都有优势。

铁型覆砂铸造生产线可配套浇注机。由于生产线的生产率不是很高，一般浇注机都能满足浇注速度的要求。刚性生产线一般采用连续浇注，可配置拔塞式保温浇注机，而柔性生产线一般采用间歇浇注，宜配置倾转式浇注机。

7.5　铁型覆砂铸造生产线控制系统

综合光、机、电、气一体化技术建立的铁型覆砂铸造生产线，离不开一套先进稳定的控制系统。铁型覆砂铸造控制系统的网络结构采用经典三级控制网络体系，即现场级、控制级、车间级三层网络结构，有些复杂的系统可以添加管理级。其中车间级和现场级连接采用 MPI 网络。西门子系列 CPU 模块都内置有 MPI 接口，能够同时连接运行编程器、计算机、人机界面以及其他外部设备。通过 MPI 网络通信具有不需要增加额外的通讯模块、结构简单、端口管理与布线容易和装置连接成本低等优点。现场级和控制级采用 Profibus 网络组网，控制方式采用脉冲式控制，现场级设备与控制器之间的连接是一对一的，即所谓 I/O 方式，信号传递 4-20mA（传送模拟量信息）或 24VDC（传送开关量信息）信号，这种通信方式信号传输速度快、稳定，并且可以实现整个生产线的联网，上位机、主站以及从站之间均可以互相访问。上位机与主站，主站与主站之间的互相访问采用令牌传递方式，当某主站得到令牌后可以与所有主站及从站进行通信，主站与从站之间的通信采用主 - 从方式，主站依次循环访问从站。

典型的铁型覆砂铸造生产线控制系统框图如图 7-29 所示。整条生产线以可编程控制器（PLC）控制为主，通过分析考虑铸造生产线环境条件，生产线装备及技术要求，工艺布局及控制系统设计要求等，为了简化控制系统电气硬件上的复杂程度，适应铸造行业恶劣的生产环境，方便用户检修，一般把整套系统拆分为多套 PLC 系统联合控制，采用 Profibus 网络与上位机组网。上位机的功能就是以查询的方式对数据进行处理，包括调整控制参数、显示状态、运行记录等。每套设备都可以独立运行，单独设有手动和自动控制选择，用手 / 自动旋钮来选择控制方式。手动方式就是通过按钮信号进入 PLC，PLC 再结合设备的位置信号在程序上实现软连锁，再控制输出，这即可以起到互锁的作用，又可以尽量减少外部硬件，减少硬件故障率；自动方式就是直接通过砂箱位置、设备位置信号及一些控制反馈信号，经程序内部处理来控制输出，通过控制电磁阀、中继等最终控制气缸、液压缸、电动机等执行机构，从而实现设备的自动运行。生产线各工部之间没有刚性连锁，因此单个工部的手动操作不影响其他工部的自动运行。

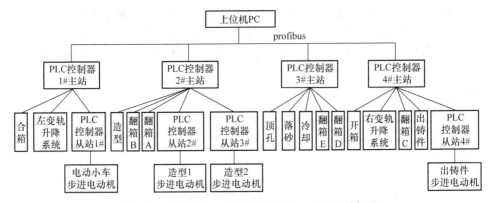

图 7-29　典型的铁型覆砂铸造生产线控制系统框图

生产线控制系统的设计要最大限度地满足铸造生产过程的控制要求，控制系统不仅要简单、实用、合理，还要适当考虑生产发展和工艺改进的需要，在 I/O 接口、通信能力等方面要留有余地。

电气系统配置的一般要求：

1）电源电压：三相交流电 380V ± 38V，频率为 50Hz ± Hz；控制电压：DC24V。

2）防护等级：电气柜、按钮箱、分线盒、限位、压力等开关防护等级为 IP65。

3）主要设备的驱动电动机及主线路要有过载、过流、失压、缺相等故障检测和保护装置。

4）具有断电保护功能，在电柜、操作平台等显要位置安装可锁定的紧急停止按钮。

5）电气布线采用桥架布线和非穿管布线，强电与弱电回路应分开布置，并有明显编号标志，便于检修；电气线路分支，出、入线端口位置要加防护套。

6）所有控制线必须用多股铜芯柔软线缆连接，接头必须压接预绝缘端子头（不允许剥离绝缘层露出铜芯后直接接线），每一根接线的端头要有永久性标识符，标识与电路原理图、实物一一对应，方便电工检修。

7）所采用的电气控制柜应符合国家标准，有防尘、散热功能。

8）电气控制柜内的布设应遵循从上至下原则：上层是断路器，中间继电器、接触器、热继电器，下层为进出接线端子排。动力控制与弱电控制分设于不同的位置（或不同的电气箱柜），避免干扰。

9）电气柜内元器件的布设不能过密，预留30%空间，利于散热及更换元器件、方便检修维护，将来功能扩展也有空间余地。最下层接线端子排距离柜底不能低于

30cm，方便以后接拆线路（过低则导致维护困难，维修人员头贴着地也看不清接线端子的情况，加大装拆线的难度）。

10）若有 PLC 的电气柜，应装设有 AC220V 两脚、三脚的电源插座，方便手提电脑临时取电。

7.6 铁型覆砂铸造车间设计

车间设计的基本要求就是要设计出符合国家相关方针政策、切合实际、安全适用、技术先进、经济效益好的车间。车间设计是个综合性工作，涉及的知识面宽，除了主导专业（铸造工艺及设备）知识外，还需要掌握土建、水电气等公共设施、环保及国家政策等知识。

铁型覆砂铸造生产过程与传统砂型铸造生产过程基本一致，主要包括生产准备、工艺过程、产品管理三个阶段。铁型覆砂铸造采用连续循环生产，类似黏土砂机械化生产线，其最大特点是用砂量少，大部分车间不设计型砂输送、回用系统，因此车间物流设计相对简单。另外，铁型覆砂铸造生产线布置紧凑，占地面积较小，对地基的要求不多，因此车间设计相对比较简单。

铁型覆砂铸造车间的设计方法与其他铸造工艺车间设计的方法基本一样，只是在部分工部根据工艺要求、工作内容略有不同。

7.6.1 车间组成

铸造车间一般由生产工部、辅助工部、仓库、办公室、生活间等组成，各组成部分的主要功能见表 7-2。其中，生产工部是最重要的组成部分。

表 7-2 铸造车间各组成部分的功能

铸造车间组成名称	功能及作用	备 注
生产工部	完成铸件的主要生产过程	可再分为熔化工部、造型工部、制芯工部、砂处理工部、清理工部等
辅助工部	完成生产的准备和辅助工部	包括炉料和造型材料等的准备、设备维护、工装维修、型砂性能试验室、材料分析室等
仓库	原材料、铸件及工装设备的储藏	包括炉料库、造型材料库、成品铸件库、模板库、砂箱库等
办公室	行政管理人员、工程技术人员工作室	包括行政办公室、技术人员室、技术资料室、会议室等
生活间	工作期间工作人员的生活用具的存放	更衣室、厕所、浴室、休息室等

7.6.2 工作制度、生产纲领及年时基数

铸造车间的工作制度可分为两种，即阶段工作制和平行工作制。铁型覆砂铸造一般采用生产线方式，因此工作制度也是典型的平行工作制。平行工作制按一昼夜

中进行的班次，可分为一班制、两班制和三班制（连续工作制）。当单件小批量铸件采用铁型覆砂铸造时，没有生产线配套，可采用阶段工作制。

生产纲领是指铸件的年产量（包含备品和废品在内）。车间生产纲领是制定工艺规程、选用工艺装备、确定生产类型和生产组织形式的依据，是进行车间设计的重要参数。确定生产纲领有下列三种方法，即精确纲领、折算纲领和假定纲领。

年时基数，或称工作时间总数，可分为公称工作时间总数和实际工作时间总数两种。公称工作时间总数等于法定工作日乘以每个工作日的工作时数，它是不计时间损失的工作时间总数；实际工作时间总数等于公称工作时间总数减去时间损失（即设备维修时停工的时间损失、工人休假的时间损失等）。

7.6.3 主要设备选择和参数确定

在确定采用铁型覆砂铸造工艺后，可以考虑主要设备的选择、生产线的设计，然后着重开始铸造车间的设计。主要设备选择和参数确定可依据如下步骤：

1）一般根据企业生产铸件明细表确定生产纲领，即精确纲领。

2）对铸件进行工艺分析，确定一型布置几件和铁型尺寸，计算出每型铸件和浇注系统的重量。

3）根据生产纲领和年时基数，确定生产线生产率要求。铁型覆砂铸造一般采用平行工作制，以全年工作日为251天、工作时间损失率为10%计，年时基数按两班制为4016h，三班制为5773h。按照生产率、车间对生产线自动化程度要求，合理选择造型机的形式、数量及生产线辅机，设计生产线布置。

4）按照生产线生产率和每型金属液重量，选择熔炼炉的大小和配置，设计熔炼工部。铁型覆砂铸造生产线采用间歇浇注，一般配套中频感应电炉熔炼，应合理选择电炉的容量和台数。

5）确定浇注方法、是否配置浇注机，并选择浇注机类型。

6）估算覆膜砂使用量，确定覆膜砂外购还是车间回用。如果外购，只要预留成品覆膜砂和废砂堆放区域；如果车间回用，还要选择覆膜砂再生和混砂设备，并设计砂处理线的布置。

7）铸件后处理系统的设计，包括铸件的冷却、打磨、抛丸、热处理等设备选择和布置。

8）估算出铸造车间水、电、气用量。

7.7 铁型覆砂铸造生产线及车间设计实例

本项目为国内某曲轴专业厂的年产12万件六缸球墨铸铁曲轴铸造车间。该曲轴长度为1000mm左右，质量为110kg左右，材质为QT900-3，性能要求比较高，需要后续热处理。从球墨铸铁曲轴的铸造性能看，曲轴外形比较复杂，壁厚不均，铸造过程中容易产生缩松、缩孔。球墨铸铁的铸造性能比灰铸铁差，属于糊状凝固，不利于补缩，而且凝固过程中会产生石墨化膨胀，造成型壁扩张，需要铸型有较好的刚度。综合考虑黏土砂工艺、壳型工艺后，认为选择铁型覆砂是做比较合适的。设计步骤如下：

1）确定生产纲领：年产 12 万件六缸曲轴，品种两个以上。按 5% 的综合废品率计算，需要年产 12.63 万件铸件。

2）铁型覆砂铸造工艺分析，一型可布置两件，铸件出品率 90% 以上。每型需要铁液质量为 250kg 左右。铁型有效尺寸（长 × 宽 × 高）为 1200mm × 660mm × 300mm。铁型外围尺寸（长 × 宽）为 1300 × 740mm，单片铁型高度为 150mm，跑边宽度为 40mm。

3）六缸曲轴曲拐为 60° 均分，无法直接起模，需要下芯。

4）按照两班制工作、年时基数为 4016h 计。单条铁型覆砂铸造生产线为 20~25 型 /h，从浇注角度考虑，按每小时 20 型计算比较合理。计算得到的年产量为 16 万件铸件，完全达到生产纲领的要求。

5）经与用户深度交流，生产线自动化程度要求比较高，同时需要减少模样投入量，因此设计了带有两台造型机主机的半自动铁型覆砂铸造生产线，如图 7-30 所示。

该生产线主要参数：

① 生产率为 20 整型 /h。

② 配套模板两套，铁型各 18 套，共计 36 套。

③ 整线电功率约为 140kW，电压 380V ± 57V，50Hz ± 1Hz。

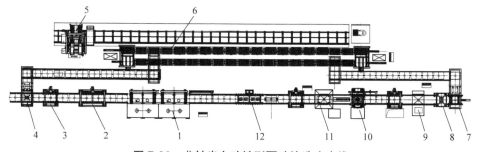

图 7-30　曲轴半自动铁型覆砂铸造生产线

1—造型机（两台）　2—双型翻箱机　3—单型翻箱机　4—合箱移箱机　5—浇注机
6—浇注平车及变轨循环系统　7—移箱机　8—开箱机　9—出铸件机　10—射砂孔清理机
11—振动清理机　12—调温装置

6）按照每型铁液质量 250kg，每小时 20 型生产率计算，配套一台 5t "一拖二"中频感应炉。中频感应炉配置自动加料系统。中频感应炉旁边设计光谱室。炉前配置烘浇包装置。

7）生产线配置自动浇注机。选用伺服传动自动倾转式浇注机，浇包额定容量为1t，一次可以浇注4箱。铁液经球化处理后需要转包。

8）用户采用外购覆膜砂，因此没有覆砂再生和混砂设备。月覆膜砂用量在12t左右，按照物流方便原则在车间内设计覆膜砂存放区域。

9）按照铸造生产线生产率，在生产线下芯段旁边配置两台水平分型的射芯机，用于制芯。

10）在生产线旁边布置铸件冷却线，将铸件冷却到室温，并且在冷却段上清除浇冒口；采用开式线冷却小车，与铸造生产线出铸件机连接。冷却线采用半封闭式，通过抽风形成负压。冷却后的铸件在去浇冒口工位采用液压冒口分离器去除浇口。六缸曲轴材质要达到QT900-5，因此必须进行热处理。热处理设备选用悬挂式连续生产线，加热均匀、温度控制准确，可确保热处理效果。热处理后的曲轴经打磨和抛丸处理，选用两台Q3720E双钩式抛丸清理机。

11）按照用户现场实际，对铁型覆砂铸造车间进行设计。车间长度为90m，宽度为42m，由18m跨和24m跨组成，厂房为钢结构单层厂房，建筑面积为3860m²，建筑高度为14.42m，起重机轨顶高度为10.8m。每跨各配置5t起重机两台，其中熔炼工部配置冶金专用起重机。熔炼、铸造生产线布置在18m跨内，其余全部布置在24m跨内，其平面布置图如图7-31所示。车间功能分区清晰，物流顺畅。

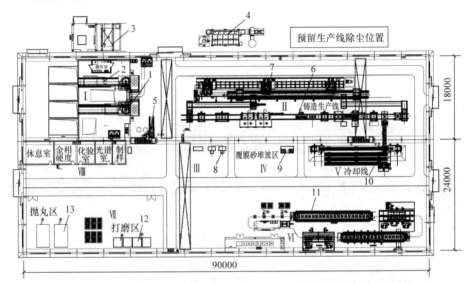

图7-31　年产12万件高性能六缸曲轴铁型覆砂铸造车间平面布置图

Ⅰ—熔炼工部　Ⅱ—造型工部　Ⅲ—制芯工部　Ⅳ—覆膜砂存放区　Ⅴ—铸件冷却工部
Ⅵ—热处理工部　Ⅶ—铸件清理打磨工部　Ⅷ—辅助用房
1—中频感应炉　2—自动加料机　3—冷却塔　4—除尘器　5—烘包器　6—铁型覆砂铸造生产线
7—自动浇注机　8—射芯机　9—气力输送（造型机加砂）　10—铸件冷却线
11—热处理生产线　12—打磨区　13—抛丸机

7.8　本章小结

本章主要介绍了铁型覆砂铸造生产工艺流程及其对设备的要求，几种生产线的布置形式和主要单机设备。铁型覆砂铸造生产线由覆砂造型机、合箱机、浇注单元，以及输送辊道、过渡小车、移箱系统、开箱机、出铸件机、顶孔清理机、翻箱机、调温装置等组成，大部分为专用设备。铁型覆砂铸造生产线存在多种形式，属非标设备。根据市场的需求，铁型覆砂铸造生产线正由简单机械化向高端的自动化、智能化发展。铁型覆砂铸造车间一般由生产工部、辅助工部、办公室、仓库和生活间等组成，设计思路与普通砂型铸造车间基本相同。由于用砂量少，没有庞大的型砂输送和砂处理，车间设计相对比较简单。

第8章 铁型覆砂铸造中的环境治理和节能

资源与环境、清洁生产与可持续发展已成为当今制造业的主题，铸造业也必须实行严格有效的环境保护，走可持续发展道路。铸造生产过程中会产生高温、粉尘、烟雾、噪声、有害气体等，这些都会对周围环境造成不良影响，也可能会危害生产者的身体健康。因此，在铸造生产过程中，除了选用先进的生产工艺和设备外，还要加强环保的有效治理，确保按规定排放。《铸造行业准入条件》明确规定，新建铸造企业（车间）应严格执行环境影响评价制度，进行同时设计、同时施工、同时投产的"三同时"验收，对于已有铸造企业（车间）要做好环保实施的技术改造，通过当地环保部门的环境检测。新的《铸造工业大气污染物排放标准》即将实施，对铸造工业大气污染物排放限值、监测和监督管理做出了明确的规定。

从铸造流程看，熔炼工部、造型制芯工部、清理工部等全流程都存在环保问题，涉及高温、粉尘、烟雾、噪声、有害气体。铁型覆砂铸造作为一种先进的特种铸造工艺，具有显著的节能、节材和降低成本优势，但同样与其他砂型铸造工艺一样，会产生环保问题。从整个铸造过程看，铁型覆砂铸造的三废排放，在造型、浇注过程中与其他铸造工艺有显著区别，而在熔炼、清理等前后工部与其他铸造工艺都是相同的，因此本章重点介绍铁型覆砂铸造在造型、浇注、落砂过程中的环境保护。

铁型覆砂铸造工艺用砂量少，铸件出品率高，生产的铸件质量好（可减少热处理、清理工序）、铸造设备运行功率小等，都体现了铁型覆砂铸造工艺的节能优势。

8.1 主要污染源和污染物

铸造生产过程中的主要污染物包括工业三废和噪声。三废一般是指工业生产过程中产生的废水、废气和固体废弃物的简称。在造型、浇注、铁型清理过程中，铁型覆砂铸造产生的主要污染物有：

1）造型工部：覆膜砂加砂、射砂过程中产生的粉尘，覆砂固化过程中产生的烟气，部分造型机射砂板冷却水，造型产生的废砂，射砂排气产生的噪声。

2）浇注工部：树脂燃烧或受热分解产生的烟气，金属液氧化物烟尘。

3）开箱工部：铁型内部高温环境与空气接触，产生烟尘。

4）铁型清理工部：振动落砂产生的粉尘和噪声。

铁型覆砂铸造采用金属型覆砂，覆砂层比较薄，用砂量与传统砂型铸造相比大大减少。传统铸造车间中由于用砂量大，型砂造成的粉尘以及高温下产生的烟气成为铸造车间主要的污染物。铁型覆砂铸造用砂量少，产生的粉尘和烟气数量相对较少。另外，采用覆膜砂作为型砂材料，可以完全再生后重复使用，没有废砂外排情况。铸造过程用水一般为冷却水，可以循环使用，即使有少量排放也是达到排放指标的。因此，铁型覆砂铸造是可以实现清洁生产的先进铸造工艺。但铁型覆砂铸造设备机械化、自动化程度普遍较低，属于开放式生产，粉尘、烟气的完全收集，噪声的完全屏蔽还无法实现，需要解决的环保治理工作还比较多，以下方面是治理的重点：

1）由于工艺要求和装备限制，铁型覆砂铸造生产线上覆膜砂的散落点多，收集困难，影响整个生产环境。

2）覆膜砂在热固化及高温燃烧过程中产生大量的有害气体。

3）铁型残砂清理困难，一般通过振动落砂，会产生较大的噪声。

8.2　污染物治理措施

在传统铸造工艺生产过程中，最典型的污染物是粉尘和烟气，其次是废砂等固体废弃物，废水和噪声不是主要污染物。在铁型覆砂铸造中略有不同，重点治理的主要是粉尘和烟气，其次是噪声，固体废弃物和废水很少。

8.2.1　粉尘和废气的治理

根据 GBZ 2.1—2007《工业场所有害因素职业接触限值　第 1 部分：化学有害因素》的要求，铸造企业中工作场所粉尘和化学有害因素的职业接触限值见表 8-1。

表 8-1　铸造企业中工作场所粉尘和化学有害因素的职业接触限值

工作场所大气所含物质	职业接触限值（PC-TWA）/（mg/m³）
煤尘（游离 SiO_2 含量 < 10%）	4[①]
酚醛树脂粉尘	6[①]
石灰石粉尘	8[①]
矽尘（游离 SiO_2 含量 10%~50%）	1[①]
矽尘（游离 SiO_2 含量 > 50%~80%）	0.7[①]
矽尘（游离 SiO_2 含量 > 80%）	0.5[①]
膨润土粉尘	6[①]
石墨粉尘	4[①]
木粉尘	3[①]

（续）

工作场所大气所含物质	职业接触限值（PC-TWA）/（mg/m³）
砂轮磨尘	8[①]
氧化镁烟	10[②]
铜烟	0.2[②]
氨	20[②]
一氧化碳	20[②]
呋喃	0.5[②]
苯	6[②]

注：PC-TWA 为时间加权平均容许浓度。
①为工作场所空气中总粉尘容许浓度值。
②为工作场所空气中化学物质容许浓度值。

　　按照即将实施的《铸造工业大气污染物排放标准》，在造型、制芯、浇注、冷却等工序，有组织排放的颗粒物浓度不超过30mg/m³，重点地区不超过20mg/m³。

　　覆膜砂在造型和浇注时会产生大量废气，包括酚醛树脂的分解产物和燃烧产物，热塑性酚醛树脂低温分解产物见表8-2。造型时，温度一般为150~300℃，产生的烟气中可以测到甲醛、氨和苯酚的存在。浇注过程中有受热和燃烧，因此产生的烟气中除了甲醛、氨、苯酚外，还有一氧化碳和二氧化碳。虽然在排放中心1~1.5m处，测得这些有毒有害气体的体积分数一般在10^{-5}~10^{-6}数量级，远远小于其在环境中允许的极限值，通过加强空气流通可进一步减少有害气体的危害，但如能够集中处理排放，对于改善车间工作环境和外部环境影响都是非常有好处的。

表 8-2　热塑性酚醛树脂的低温分解产物　（摩尔分数，%）

成分	0~150℃	150~200℃	250~350℃
芳香族类	0	0	3.3
乙醚类	0	0	0
亚胺类	0.2	0.2	2.0
醛类	0.3	0	1.3
（乙）醇类	0	0	0
氧	0.1	0.7	0
二氧化碳	9.4	0.7	4.6
水分	1.4	32.4	33.5
氨	56.0	5.2	11.3
一氧化碳	3.1	2.4	11.2
甲烷	5.0	4.5	13.1
氢	0.2	0	15
氮	0.4	0	0
碳氢化合物	4.3	0	3.1
发气量 /（ml/g）	4.7	2.3	22.2
全发气量 /（ml/g）		29.2	

注：1. 试样为热塑性酚醛树脂（含15%乌洛托品）粉末。
　　2. 除注明者外，表中各成分含量均为摩尔分数，单位均为%。

1. 粉尘和烟尘的治理

按灰尘从含尘气体中分离的机理分类，铸造车间使用的除尘设备分为干式除尘器和湿式除尘器两大类。其中干式除尘器包括旋流、旋风、袋式、颗粒层和电除尘器等，湿式除尘器包括泡沫、文氏管、卧室旋风水膜、冲击式、返水湿法和自激式湿法除尘器等。

铸造车间除尘器的选用原则：

1）执行国家大气污染物排放标准是选用除尘设备的首要依据，保证含尘气体经过除尘器净化后达标排放。标准要求高的地方，要选用高效率的除尘设备。

2）入口粉尘浓度大的，要选用高效率的除尘设备，甚至考虑除尘设备的多级串联使用。

3）不同的除尘设备对各种粒径的尘粒有不同的除尘效果，即有一定的适用范围，因此要根据粉尘粒度的大小和分散度来选用设备。

4）选用除尘设备还要考虑粉尘和气体的物理、化学特性，如粉尘的密度、毒性、爆炸性、黏性、亲水性及气体的温度和化学成分。

5）选用的除尘设备在使用中不产生二次污染。

6）结合铸造工艺设备的布置特点及操作要求来选用除尘设备，整个系统不仅要结构简单、运行可靠和维修方便，还要考虑设备投资、运行管理费用和使用寿命三个经济指标。

7）理想的除尘设备必须用3个技术指标来评价，即处理烟气量的大小、压力损失的大小和除尘效率的高低。

铸造车间常用的除尘设备有以下几种：

（1）旋风除尘器　旋风除尘器是利用旋转的含尘气流所产生的离心力，将颗粒污染物从气体中分离出来。旋风除尘器一般用来分离粒径大于 $10\,\mu m$ 的尘粒，具有结构简单、占地面积小、投资低、操作维修方便和动力消耗不大等优点，效率在80%左右；对于粒径小于 $5\mu m$ 的尘粒捕获效率不高。旋风除尘器可以净化较高温度的气体，无污水处理问题，虽除尘效率不高，仍得到广泛的应用。在铸造车间通常用于粗颗粒粉尘的净化，或者用于多级净化时的初级处。有的旋风除尘器，如多管水冷旋风除尘器，不仅可以沉降大颗粒粉尘，还可以冷却气体温度。广泛运用于电弧炉的一级除尘。在铁型覆砂铸造中，浇注段的除尘可以采用旋风除尘器。

（2）袋式除尘器　袋式除尘器是目前使用最多的过滤式除尘器，利用纤维编织物制作的袋式过滤元件来捕集含尘气体中的固体颗粒物，是一种干式高效除尘器，对亚微米级粉尘也有很高的除尘效率，不会造成二次污染，便于直接回收干料。

袋式除尘器的主要优点：

1）除尘效率很高，一般都可以达到99%，可捕集粒径大于 $0.3\,\mu m$ 的细小粉尘颗粒，能满足严格的环保要求。

2）性能稳定。处理风量、气体含尘量、温度等工作条件的变化工况时，对袋式除尘器的除尘效果影响不大。

3）粉尘处理容易。袋式除尘器是一种干式净化设备，不需用水，因此不存在污水处理或泥浆处理问题，收集的粉尘容易回收利用。

4）使用灵活。处理风量可由每小时数百立方米到每小时数十万立方米，可以作为直接设于室内、附近的小型机组，也可做成大型的除尘室。

5）结构比较简单，运行比较稳定，初始投资较少，维护方便。

主要缺点：

1）承受温度的能力有一定极限。在净化温度高于280℃的烟气时，必须采取措施，降低烟气的温度。

2）有的烟气含水分较多，或者所携粉尘有较强的吸湿性，往往导致滤袋黏结、堵塞滤料。为保证袋式除尘器正常工作，必须采取必要的保温措施，以保证气体中的水分不会凝结。

3）滤袋寿命有限，更换费用高，工作量大；某些类型的袋式除尘器工人工作条件差，检查和更换滤袋时需要进入箱体。

4）阻力损失较大，一般为1.0~1.5kPa。

袋式除尘器有多种类型，按过滤方向可分为内滤式和外滤式；按进气位置可分为下进风和上进风；按除尘器内部压力可分为正压式、负压式和微压实；按滤料形状可分为圆形袋式、扁袋式、菱形袋式和双重袋式；按清灰方式不同可分为机械振动类、分室反吹类、喷嘴反吹类、脉冲喷吹类和机械回转反吹类，其中脉冲喷吹类袋式除尘器由于脉冲喷吹强度和频率可调节，清灰效果好，是目前最广泛使用的除尘装置。袋式除尘器在大气污染的治理方面做出了巨大贡献，目前国内外应用越来越广，已占除尘设备的80%。

袋式除尘器过滤风量选择一般按照设备产生的粉尘量确定，过滤风速受粉尘浓度、滤料种类、清灰方式和过滤效率来选定，在脉冲喷吹清灰方式下，铸造设备的过滤风速一般取2.0m/min左右。除尘器过滤面积可按式（8-1）计算：

$$A = \frac{L}{60v} \qquad (8-1)$$

式中，A为过滤面积（m²）；L为通过袋式除尘器的处理风量（m³/h）；v为过滤风速（m/min）。

2. 废气的处理

覆膜砂在造型、浇注过程中均会产生一定数量的有机废气，虽然这些有机废气在车间内的浓度较低，还没有见到有关其损害操作工人身体健康案例的报道，但如果通过除尘器收集排放时，浓度会较高，需要进行净化处理。另外，这些有机废气会产生较大的气味，严重影响车间的工作环境。对于车间环境要求较高的企业，也要求进行有组织的排放和处理。

近年来，有机废气的净化技术有了较大的发展，有机废气常用的净化方法分为两类，即回收法和销毁法。

（1）回收法　回收法是通过物理的方法，改变温度、压力或采用选择性吸附剂和渗透膜等方法来富集分离有机污染物的方法，主要包括吸收技术和吸附浓缩技术等。

1）吸收技术。利用废气中的有机物能与大部分油类物质互溶的特点，以及废气中各种有机物在吸收剂中溶解度或化学反应特性的差异，采用低挥发或不挥发液体作为吸附剂，使废气中的有机物从气相转移到液相中，从而达到净化废气的目的。吸收技术投资少，操作简便，但由于存在处理效率差、二次污染和安全性差等缺点，目前在有机废气治理中已经较少单独使用，宜结合后续深度处理技术组合使用。

2）吸附浓缩技术。利用各种固体吸附剂（如活性炭、活性炭纤维、分子筛、沸石等）对排放废气中的有机污染物进行吸附浓缩，同时达到净化废气的目的。吸附浓缩技术设备简单、适用范围广，是目前应用较多的治理技术。但由于其净化效率一般在 50%~80% 之间，当排放要求严格时，常常作为前端工艺与其他技术组合。另外，废气进入吸附装置前，需使颗粒物含量低于 $1mg/m^3$，废气温度宜低于 40℃。

（2）销毁法　销毁法是通过化学反应或生化反应，用热、光、催化剂或微生物等将有机化合物转变成为二氧化碳和水等无机小分子化合物的方法。依据主要技术原理可分为热氧化销毁技术、物理销毁技术、生物氧化销毁技术及多种技术的组合工艺。

1）热氧化销毁技术。包括直燃式焚烧（TNV）、蓄热式热氧化（RTO）、直接催化燃烧、蓄热式催化燃烧（RCO）、超氧纳米微气泡法（SOMB）和光催化氧化技术。前 4 种技术一般要求有机物浓度在 $500mg/m^3$ 以上，适用于涂装、印刷等行业。超氧纳米微气泡法虽然要求有机物浓度在 $300 mg/m^3$ 以下，但主要适用于涂装等油漆废气的处理。光催化氧化技术主要处理的废弃物为苯系物、醛、醚、酮等，要求有机物浓度在 $500mg/m^3$ 以下，可以作为铸造废气的处理技术。光催化氧化技术是利用特定波长的光（通常为紫外光）照射催化剂，激发出"电子 - 空穴"（一种高能粒子）对，"电子 - 空穴"对与水、氧发生化学反应，产生极具氧化能力的自由基活性物质，将有机物氧化为二氧化碳和水。光催化氧化技术具有投资少、运行成本低、建设周期短和无二次污染等优点，但要求废气进入装置前，粉尘浓度小于 $4mg/m^3$，温度小于 40℃，湿度小于 40% 且不含油类物质，因此废气一般要经过前期处理。

2）物理销毁技术。包括低温等离子技术、分子击断技术等。低温等离子技术常用介质阻挡放电，产生带有高能量电子自由基的离子和臭氧，破坏废气中有机物的分子链，并在超声波和氧化剂作用下，氧化为水和二氧化碳，适用中低浓度有机废气处理。分子击断技术是使有机物在高压脉冲电场的库仑力作用下先离散为单分子或小分子团结构，继而利用脉冲电场产生的高能粒子破坏有机物中 C-C、C-H 等化学键，使之裂解氧化为水和二氧化碳等。分子击断技术适用范围广，能高效去除恶臭气体，适用较低浓度（一般小于 200mg/m³）有机废气的处理。

3）生物氧化销毁技术。通过附着在反应器内填料上微生物的新陈代谢作用，将有机废气的污染物转化为无机物和微生物细胞质。主要用于处理甲苯、二甲苯、酯类、醇类等有机物，处理效果差异较大。

废气处理工艺的选择要考虑系统性、稳定性和经济性原则。系统性就是要系统考虑全过程中有机废气产生的各个环节，结合各环节废气的风量、浓度、湿度、成分，废气收集及回收难易程度等实际情况，统筹选择适宜的治理方案。稳定性是根据企业实际选择去污效率稳定的废气处理技术，确定处理技术的工艺参数，保障去污效率的稳定性，尽量选择在运行、操作、维护及管理方面简便易行、自动化程度高的技术方案，减少人为操作导致处理效果不稳定的可能性。经济性是在保证稳定达标排放的基础上，选择与企业经济承受力相适应，建设成本和运行成本较低，经济合理的技术工艺。

根据有机物浓度、处理规模等因素，表 8-3 提供了可参考选择的处理技术。

表 8-3　各类型有机废气的适宜处理技术

有机物浓度 / （mg/m³①）	处理规模 / （m³①/h）	废气温度 /℃	适宜处理技术
0~300	1×10^4~8×10^4	<45	超氧纳米微气泡法
	<3×10^4	<80	低温等离子技术
	<5×10^4	<100	光催化氧化技术、分子击断技术
	<6×10^4	<45	吸附浓缩技术、生物氧化销毁技术
	≥1×10^5	<45	吸附浓缩技术 + 热氧化销毁技术（RTO/TNV/RCO）
300~500	<5×10^4	−10~100	光催化氧化技术、分子击断技术
	<3×10^4	<80	低温等离子技术
	<6×10^4	<45	吸附浓缩技术
	<6×10^4	>45	热氧化销毁技术（RTO/TNV/RCO）
	≥1×10^5	<45	吸附浓缩技术 + 热氧化销毁技术（RTO/TNV/RCO）

①m³ 指在 0℃、一个标准大气压下的气体体积。

对于无组织排放，虽然废气的浓度很低，但也会产生一些气味，影响工作环境。为了消除车间有机废气的气味，国内也有企业引进日本技术，利用微凝胶除臭剂治理车间内气味。微凝胶除臭剂是一种分子量多达数千万的高分子化合物的集合体，交联成线球状。在微凝胶除臭剂中加入一定比例的水后，通过高空雾化喷淋来减低臭味浓度。恶臭分子溶解在水中后，会在分子间力的作用下被缠绕在微凝胶除臭剂上，并与除臭剂产生中和和氧化等化学反应。吸附了恶臭分子的微凝胶除臭剂在干燥状态下掉落在地面，被土壤中的微生物等分解。

3. 生产实例

实例 1：铁型覆砂铸造粉尘处理实例

某四缸曲轴铁型覆砂生产线，整线生产率平均不低于 35 箱 /h；造型生产率平均不低于 40 箱 /h，铁型外形尺寸（长 × 宽）为 950mm×630mm（含跑边和吊轴），浇注铁液后每箱最大质量为 1t。铸件浇注后 15~30min 后开箱。要求烟尘排放浓度优于 GB 16297—1996《大气污染物综合排放标准》，达到排放浓度 ≤ 50mg/m^3。除尘系统设计如下：

（1）吸风罩　采用了固定式吸风罩，分别设置在造型机、落砂机、开箱机和出铸件机扬尘处。吸风罩结构设计上要确保生产输送线畅通无阻。为了提高除尘系统对烟尘的捕集率，控制吸入外界气体和防止车间受横向风的干扰，减少系统抽风量，在距地面 2m 以上的四周可围固定墙板，2m 以下的部分根据现在具体情况围固定板，或者挂软帘，充分留有流水线和工人进出口，不能影响工人操作；设计成拆式活动顶盖，方便设备的大修吊装。

浇注段与冷却段总长 38m，浇注段长 18m。吸风罩采用联排窄缝式侧吸罩（由 6 个 2000mm×400mm 吸罩一顺排列），不影响浇注作业，并且可将浇注和冷却时生产的烟气抽走。采用两台风机直排形式（排放要求不高区域，烟气可不经过处理排放），由风机抽至室外高空排放（排气筒顺墙高于厂房 2m）。系统总抽风量取 60000 m^3/h，设两台通风机，每台排风量为 30000m^3/h。

各部位吸风罩的抽风量可参考表 8-4。

表 8-4　吸风罩的抽风量推荐

序号	设备名称	抽风量 /（m^3/h）	吸风罩数量	备注
1	造型机	4000	2	侧吸
2	落砂机	3100	2	顶吸
3	开箱机	6000	1	侧吸
4	出铸件机	6000	1	侧吸
5	浇注段	10000	6	2000mm×400mm 侧吸罩（单个）

（2）除尘器　选用气箱脉冲袋式除尘器，主要由上箱体（清洁室）、中箱体（过滤室）、下箱体（灰室）、排灰阀、喷吹机构和电气控制等部分组成。工作时，粉尘、废气经导流槽，因容积突然扩大，粗粒径粉尘因风速减慢到悬浮速度以下，失去所需悬力，在重力作用下，首先落入灰斗。细微粉尘改变方向向上流动，被截留在滤袋表面，尾气则穿透滤袋到净气室由风机排出。由于在滤袋表面上形成粉尘层，一方面增强了滤袋的净化效率，另一方面也增加了阻力，降低了抽气能力。为

了维持系统能够正常运行，当内部阻力增加到设定限值时，清灰机构能自动打开脉冲阀门和自动启闭提升气缸，轮流分室吹气，以螺旋方式进入袋口，使滤袋膨胀收缩产生的振动，把挂在袋壁四周的粉尘抖落，使滤袋阻力减小，恢复正常工作。由于被清灰的一室，首先切断了上升的气流，在不受干扰的情况下脉冲清灰，能消除粉尘二次吸附现象，因此清灰彻底，除尘效率提高。除尘器主要参数如下：

处理风量：$43466m^3/h$

过滤风速：1.16m/min

过滤面积：$624m^2$

设备阻力：1200~1600Pa

除尘器室数：5 室

滤袋规格：$\phi 130 \times 3200mm$，$500g/m^2$

滤袋材料：涤纶针刺毡，使用温度为 120℃

滤袋数量：480 个

脉冲阀：5 个

提升气缸：$725 \times \phi 100$，5 个

压缩空气耗量：$4.2Nm^3/min$

清灰压力：$5 \times 10^5 Pa$

除尘效率：≥ 99.5%

风机型号：G4-73 № 10D 离心引风机

流量：$39926~44004m^3/h$

全压：3166~3018 Pa

电功率：Y250M-4-55kW

实例 2：铁型覆砂铸造废气处理实例

铁型覆砂造型材料覆膜砂的黏结剂是酚醛树脂，高温使酚醛树脂热分解，产生一定量的酚类、苯系物和稠环芳烃等有机废气，而且酚醛树脂在加了六亚基四胺后，热分解时会产生氨。由于造型、浇注都是间歇性生产，产生的废气属典型的浓度波动大、总体浓度不高、气量大的有机废气。目前，废气处理可选择的工艺比较多，以下介绍两种工艺，供参考。

1）采用"喷淋洗涤 +UV 光解"联合治理工艺，见图 8-1。工业废气经收集后，首先经喷淋塔 1 水洗后，将易溶于水的甲醛和氨吸收；然后进入喷淋塔 2，通过在循环液中添加一定量的碱液，将苯酚等弱酸性废气成分吸收，当苯酚含量较低时，无须设置喷淋塔 2。经喷淋洗涤净化后的气体进入 UV 光解装置，将有机废气进一步净化后，氧化为二氧化碳和水，经排气筒达标排放。喷淋塔所用喷淋液循环使用，一定时间后排入污水处理系统。原来有刺激性气味的有毒有害气体，经采用"喷淋 +UV 光解"处理后，情况明显好转，尾气排放达到相关国家标准要求。

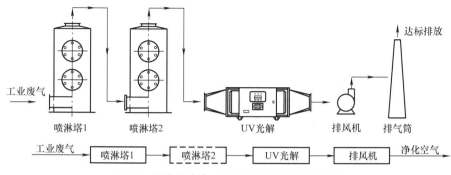

图 8-1   "喷淋洗涤 +UV 光解"联合治理工艺

2）采用"低温等离子技术 + 喷淋二次净化"联合治理工艺，工艺流程如图 8-2 所示。通过吸尘罩收集到的废气受到风机的牵引作用，首先经过低温等离子净化器的一级净化，使部分污染物分子在极短时间内被分解，生成无害的小分子；随后剩余废气进入玻璃钢中和净化塔内进行二次净化处理。喷淋液可吸收有机废气，生成无害的盐类并同粉尘一起溶解于中和液中，在该过程中废气可得到完全净化处理。中和塔中的中和液虽然可以循环使用，但达到一定浓度后需要把废液排放到排污池中进行污水处理。低温等离子体技术应用于恶臭气体治理，具有处理效果好，运行费用低廉、无二次污染、运行稳定、操作管理简便、即开即用等优点。图 8-3 所示为该工艺的应用现场。

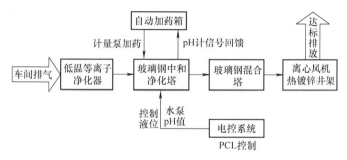

图 8-2   "低温等离子技术 + 喷淋二次净化"工艺流程

图 8-3   "低温等离子技术 + 喷流二次净化"工艺应用现场

8.2.2 噪声

铁型覆砂铸造生产线的噪声源主要有两类：一类是各种气动控制阀排气产生的噪声，另一类是铁型采用振动落砂产生的噪声。

压缩空气经换向阀向气缸等执行元件供气，动作完成后，又经换向阀向大气排放。由于阀内的气路十分复杂且又十分狭窄，压缩空气以近声速的流速从排气口排出，空气急剧膨胀和压力变化产生高频噪声，声音十分刺耳。排气噪声与压力、流量和有效面积等因素有关，阀的排气压力为 0.6MPa 时可达 100dB（A）以上，而且执行元件速度越高，流量越大，噪声也越大。解决此类噪声问题，只要在阀的排气口安装消声器即可有效降低排气噪声。消声器主要分为阻性消声器、抗性消声器和阻抗复合消声器三种。铁型覆砂铸造生产线上一般都采用阻性消声器，这种消声器在较宽的中高频范围内，特别是刺耳的高频声波消声效果更为显著。

铁型在第二次造型时，需要对型腔内的残砂进行清理。为了提高清理的效率，减轻劳动强度，一般采用机器振动落砂，通过气动微震装置或振动电动机驱动，使铁型与落砂斗产生高频率的碰撞，将残砂振落下来，但在这一过程中也会产生较大的噪声，一般超过 85dB（A）。每个铁型落砂产生噪声的时间为 30~50s，对车间周边环境影响较大。治理这类噪声，一般采用隔断法，主要由两种方法，一种是在机器周围搭建隔声房，另一种是将机器安装在地下空间内。因为铁型是在连续的输送线上输送的，采用隔声房，必须要留出输送线的位置，影响隔声房的密闭性，同时隔声材料的性能有限，因此隔声房的效果并不是特别好。因而，有企业将振动落砂机安装在地下空间，通过升降机将铁型放置下去，工作时完全盖住封闭，隔声效果比较好，但造价比较高，对生产率有一定影响。

8.2.3 废水和固体废弃物的处理

1. 废水

铁型覆砂铸造生产过程中的用水主要是冷却水，包括造型时射砂板、模板的冷却，液压站的冷却和铁型的冷却。射砂板、模板、液压站的冷却水，一般采用循环水，可单独设置循环水箱。目前造型机一般采用液压缸作为举升缸，模板距离液压缸有一定距离，因此模板一般不再冷却。射砂头如果采用移动式，不会在铁型上方停留过长时间，一般也不用水冷。如果射砂板单独需要水冷，又不便与其他冷却水系统接入，由于冷却水用量比较少，也没有污染，可以不用循环，直接排放。对于厚大铸件，由于铁液热量较大，使铁型温升较高，不利于后续造型，需要强制冷却。根据铁型实际温度和生产节拍对冷却时间的要求，可采用风冷、水雾冷却和直接喷水冷却。直接喷水冷却会影响铁型的使用寿命，尽量避免使用。当采用水雾冷却时，水雾接触铁型后直接汽化，不会产生水的滴落。如果采用直接喷水，水滴部分会在铁型表面直接汽化，部分会滴落到下面的收集槽中，通过管道引入到沉淀池，将水中的泥沙沉淀后，可以继续使用，或者将水排入企业污水管网，总体水量比较少。

2. 固体废弃物

铸造生产过程中产生的固体废弃物主要是造型过程中的废砂，熔炼、浇注过程中的废渣及除尘设备收集的灰尘。铁型覆砂铸造采用覆膜砂造型，用砂量较少，而且覆膜砂可以全部进行再生回用，因此在造型过程中没有废砂产生。铸造企业的固体废弃物一般通过有资质的回收单位回收处理，通常用于建筑制砖等。

8.3 节能

铸造是机械制造行业的耗能大户，占比在 25%~30%，同时我国又是铸造大国，铸件产量占全世界产量的 45% 左右，而我国的吨铸件综合能耗是同等条件下发达国家的 1.6 倍，因此推进铸造行业节能减排的意义重大。铁型覆砂铸造作为一种先进的特种铸造，在节能方面也有很大的优势，具体表现在以下几个方面。

1）提高金属液的利用率。金属液的熔炼是铸造过程中消耗能源最大的环节，熔炼能耗占铸造总能耗的 70% 左右，因此提高铸件出品率，即金属液的利用率，是铸造行业节能的重要路径之一。铁型覆砂铸造利用特有的铸型优势，可以有效改善铸件凝固过程，减少铸造浇冒口系统的体积，特别是在球墨铸铁生产中，可以实现小冒口甚至无冒口铸造，大大提高了铸件出品率。

2）减少用砂量。型砂的再生，特别是采用机械化、自动化的设备，其能耗在铸造过程中也占很大比例。铁型覆砂铸造采用覆膜砂作为型砂，覆砂层厚度一般为 5~8mm，大大减少了覆膜砂的用量。与同样采用覆膜砂作型砂的壳型铸造相比，壳型铸造的型壳一般为 8~10mm，铁型覆砂铸造的用砂量也明显减少。铁型覆砂铸造应用企业可以不设砂处理，将砂处理委托专业覆膜砂厂集中处理。

3）减少热处理工序。利用铁型覆砂铸造冷却速度快、铸型刚度好的优点，在生产高牌号的球墨铸铁件时，铸态力学性能就可以达到要求，从而省去了热处理这一能耗较大的工序。

4）减少清理打磨工作量。铁型覆砂铸造生产的铸件尺寸精度高，表面质量好，减少了后续的抛光打磨工序。一般黏土砂铸造，铸件通常经过两道抛丸处理，即先经过初抛后进行打磨，打磨完成后再进行一次抛丸。铁型覆砂铸造生产的铸件，带有的残砂较少，可以直接进行打磨，打磨后再进行一次抛丸即可，而且抛丸的时间也可缩短。

5）有利于提高管理水平，降低废品率。铁型覆砂铸造采用覆膜砂机器造型，造型质量稳定，造型对铸件质量的影响因素少，可以有效提高铸造过程的质量管理水平，保持稳定、较低的废品率。在计算机仿真模拟的协助下，工艺设计的水平大大提高，铁型覆砂铸造的废品率一般可稳定控制在 5% 以下。

6）覆砂过程充分利用余热。铁型覆砂铸造利用覆膜砂热固化成型，造型时模板和铁型需要加热到200℃以上。模板一般采用电热管加热，通过温控系统使模板保持在200~250℃。铁型通过铸造生产工艺调整，可充分利用浇注后铁型的余热造型。铁型覆砂铸造的生产过程不同于其他铸造工艺，生产流程从浇注开始，到造型结束，目的就是利用铁型的余热去造型。在铸造工艺设计时，也要充分考虑整型金属液的重量与铁型重量的匹配，确保浇注冷却开箱后，铁型的温度上升到可以造型的温度要求。

8.4 本章小结

本章介绍了铁型覆砂铸造过程中产生的主要污染物和治理措施，以及铁型覆砂铸造的节能优势。近年来，铸造行业的节能减排和环保治理已经有了很大的进步，但与国外先进水平相比还是有很大的差距，与政府、职工、周边环境的要求还有较大差距。在国家"创新、协调、绿色、开放、共享"的发展新理念下，铸造行业的节能减排、转型升级要求会越来越高，这就需要从铸造工艺、设备本身上不断改进革新，减少污染物的排放和降低能耗，也要从环保治理方面发展新的处理工艺和设备，提高治理能力。铁型覆砂铸造的节能环保工作任重道远。

第9章 铁型覆砂铸件质量控制

在铸造成形过程中，由于种种原因，在铸件表面和内部会产生各种缺陷。铸件缺陷会导致铸件性能下降、使用寿命缩短、报废和失效。铁型覆砂铸造过程也会产生各类铸造缺陷，与砂型铸造相比，缺陷表现和产生原因有些不同。铁型覆砂铸造可完全消除皮下气孔，基本消除球墨铸铁件的缩孔、缩松缺陷，但是，除了铁型覆砂铸件特有的缺陷"气缩孔"外，还有一般铸件常有的缺陷，如夹渣、冲砂和砂眼、浇不足、错箱等，在操作不严格的情况下，也常有发生。本章主要介绍了各种铁型覆砂铸件可能存在的铸造缺陷及其产生原因，提出了减少和防止缺陷的常用措施。

9.1 主要缺陷及防止措施

9.1.1 气缩孔

气缩孔是由于砂芯的发气量大，无排气孔，芯头排气不畅，未上涂料等因素，造成芯内高压的气流突破砂芯而浸入铁液中，气体来不及上浮外逸，最后停留在铸件内部而形成的。气缩孔是铁型覆砂铸造特有的铸造缺陷，其实质是气孔和缩孔（松）的叠加，在其他种类铸造中也偶有发现，但都不如铁型覆砂铸造显示得那么明显、突出。气缩孔如图9-1所示。

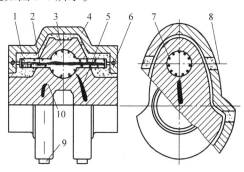

图 9-1 气缩孔

1—覆砂层 2—排气道 3—铸件 4—铁型 5—气缩孔 6—排气孔 7—砂芯
8—排气方向 9—内浇口 10—铁液流向

1. 外貌特征

气缩孔以浸入气体为主，常产生于铁型覆砂铸铁件有砂芯的热节处，呈倒梨状或惊叹号状"！"，孔的大端向上，可以是穿天的，也可以是在铸件内部的，孔内大端表面光滑、平整，呈气孔特征；小端表面粗糙，凹凸不平，并且夹杂有石墨、枝晶等杂物，呈缩孔、缩松的特征。有的尾部可延续到砂芯表面。整个孔洞表皮呈暗黑色，既具有气孔的特征，又有缩孔（松）的特征。

2. 形成原因

气缩孔的形成原因主要有以下几点：

1）铁型覆砂铸造是利用铁型的刚性，充分发挥球墨铸铁石墨化膨胀作用，使铸件自补缩，消除缩孔、缩松。但当铸件内存有气孔时，特别有较大体积的气孔时，由于气体的可压缩性，气孔的体积虽可压缩但不能消除。原来用于自补缩的膨胀力，就不能完全用作自补缩，而有一部分，甚至大部分用来压缩气孔，这样铸件内部的缩孔、缩松就不能消除。特别在有砂芯的部位，由于砂芯的退让性大，削弱了这部位的石墨化膨胀。

2）砂芯导热性和热容量都较少，因此减缓了铸件这部位的冷却速度，产生热节。

3）砂芯发气量大，如果排气不畅，气体就会入侵铸件产生气孔。因此，铸件的这个部位常易产生由气孔和缩孔（松）结合在一起的"气缩孔"。如S195球墨铸铁曲轴采用铁型覆砂铸造时，在曲拐处常会出现这种"气缩孔"。

形成"气缩孔"的两个必要条件：

1）浇注、凝固时有气体存在。

2）铸造凝固时产生缩孔、缩松。

对任何铸造合金和铸造工艺，这两个条件是完全具备的，而且是铸造工作者千方百计、想方设法克服和防止的，但铁型覆砂铸造有其独特的条件，促使气孔和缩孔（松）结合起来，形成气缩孔。

铁型覆砂铸造形成气缩孔的气体来源与其他铸造方法一样，大致可分为3类：由铸造金属中析出的气体、由铸型中产生的侵入气体和由金属液与铸型相互化学反应产生的反应性气体。

由于浇注过程中金属液对铸型和砂芯热作用，使型壁和砂芯中产生的气体和型腔中原有的气体侵入金属液内所形成的气孔，称为侵入性气孔；溶解于金属液中的气体，在金属液冷却凝固过程中，由于溶解度降低而析出所形成的气孔，称为析出性气孔；金属液内某些成分之间或金属液与铸型之间发生化学反应产生的气体所形成的气孔，称为反应性气孔。在铁型覆砂铸造中，形成气孔的因素中有下列几项影响较少，可不予考虑。

1）作为铁型覆砂铸型型壁的覆砂层，一般采用热固性酚树脂覆膜砂，其吸湿性很差，造型时需经 200~300℃固化，即使存放较长时间，型壁含水分量也很少；而且覆砂层厚度很薄，只有 4~10mm，用砂数量很少，所含树脂就更少，因此浇注时型壁发气量就少得多。

2）对球墨铸铁，铁液经球化处理，原溶解于水中的气体得到充分搅拌释放，如果孕育剂烘烤充分，铁液中的气体含量会降得很低，凝固时析出性气体量就可减到很少。

3）由于铁型覆砂铸型中含水分量很少，金属液内某些元素之间或金属液与铸型之间化学反应生成大量气体的条件不存在，不可能产生大量的气体，在铸件中形成气孔。

铁型覆砂铸造时造成铸件气孔最大可能的是砂芯产生的气体和型腔内的气体。由于铁型覆砂铸造的铁型完全没有透气性的特定条件，如果排气系统设计得不合理，或者排气系统不畅通，浇注时砂芯所产生的气体和型腔内的气体排除不了，就会留在铸件内形成气孔。

图 9-2 所示为 S195 曲轴砂芯。由图可见，其中部是"鸭蛋"形的发气源，两端为 $\phi14mm$ 的细长芯头，成紧缩瓶口状，对芯内气体的排除非常不利。对已投产的某气缸的球墨铸铁曲轴毛坯进行解剖试验，表明了 S195 曲轴是最易产生气缩孔的缺陷。

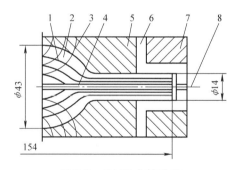

图 9-2　S195 曲轴砂芯
1—定向气流　2—砂芯　3—不定向气流　4—排气道　5—曲轴铸件
6—覆砂层　7—上、下铁型　8—排气

3. 防止措施

铁型覆砂铸造的铸型由覆砂层和背衬的铁型组成，这种铸型的刚度很好。覆砂层的厚度基本均匀，一般只有几毫米厚，为分散性发气，对气缩孔的形成影响很小。实践表明，铁型覆砂铸造的气源主要来自集中发气的砂芯。因此，设法降低砂芯的发气量，是防止气缩孔的关键。为降低砂芯的发气量，最好是采用低发气量覆膜砂以热芯盒制取砂芯，其次是不用或少用高发气量的桐油和糊精作砂芯的黏结剂。控制桐油的加入量为 1.5%~2.5%、糊精的加入量 ≤ 1%~1.5%、膨润土加入量 ≤ 2.5%，烘干时间 >1h，烘干温度为 200℃左右。对于隔夜受潮或上涂料的砂芯，应进行二次烘干；还应加强砂芯的排气措施，用蜡线或气针做出排气孔，控制芯头和芯座间隙为 0.1~0.2mm，以防铁液进入间隙中，堵塞排气通道，并在离覆砂层 10~15mm 的铁型分型面上加工出 $\phi8mm$ 的排气孔（见图 9-1），保证芯头排气通畅。

另一方面，在不出现石墨漂浮的前提下，尽量提高碳当量和增加孕育处理效果，充分利用铁型覆砂铸型刚度大和石墨化膨胀产生的自补效果，把气缩孔挤压到最小的范围。

在浇注时，因型内空气被迅速加热膨胀，使型内气压迅速上升，这对铁型覆砂铸造的浇注排气极为不利。因此，应在铸型的最高点设置排气孔（见图 9-2）并及时引火，把型内气体及时引出型外；适当地提高浇注温度，以降低铁液的表面张力和黏度，同时降低浇注速度，以便型内气体的排除，这对防止气缩孔缺陷也是行之有效的。

铁型覆砂铸造对球墨铸铁等铸造合金没有特殊要求，一般用于砂型铸造的合金，它都能使用。对铸造工艺工装方面的注意事项和防止措施主要有：

1）对铁型覆砂工装设计，必须注意设置必要的排气通道和排气孔塞，保证浇注时型腔中和砂芯产生的气体能够迅速排出型腔，而不入侵铸件，形成气孔；铁型要有足够的刚性，箱扣有足够的强度，能承受石墨化膨胀力，使铸件有足够的自补缩能力。

2）铁型合型以前要严格清除排气通道、排气孔穴中和分型面上的浮砂、积炭和铁渣，使排气通道和分型面排气间隙排气畅通。

3）如果有砂芯，则芯内要有通气孔，芯头附近要设排气孔，排气孔与芯头通气孔之间要求有能排气且在覆砂造型时不漏砂的薄型通道，保证砂芯排气通畅；砂芯芯头和芯座配合间隙要大小适当，要求合型时既不压破芯头，又不能间隙过大，让铁液钻入，堵塞排气通道。

4）浇注速度要适当慢些，让气体有充分的时间从型腔排出，并且要在分型面处点火，加速气体的排出。

5）铸件结构、重量大小、壁厚：铸件这些方面的因素都将影响铸件中夹渣缺陷的产生和存在。相对而言，铸件壁厚厚、重量重，都要有利于铁液中夹杂物、夹渣上浮；铸件结构复杂、拐角多，则容易在这些部位存在夹渣类缺陷。

6）铁型覆砂铸造的工艺特性与砂型铸造不同，采用铁型覆砂铸造生产球墨铸铁件、灰铸铁件时，往往采取同时凝固方式和无冒口生产工艺，浇注系统结构紧凑，铸件出品率高。这样，其浇注系统对铁液的过滤、挡渣效果就比砂型铸造要差得多。因此，铁型覆砂铸造更加注重对原铁液、铁型铸型外部（如浇口杯设置铁液过滤系统）等的夹杂物去除方法。

铁型覆砂铸造实际生产 S195 曲轴的气缩孔缺陷产生原因和防止措施等见表 9-1。

表 9-1　铁型覆砂铸造实际生产 S195 曲轴的气缩孔缺陷产生原因和防止措施

缺陷名称	气缩孔
产品名称	S195 曲轴
铸件质量	17kg
铸件材质	QT600-2
工艺方案	一箱 4 件，水平布置，水平浇注，同时凝固，浇注位置在曲轴平衡块处，每件曲轴一个内浇口中
缺陷状态	解剖后发现其孔壁光滑、有氧化色、长条蠕虫状。经解剖发现，其尾端有的与油孔泥芯内壁直接相连
缺陷位置	曲轴油孔泥芯内侧中上部或上部位置
产生原因	1）曲轴油孔泥芯发气量大，铁液浇注过程中曲轴油孔泥芯产生大量气体来不及排出 2）铁液收缩量大 3）铁液静压头不够
防止措施	1）减少曲轴油孔泥芯的发气量。该砂芯一般采用热覆膜砂制作，制作时其中鸭蛋状截面大；当砂芯固化起模取出时，该部位砂芯内部的覆膜砂没有完全固化，发气量大。将该砂芯放入 200℃左右的烘箱中烘半小时，使这一部位的砂芯完全固化，以减少铁液浇注过程中砂芯产生大量的气体 2）在铁型型腔方面，该砂芯芯头部位应开设排气槽，铁液浇注时及时将泥芯产生的气体排出 3）适当提高铁液的碳当量，提高该铁液的流动性和自补缩能力 4）适当提高该产品的浇口杯高度，提高浇注过程中铁液的静压力，以加强浇注过程中铁液的补缩能力，提高铁液的排气能力

9.1.2　冲砂、砂眼

铁型覆砂铸件中的冲砂、砂眼缺陷与砂型铸造一样，是由于铸型、砂芯局部受铁液冲刷、损坏而引起铸件表面不规则的金属瘤状物。冲砂常出现于浇口附近，而砂眼则出现在离浇口较远处、转弯死角处等的上表面。冲砂在铸件表面很明显，一眼即可看出，而砂眼则在铸件内部，机械加工后才能显现出来。对一般铸件，小量的冲砂和砂眼，问题不大；对重要的铸件如曲轴等，即使一粒很小的砂眼，也会影响零件的使用性能和寿命，因此只能报废。

1. 外貌特征

铁型覆砂铸造球墨铸铁件的砂眼容易与夹渣缺陷混淆，但因两者的填充物不同，故可用硫印加以鉴定。

2. 形成原因

覆膜砂为酚醛树脂砂，在正常情况下，其抗拉强度为 0.30~0.35MPa，足以抗衡铁液的冲刷，不会造成铸件产生冲砂和砂眼的缺陷。但当覆砂造型时，模样和铁型温度过高，固化时间太长，使覆砂层烧焦，失去强度而砂粒松散。浇注时铁液流稍一冲刷，砂层即遭破坏，形成冲砂缺陷；被冲刷下来的砂粒飘浮到远离浇口处或死角处停下，形成铸件砂眼缺陷。

铁型覆砂铸型的覆砂层选用 2123 酚醛树脂砂，射砂成型。对 2123 酚醛树脂砂的性能测试表明：覆砂层的强度与其表面的颜色有密切关系，如图 9-3 所示。黄色覆砂层的强度随温度的升高而加强；棕色覆砂层的强度最好；当覆砂层出现咖啡色时，其强度会随温度的进一步升高而降低。此时用手擦覆砂层，会出现枯砂（浮砂），并在浇注后，随着铸型温度的升高，其强度会进一步下降，这是造成砂眼的主要原因。

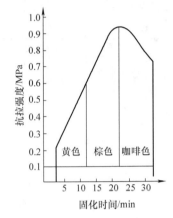

图 9-3　覆砂层强度与颜色的关系（固化温度 360℃）

另外，在铁型合箱时，上、下铁型分型面是刚性接触，如果合箱速度快，两者会产生较大冲撞，造成铸型覆砂层上的砂粒掉落；铁型覆砂铸型合箱后，上、下铁型分型面是刚性接触，在随后的铁型输送过程中，如果输送辊道运行不平稳，或者前后铁型之间产生相互碰撞，也会将铸型覆砂层上的砂碰落。

3. 防止措施

要防止铁型覆砂铸件的冲砂和砂眼缺陷，必须严格控制模样和铁型的温度在要求范围之内，固化时间适当，不使覆砂层被浇焦，就能达到目的。有必要指出，铁型覆砂模样温度有仪器自动控制，不会升得很高，但铁型就不同了。当夏日连续生产时，铁型温度会升得很高，覆砂造型时即使固化时间控制得很短，起模后由于铁型的高温，仍足以将覆砂层烤得焦枯，失去强度。因此，每当热天或连续生产时，必须采取措施，对温度过高的铁型施加强制冷却，如吹风冷却或喷雾冷却，或者将过热的铁型换下来，换上冷的铁型继续生产。

控制覆砂层厚度使其基本均匀，一般不小于 3mm；合箱时，清除铸型内的浮砂；控制铁型和模板的预热温度为 250~300℃，并使铁型的预热温度高于模板的预热温度，避免出现相反的情况；选择黄色或棕色的覆砂层，避免咖啡色的覆砂层出现；选用天然的圆形石英砂：SiO_2>85%，含泥量 < 0.5%，耐火度达 1500℃，规格为 50/100；对于重复使用的铁型，当其表面温度高于 300℃时，应强制冷却后再覆砂造型。

上、下铁型合箱时应平稳，避免合箱时有较大的冲击；合箱后铁型的输送过程中应平稳，同时应避免前后铁型的相互碰撞。

铁型覆砂铸造实际生产中砂眼和冲砂缺陷产生的原因和防止措施等见表 9-2。

表 9-2　砂眼和冲砂缺陷产生的原因和防止措施

缺陷名称	砂眼、冲砂
铸件质量	不等
铸件材质	各种材质
工艺方案	铁型覆砂铸造
缺陷状态	铸件表面或表层有砂粒或砂块存在，抛丸后该处成为空洞
缺陷位置	铸件上部表面、铸件拐角处，也有些在铸件下部
产生的原因	1）覆砂层不紧实 2）覆砂造型后合箱前，没有将浮砂吹去 3）合箱时，上铁型与下铁型有大的碰撞 4）合箱后，铁型在输送过程中与前后铁型碰撞 5）合箱后，在输送过程中箱扣没有锁紧 6）铁型温度过高，造成覆膜砂提早溃散 7）覆砂层的型砂耐热性能差
防止措施	1）合理开设铁型射砂孔，使型腔中覆砂层紧实致密 2）上、下铁型在合箱前，一定要将型腔中的浮砂吹干净 3）一定要在将箱扣锁紧后，方可推动铁型 4）合箱后的铁型在输送过程中尽量不要与前后铁型相撞 5）生产过程中当铁型温度过高时，应及时对铁型进行降温 6）对于铸件较重的铁型覆砂铸造生产，采用耐热强度高的覆膜砂 7）铁液在浇注前，将浇口杯铁液入口处用板盖住，防止车间的粉尘、砂粒进入浇道 8）当铸型型腔由砂芯形成时，一定要注意砂芯芯头与铁型型腔中芯头的间隙，避免下芯、合箱时，砂芯芯头与铸型不匹配，造成落砂现象 9）注意浇口杯的型砂强度，防止在浇注过程中将浇口杯中的型砂带入铸型
缺陷示意	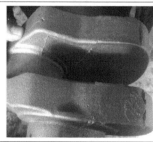 

9.1.3　夹渣

　　仅就浇注铁液中夹杂物或夹渣的形成原理而言，砂型铸造与铁型覆砂铸造基本相似。因此，铁型覆砂铸造与砂型铸造一样，同样也会产生夹渣铸造缺陷。但因铁型覆砂铸造的铸型传热快，金属液在其铸型中的冷却速度快，其浇注系统挡渣效果差及铸件加工余量小等因素，使铁型覆砂铸造生产中对金属液中夹杂物或夹渣的要求比普通砂型铸造更为严苛。其形成原因和防止措施与砂型铸造有相同之处，也有一些特别应该注意的地方。

1. 外貌特征

由于铁型覆砂铸造的冷却速度较快，相对而言，铸件的外壳形成就较早，因此夹渣位于表面 2~4mm 之间。机械加工后，经磁粉探伤才能发现。夹渣一般分布在铸型的上部或砂芯的下部和铸件的死角处，渣不易上浮的部位。

夹渣是球墨铸铁常见缺陷，又称渣黑斑。多出现在铸件上表面或芯子下表面死角处。夹渣根据形成时间可分为一次渣和二次渣两大类。一次渣产生于熔炼和球化处理过程，一般用扒渣和浇注系统挡渣较容易去除干净，有时也可能跑到铸件内，构成一次夹渣；从铁液浇注开始到凝固结束这一阶段产生的渣为二次渣，这种渣不易清除，而且在浇注过程中不断产生，进入铸件内形成二次夹渣。

夹渣部位断口和正常球墨铸铁断口及石墨漂浮区不一样，呈灰褐色，无金属光泽。有呈大片分布，也有呈斑点分布在金属基体中，或者呈现连续多孔状分布，距铸件上表面较近的、较大块的通常是一次夹渣。二次夹渣一般存在于铸件内部，形态较为细小且特别容易在铸件拐角等死角部位出现，如曲轴的轴颈台肩处等。

夹渣可用硫印法显示出来，一次夹渣硫印后，呈棕黑色团块状，有时大块堆集在一起，分布不均匀。机械加工后，夹渣剥落，出现不规则或不光滑表面空洞或夹灰；用磁粉探伤，可以看到分散的黑点（空洞），有时夹渣严重，可呈缩孔、缩松状。二次夹渣硫印后，呈棕黄色污点，分布均匀，或稀或密；用磁粉探伤，呈分散性裂纹状痕迹。

从金相组织上看，夹渣区除有球状石墨外，还有片状石墨，晶间碎点状石墨以及氧化物、硫化物，石墨数量较正常组织区为多。夹杂周围有铁素体存在。

夹渣区的化合物组成有（镁球墨铸铁）MgO、SiO_2、$MgSiO_3$、Mg_2SiO_4、MgS、Al_2O_3、Fe_2SiO_4、Fe 和硅铁等，一次夹渣多为 Mg_2SiO_4，二次夹渣为 $MgSiO_3$。

铸件有了夹渣，其冲击韧性几乎下降一半。当承受冲击载荷较大或小能量多次冲击的零件，如曲轴时，有了夹渣，其抗冲击疲劳性能大大减弱，使用过程中极易断裂。耐磨零件的耐磨性能大为下降。因此，生产单位会依据零件工作条件和重要性，规定夹渣允许部位、数量及大小尺寸范围标准，超标则报废。

2. 形成原因

因铁液扒渣不净、挡渣不及时、浇注系统挡渣不良等因素，造成渣直接随铁液流入铸型中形成的，即一次夹渣；由铁液输送、转包、浇注不平稳等因素，造成铁液飞溅，使镁、稀土、锰等继续氧化而形成的，即二次夹渣。

影响形成夹渣缺陷的因素：

1）化学成分。球墨铸铁的镁残留量与夹渣形成有密切关系，当镁残留量超过0.05%（质量分数）时，开始出现夹渣缺陷，镁残留量越多，夹渣层越厚。因为镁多，容易结成氧化皮，促成夹渣形成。稀土可以减少镁球墨铸铁夹渣的形成，因其降低了形成氧化皮的温度。稀土镁球墨铸铁氧化皮形成温度约为 1230℃，比镁球墨铸铁低 50℃。这就是说，当铁液温度相同时，相对提高了稀土镁球墨铸铁浇注时的过热温度，因此稀土镁球墨铸铁夹渣自然比镁球墨铸铁少得多。

原铁液硫含量低，铸件夹渣缺陷少。电炉铁液中的硫含量只有 0.03%~0.04%（质量分数），很少见到夹渣，而冲天炉铁液硫含量高，铸件夹渣缺陷出现得较多。

2）铁液熔炼。铁液的熔化过程对铸件夹渣的产生有着很大的影响。就中频感应电炉熔化而言，从炉料熔化成熔融铁液的时间长短，对铁液的氧化程度起到十分关键的作用；同时炉料的清洁程度、锈蚀程度、块度大小等对铁液的质量均会产生一定的影响。

3）球化处理及孕育处理。铁液在球化处理时会产生大量的夹杂物、夹渣，这些夹杂物、夹渣的清除是减少一次夹渣缺陷的关键。孕育处理，尤其是铁液浇注时进行的瞬时孕育处理，对球墨铸铁一次渣、二次渣的产生均有着较大的影响。

4）浇注温度。生产实践表明，浇注温度对夹渣影响很大，提高浇注温度，可以减少、甚至消除夹渣。对稀土镁球墨铸铁曲轴（4110 型）尾部夹渣层厚度与浇注温度关系的研究发现，在 1300℃以上的浇注温度，夹渣缺陷基本上消除。高温浇注的作用在于给夹渣物上浮留有充分的时间。

有研究认为，夹渣主要是由于球墨铸铁容易生成氧化皮引起的。其原因在于镁或稀土元素对氧亲和力很大，并且随着温度下降而增加；其他元素，如硅、锰和铁等也有相同性质，但较镁弱得多。因此，温度越低，铁液表面生成氧化物也越多。将浇注温度提高到 1426℃，可以防止孕育硅铁氧化形成夹渣。

铸铁中的碳使上述氧化过程变得复杂化，碳与上述元素相反，对氧的亲和力随着温度上升而增加。对某一元素来说，在某一临界温度以上，碳对氧的亲和力将超过该元素对氧的亲和力，这时碳可以还原该元素的氧化物。这些临界温度按镁、硅、锰、铁依次下降。临界温度还受各元素的浓度影响，浓度越低，临界温度下降越多。碳在这些过程中氧化，生成 CO，不断逸出铁液表面，使铁液表面洁净。在一定温度下，碳还原了 SiO_2、FeO、MgO 等有"破坏"铁液表面氧化皮，不使铁液表面氧化的作用，即碳能保护铁液。球墨铸铁铁液中有了镁，一方面易氧化生成MgO；另一方面镁蒸气不断逸出铁液，隔开空气，又使铁液免遭氧化，保护铁液。

对夹渣区进行金相检查和电子探针分析，发现有未熔的硅铁存在，局部硅含量最高达 70%，同时有 MgO、MgS、MnO 等并存。

铁液在球化处理后，温度一般都在 1350℃以下，碳的还原能力、镁蒸气的保护作用都很弱，铁液在转运、转包、浇注过程中不断翻滚、飞溅，使铁液不断更新表面，与空气或型腔水分接触，给氧化提供了机会，使氧化皮数量大增。这时铁液素流、飞溅会撕碎这些氧化皮，并将它卷入铸件内部。面积大、密度小的氧化皮在铁液中可以迅速上浮，并吸附铁液中的硫化物；其他氧化物微粒和游离石墨一起上浮至表面，构成二次夹渣。球墨铸铁宽阔的糊状凝固区域，给这些非金属杂物上浮带来困难，夹杂物遂分布在铸件表面以下较宽的范围内，在铸件表面以下较宽的范围内形成夹渣。由于浇注扒渣不净，挡渣不够，一次渣也可能进入铸型形成夹渣。此时夹渣区既有一次夹渣，也有二次夹渣，因为二次渣形成较晚，来不及浮至表面，因此二次夹渣位于一次夹渣下方。

3. 防止措施

1）在保证铁液球化的前提下，尽量减少稀土、镁中间合金的加入量，控制残留镁量，一般推荐在 0.02%~0.04%；降低铁液硫含量和原铁液硫量，越低越好。

2）尽量扩大横浇道的截面比，使渣能在横浇道中充分上浮；浇注平稳、避免铁液飞溅，防止二次夹渣；采用过滤网撇渣并及时挡渣，用茶壶包浇注。

3）降低球化剂硅含量。在保证质量的前提下，减少孕育剂硅铁加入量，采用瞬时孕育、包外孕育、浇口杯孕育、型腔孕育等强化措施。

4）提高浇注温度，最好超过 1300℃。球墨铸铁高温处理后，暴露液面，适当静置，既有利于渣的充分上浮，也便于选择较高的浇注温度，这是不可忽视的原则；采用定量瞬时孕育工艺，选用 2~3mm 的硅铁颗粒（绝对不能用硅铁粉），并且将硅铁预热 200℃以上再使用。

5）采用半封闭浇注系统，既能挡渣又能保证平稳供给铁液，力求避免铁液飞溅、紊流。如果能采用铁液滤网，那将更好。

6）使用除渣剂冰晶石粉。铁液表面覆盖冰晶石粉 0.1%~0.15%，搅拌、扒渣。如此两三次，再覆盖 0.3% 冰晶石粉，可有效消除夹渣。因为球墨铸铁熔渣熔点高、表面张力大、呈糊粥状、流动性差，不易扒净，很容易随铁液混入型内，形成夹渣缺陷。加入冰晶石粉，可降低熔渣熔点和表面张力，能润湿溶解于渣的氧化物、硫化物，使熔渣扒除方便；冰晶石粉还能热分解生成 AlF_3，在 1260℃时蒸气压力达到 1atm（1atm=101.325kPa），能保护铁液表面不受氧化。但冰晶石粉有一定的毒性，会刺激咽喉，使用时应注意防护，加强通风。

7）通过调整铸型型腔的覆砂层厚度来调整铁液的冷却速度，使易产生夹渣缺陷部位的渣有上浮至铸件表面或加工余量范围内的时间。

铁型覆砂铸件夹渣实际案例中夹渣缺陷产生的原因和防止措施等见表 9-3。

表 9-3 夹渣缺陷产生的原因和防止措施

缺陷名称	夹渣
产品名称	轮边器壳体
铸件质量	32kg
铸件材质	QT450-10
工艺方案	铁型覆砂铸造
缺陷状态	上法兰处有多孔状夹杂、釉面渣、加工后仍然不能去除
缺陷位置	铸件上部法兰面、铸件拐角处

（续）

产生的原因	1）熔化铁液温度超过 1570℃，炉衬中 SiO_2 有烧融现象，产生熔渣 2）球化处理前扒渣的除渣剂、覆盖剂等有烧融现象 3）扒渣不干净 4）浇注过程中挡渣措施不够
防止措施	1）适当降低铁液熔化、出铁温度 2）采用温度更高的除渣剂进行铁液去渣、扒渣 3）球化处理后、浇注前，铁液静置 1~2min，让铁液中的熔渣上浮 4）浇注时，在铁液包口放置耐热纤维挡渣块
缺陷示意	
缺陷名称	夹渣
产品名称	轴瓦
铸件质量	17kg
铸件材质	QT450-10
工艺方案	一般采用水平分型，水平浇注，同时凝固，无冒口铸造，一箱 6 件
缺陷状态	铸件表面抛丸清理后，上表面有不规则的凹陷、条缝，或者经机械加工后，经磁粉探伤发现，条状细缝，可用硫印方法加以鉴定
缺陷位置	夹渣位于铸件上平面或离铸件表面 2~4mm 处
产生的原因	1）金属液出炉前，没有及时造渣将金属液中的夹杂物清除 2）球化处理过程中扒渣不干净 3）球化处理中球化剂加入量过大
防止措施	球化处理中加强扒渣工序；浇注前在铁液温度条件允许的情况下，将铁液包中的铁液静置一下，让球化处理产生的渣充分上浮并清除 铁液包铁液注入口处放置挡渣纤维板或造渣材料，防止浇注过程中将铁液包中的残渣浇入浇口和铸型 在浇注过程中，浇口杯和直浇道始终充满，充型平稳，防止二次渣的产生 在保证球化质量的前提下，尽量减少球化剂的加入量 采用瞬时孕育时，孕育剂一定要经过烘烤处理 熔化后的金属液在出炉前一定要经过数次扒渣工序，将金属液中的夹杂物尽可能地清除干净
缺陷示意	

9.1.4 缩松、缩孔

铸型中铁液的液态和凝固收缩若得不到补充，在铸件最后凝固部位就会形成孔洞。大而集中的孔洞称为缩孔，小而分散的孔洞称为缩松。

1. 外貌特征

缩松如图 9-4 所示。

2. 形成原因

结晶温度范围宽的合金以糊状凝固方式进行凝固时容易产生缩松。球墨铸铁在凝固过程中，石墨球在液体金属中生成，当生长到一定程度后，四周形成奥氏体 - 石墨奥氏体共晶团。这种共晶团继续长大，不断消耗铁液并互相接触，使铁液流动困难，不易填空补缩。此时如果铸型型壁在铁液静压力、热影响和石墨化膨胀力作用下，型壁外移，铸件体积增大，除增大铸件的体积外，当得不到液态金属的补充，还会形成宏观缩松，严重的话，还会形成缩孔缺陷。

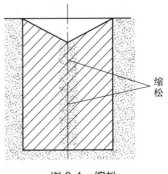

图 9-4 缩松

当共晶团互相接触后，彼此妨碍长大，即互相推开，增大了它们之间的空隙，液体金属很难流入这些晶间缩小空隙，从而形成大量多角形晶间显微缩松。球墨铸铁件内部，特别在热节处有很大范围同时凝固，这些部位显微缩松就更严重了，甚至可以形成缩孔。在热节处设置冒口，可以消除铸件缩孔，但很难使铁液流进那些晶间间隙，消除显微缩松。相反，冒口还可造成新的热节，最后凝固，其中共晶团互相推开，所遇抵抗力较小，共晶团之间空隙反而增大，造成加冒口后铸件缩松、缩孔反而更加严重的现象。

研究表明，湿砂型松软，受膨胀压力后，退让性大，铸件外形尺寸向外胀大，缩松、缩陷都严重。用硬度、刚性较大的干砂型和水泥砂型，铸件外形尺寸胀大不明显，缩松及缩孔相应减少。金属型刚性最好，铸件外形尺寸没有变化，几乎不出现缩松及缩孔。由此可见，型壁是否外移，铸件尺寸是否胀大，直接影响到缩孔、缩松的大小和有无。

铁型覆砂铸型是在金属型型腔内覆一层薄的型砂，其刚性基本和金属型相近。研究发现，球墨铸铁从铁液注满型起，膨胀力即已显示出来，但此时的膨胀力为铁液的静压力和热影响产生的，并非由于球墨铸铁的石墨化膨胀所产生。浇注后数分钟，开始进入共晶凝固，膨胀力不断增长，直到达到最高值。这段时间的膨胀力，不仅包含铁液的静压力和热影响，而且主要受石墨化膨胀力影响。以后开始逐步下降，此时铸件并未完全凝固，但表层硬壳已有相当厚度和强度，与铁型覆砂铸型刚度一起，进一步抑制了铸件内部正在共晶凝固的石墨化向外膨胀，使膨胀力转向铸件内部，向缩松（孔）压去，逐渐增强铸件的自身补缩。经计算，4000 马力（1 马

力 =735.499W）的球墨铸铁曲轴铁型覆砂铸型受到的膨胀力为 9.60kgf/cm；2000 马力的曲轴为 6.07kgf/cm。

铸型受到铁液的静压力、热影响和铸铁的石墨化膨胀力作用，铸型型壁产生位移。型壁移动的大小显示了铸型的刚性。研究发现，铁型覆砂浇注后，铸型型腔不仅不扩大，反而有缩小现象；只有进入共晶凝固后，铸型型腔才略有扩大。由于铸型刚性大，膨胀的绝对值远小于砂型铸造，这是因为刚浇入铁液时，覆砂层受热膨胀，而铁型温度仍较低，抑制了覆砂层向外扩张，只能转向内胀大，因此出现了浇注后初期铸型缩小现象。当铁液热量不断传到铁型以后，因温度逐渐上升而膨胀，型壁外移，同时铁液也开始进入共晶凝固。由于巨大的石墨化膨胀力，迫使铸型型壁更向外移动，型腔扩大。砂型铸造从浇注直到凝固结束，都是向外扩大，最大达 3mm。这是因为砂型刚性很差，不能承受铁液静压力和热影响，更不能承受球墨铸铁共晶凝固的强大膨胀力，致使型壁外移很大。当铸型扩大至一定程度后，就不再继续扩大。此时不是铸件已凝固完毕，而是表层已凝固至一定厚度，抑制了铸件向外扩大，而将石墨化膨胀力引向铸件内部，进行自补缩。

应当指出：铸型刚度包括铸型本身刚性和箱扣的强度两个方面，铁型覆砂铸型的铁型，保证了铸型刚度，而箱扣的强度和拧紧程度也必须保证，使铸件浇注、凝固时不至于抬箱或漏铁液，使球墨铸铁自补缩得到充分发挥。

生产实践表明：球墨铸铁生成缩孔、缩松的倾向比灰口铸铁大得多，究其原因和球墨铸铁的凝固特性、铸型条件有很大关系。

3. 防止措施

铁型覆砂铸型刚性很大，在浇注过程中变形很少，因此铸件体积膨胀也少。这时石墨化膨胀力一方面作用在液体上，使它对的铁液流动起补缩作用；另一方面使奥氏体石墨共晶团互相挤压变形更厉害，压缩了它们之间的间隙，直至消除，从而使铸件致密，密度增加。

缩孔、缩松是在铸件凝固过程中形成表壳以后出现的，在此以前表现为液面下降。缩孔、缩松体积应由液态收缩、凝固收缩及固态收缩 3 项来决定，球墨铸铁的缩孔、缩松还取决于石墨化膨胀量和铸型尺寸的变化。液态收缩、凝固收缩导致缩孔、缩松体积的增加，固态收缩则使之缩小。石墨化膨胀是扩大缩孔、缩松，还是缩小，则要视铸型的刚性而定。刚性差的铸型会导致缩孔、缩松体积增加，而刚性良好的铸型则可引起自补缩作用。至于石墨化膨胀能否完全消除缩孔和缩松，要看液态收缩量和凝固收缩量之和与固态收缩、石墨化膨胀量两项之和的比较结果，后两项之和大于前两项之和，则铸件不出现缩孔和缩松。但固态收缩不易计算，对缩孔缩松体积影响较小，可以不予考虑。因此，可根据其余 3 项来判断利用石墨化膨胀消除缩孔、缩松的可能性。

球墨铸铁的液态收缩量与化学成分和浇注温度有关。球墨铸铁在 1150~1450℃

时，每降低 100℃，液态收缩量为 1%。一般浇注温度在 1300℃左右，铁液量经浇冒口系统要损失一部分热量，温度要下降一些，故铁液凝固前平均过热温度大约在 100℃，则液态收缩量为 1%。

球墨铸铁的凝固收缩量可近似将球墨铸铁金属基体看成为低碳钢，凝固收缩量取 3%。以上两种收缩量之和为 4%（即不考虑固态收缩和石墨化膨胀时，缩孔、缩松体积之和），此数较实际大些。

球墨铸铁的石墨化膨胀量：由于球墨铸铁多为过共晶成分，碳的质量分数平均为 3.7%（质量分数，后同），硅的质量分数平均为 2.5%，共晶转变时析出石墨和奥氏体。对于硅的质量分数为 2.5% 的铸铁，其共晶奥氏体中碳的质量分数为 1.6%。由此可知，共晶转变以前和共晶转变过程中能析出的石墨量为

$$石墨量 = 总碳含量 - 奥氏体碳含量 = 3.7\% - 1.6\% = 2.1\%$$

已知每析出 1% 的石墨，体积增加 2%。则石墨化膨胀量为 $2.1 \times 2\% = 4.2\%$。

当采用铁型覆砂铸型时，型壁基本没有退让性，此数值可完全用来补偿球墨铸铁液态收缩和凝固收缩之和为 4% 所产生的缩孔、缩松，是可消除此种铸造缺陷。当然，如果球墨铸铁化学成分和浇注温度与上述情况差异较大，或者铁型覆砂铸型的覆砂层太厚，消除了铸型的刚性，又或铁型刚性不足，那又另当别论。

鉴于铁型覆砂铸型对球墨铸铁凝固有其独特的作用，因此对这种铸型必须有一定要求：

1）铁型要有足够的刚性、导热性和热容量。能承受巨大的石墨化膨胀力和热冲击，因此铁型必须有一定的厚度、重量和强度。

2）对于覆砂层，只要能减缓铁液对铁型的热冲击，又能使铸件不致激冷出白口组织，覆砂层要尽量薄些，以免抵消铁型的刚性，充分发挥石化膨胀力的自补缩作用，但限于覆砂造型的困难，覆砂层又不能做得很薄。

3）箱扣要牢固、坚实。扣箱要紧，以保证在石墨化膨胀力作用下不至抬箱。

铁型覆砂铸造实际生产案例中缩松、缩孔缺陷产生的原因和防止措施等见表 9-4。

表 9-4　缩松、缩孔缺陷产生的原因和防止措施

缺陷名称	显微缩松
产品名称	差速器壳体
铸件质量	3.2kg
铸件材质	QT450-10
工艺方案	一箱 18 件，每个铸件一个内浇口，从法兰处进入，铸件头部朝下，每件铸件需放置一个整体泥芯
缺陷状态	显微缩松
缺陷位置	头部圆孔花键截面，此处经金相显微镜检查，缩松大小为 0.5mm。此部位为花键，承受较大转矩，为主要受力部位

（续）

产生的原因	采用法兰面处浇入铁液，浇口截面高度与法兰厚度尺寸一致，铸件头部处于浇注位置最远端，浇注时铁液通过法兰两边与之连接的结构，首先充满该部位，此部位在凝固冷却过程中，铁液难以对其进行液态补缩 此部位中间圆孔为砂芯，会造成此处铁液冷却较慢。凝固冷却时，其上部连接通道已经凝固完成，没有铁液可补 在生产过程中，铸件总的缩松比例占到了 50% 左右，浇注温度、浇注速度、铁型的温度等因素的范围很窄
防止措施	该铸件的凝固、冷却很快，浇注完成 3~5min 即基本完成，可提高该铸件的碳当量，CE=3.85%~3.95%，以提高铁液的自补缩能力 该件花键孔处原来完全为砂芯结构，改为铁芯覆砂结构，提高该处的冷却速度，或者在该砂芯部位涂刷激冷涂料，使之先于两边与之连接的结构凝固 减少该部位外部的铁型型腔铸型覆砂层厚度，提高该部位的冷却速度，相应就减少了该部位的铁液所需的自补缩量 加高浇口杯高度，提高浇注时的铁液静压头
缺陷示意	

缺陷名称	缩孔
产品名称	轴头
铸件质量	16.5kg
铸件材质	QT450-10
工艺方案	一箱 8 件，沿铁型轴线方向对称分布，水平造型，水平浇注，每件一个内浇口
缺陷状态	缩孔，深入表面 15~25mm
缺陷位置	内浇口附近或内浇口位置
产生的原因	每箱 8 个铸件，一箱的铁液量大，第一包铁液铸件缩孔缺陷少，循环生产中缩孔缺陷逐步增多 1）在该铸件生产过程中，铁型循环使用，持续受热升温。铁液浇入铸型后，铁液的凝固冷却时间逐渐延长，当内浇道封闭后，缩孔产生部位的铁液石墨化膨胀量不足以补充该处的铁液收缩量 2）铁液温度过高 3）连接内浇口处的横浇道容积对内浇道附近铸件本体的铁液补缩量不够
防止措施	加大内浇口截面面积，使之在封闭前能充分提供铸件该部位液态补缩所需的铁液 加大与内浇口相连的横浇道体积，提高液态铁液补缩能力 在不出现石墨漂浮的前提下，适当提高铁液的碳含量 加高浇口杯高度，提高铁液静压头 适当降低浇注铁液的温度
缺陷示意	

9.1.5 气孔

皮下气孔是球墨铸铁常见的铸造缺陷之一，而且较难消除，在砂型铸造时极易产生，而在铁型覆砂铸造中却很少见到。

1. 外貌特征

皮下气孔经常出现在铸件上表皮层内，一般位于表皮下0.5~3mm处，呈分散细小的筒状或尖角状的孔洞，直径在1~3mm之间，也有些呈球状，有的内表面光洁，有的带一些夹渣和石墨。大部分皮下气孔位置较浅，铸件落砂清理后即可发现，也有一些较深，要在热处理或冷加工除去表皮后才能暴露出来，如图9-5所示。

图9-5 皮下气孔

2. 形成原因

国内外铸造工作者对皮下气孔形成的机理做了许多研究，但到目前为止，尚无统一的认识。但有两点对皮下气孔生成条件是一致公认的：

1）铁液中没有一定数量的镁，不会出现皮下气孔。

2）铸型中没有一定数量的水分也不会出现皮下气孔。目前以硫化镁、镁蒸气与铸型中水蒸气互相作用生成气体，形成皮下气孔的假设流传较广。

铁液中硫化镁与铸型中水分反应，生成氧化镁和硫化氢气体，后者构成皮下气孔。

$$MgS+H_2O=MgO（烟）+H_2S \qquad (9-1)$$

这一假设说明：干燥铸型球墨铸铁件不产生皮下气孔，是因为铸型水分少；灰铸铁不出现皮下气孔，因为铁液不含硫化镁；高温球墨铸铁液静置后，硫化镁上浮逸出铁液，铸件生成皮下气孔量减少；原铁液硫含量高而使镁和硫残留量增加，容易出现皮下气孔。

球墨铸铁铁液中析出镁蒸气，与铸型界面水蒸气反应生成烟状氧化镁和氢。氢气构成皮下气孔。

$$Mg+H_2O=MgO+2（H） \qquad (9-2)$$

上述两种反应都生成气体（硫化氢和氢），在从球墨铸铁铁液中逸出的过程中，常会卷入石墨和非金属杂物，一并外逸。糊状凝固阻碍气体移动和外逸，如果铸件表皮硬壳形成得早，气体便有可能滞留在铸件表皮之下，构成皮下气孔。

浇注温度低，球墨铸铁产生的二次渣多，硫化镁量增多，而且铁液结壳得早，给皮下气孔形成提供了条件。

3. 防止措施

铁型覆砂铸造是克服球墨铸铁件皮下气孔缺陷的好方法。如前所述，形成皮下气孔的两个必要条件：一为铁液含有一定数量的镁；一为铸型有一定数量的水分。两者缺一都不可能生成皮下气孔。例如，干型浇注球墨铸铁件，铸型缺乏一定数量的水分；湿型浇注灰铸铁，铁液中没有镁含量，因此两种情况下都不会生成皮下气孔。

铁型覆砂铸型和铁液接触的覆砂层是热固性酚醛树脂覆膜砂，它吸湿性很差，即使含有少量的水分，在覆砂造型时，经 200~300℃温度固化，仅剩的一点残水也会给烘烤蒸发了。因此，铁型覆砂铸型基本不含有水分，用于浇注球墨铸铁铁液的铸型时，即使铁液中含有较多的镁，因缺少一个必要条件 — 水分，铸件就不会产生皮下气孔，所以用铁型覆砂铸造球墨铸铁件，不会有皮下气孔铸造缺陷产生，这是铁型覆砂铸造的优势之一。

铁型覆砂铸造仍然会产生气孔缺陷，如侵入性气孔、反应性气孔等。铁型覆砂铸造生产过程中产生气孔缺陷的原因主要为：铸型的浇注排气设置不合理、铸型覆砂层材料的发气量大、铸型中形成内腔的砂芯材料、制作工艺存在不足、浇注系统设计不合理、金属液浇注状态等。

铁型覆砂铸件的侵入性气孔形貌为单个或数个表面光滑的氧化表面，多数呈梨形或椭圆形孔洞，有时孔洞若观火特征不明显，甚至会被压缩成裂纹状，但将缝打开后能够明显看到光滑且氧化的表面。铁型覆砂铸件的反应性气孔形貌为铸件上表面较为集中、成片出现的小圆孔状孔洞。

铁型覆砂铸造实际生产案例中气孔缺陷产生的原因和防止措施等见表 9-5。

表 9-5　气孔缺陷产生的原因和防止措施

缺陷名称	气孔
产品名称	车床卡盘
铸件质量	16kg
铸件材质	HT250
工艺方案	一箱6件，水平造型，水平浇注，每件一个内浇口，沿法兰边进入
缺陷状态	多小圆气孔集中出现
缺陷位置	铸件法兰上凹平面位置
产生的原因	1）覆膜砂发气大 2）覆膜砂中氮含量高 3）浇注时浇口杯没有充满，气体卷入
防止措施	1）更换低发气量、氮含量低的树脂 2）适当提高模板温度，使覆砂层树脂完全固化至深咖啡色 3）在气孔多发部位涂刷涂料，阻断覆砂层与铁液作用 4）浇注时浇口杯始终充满，不能有断流现象
缺陷示意	

（续）

缺陷名称	气孔
产品名称	差速器壳体
铸件质量	35kg
铸件材质	QT600-3
工艺方案	一箱2件，水平造型，水平浇注，小头朝下，每件一个内浇口，沿法兰边进入
缺陷状态	不规则圆形孔洞出现，缺陷表面光滑且有氧化层；有的已经成缝隙状，但表面仍然光滑且有氧化层
缺陷位置	靠近法兰面4个圆孔内圆上部，表面呈细条缝，里面光滑变大在对铸件侧面的铸造圆孔进行机械加工过程中发现，铸件圆孔上部存在不规则光滑孔洞，有些则在内圆上部为缝隙，随着加工量的加大，缝隙随之增大
产生的原因	1）出现在铸件砂芯形成的内孔上部，圆孔砂芯在浇注过程中排气不畅 2）砂芯上部法兰处铸型没有设置排气装置 3）砂芯采用覆膜砂制作，砂芯内部芯砂在制作过程中没有完全固化，发气量大 4）覆膜砂受热发气时的发气速度慢，发气时间长
防止措施	1）加强铁型砂芯部位在金属液浇注过程中的排气，在铸型的砂芯芯头上部增设排气针排气 2）砂芯采用低发气量覆膜砂 3）砂芯在放入铸型前，先放入200℃烘烤箱中烘烤30min，使砂芯内部完全固化，减少金属浇注过程中砂芯的发气量 4）浇注时注意在铁型分型面处引火 5）适当提高浇注温度
缺陷示意	

9.1.6 错箱

错箱缺陷是由于铸型合型时上、下型腔没有合准或合型后上、下型相互移位，浇注后形成铸件错箱。铁型覆砂铸型重量很重，一般为铸件的3~10倍，合型后的铁型覆砂铸型是在辊轮上推移运输，或者用起重机运输送去浇注，很容易使上、下铁型错位，造成铸件错箱。为了防止上、下铁型移位，可采用插定位销法，即自上、下铁型合型后，直到浇注冷却完毕，定位销一直插在铁型定位销孔内，不使其互相移动，避免铸件错箱。铁型覆砂铸造生产出的铸件产生错箱另一个很重要的原因是上、下模板加热的温度不一致，以及上、下铁型覆砂造型时的温度不一致。为了提高铁型之间的定位精度，前面介绍了采用四长孔定位的方式，可以将错箱的偏差减少一半，但还是有错箱存在。从根本上解决这类错箱，就是要保证上、下铁型的温度一致性。因此，在实际生产中，对于生产线的要求，就是在铁型进行覆砂造型前，通过冷却、加热的方法，将上、下铁型的温度调整到一致，这涉及测温控制、冷却加热装置等。事实上，在生产过程中保持上、下铁型温度完全一致是不可能，因此对铁型覆砂铸造而言，错箱是不可避免的，只能是尽量减少人为因素造成的铸件错箱缺陷，把铸件错箱控制在铸件要求允许的范围内。

铁型覆砂铸造实际生产中错箱缺陷产生的原因和防止措施等见表 9-6。

表 9-6　错箱缺陷产生的原因和防止措施

缺陷名称	铸件错箱
产品名称	各类铸件
铸件质量	不等
铸件材质	各种材质
工艺方案	水平分型、水平浇注，一箱一件或一箱多件
缺陷状态	铸件在上、下分型面处形状偏离、错开
缺陷位置	铸件上、下分型面处
产生的原因	1）上、下模板、铁型温度不同，造成上、下铁型型腔尺寸不一样 2）铁型合箱销、套之间间隙磨损变大 3）铁型、模板之间定位方式采用两孔定位方式 4）上、下模板位置偏移 5）上、下铁板合箱后，上下铁型之间没有锁紧，在输送过程中前后铁型碰撞
防止措施	1）上、下模板与上、下铁型回执温度之间选择在一个合适范围内，并且两者之间选择合适的温差范围 2）铁型合箱销、套磨损后应及时更换 3）模板、铁型之间采用四长孔定位，减小错箱偏差 4）及时修整上、下模板偏移 5）合箱后，应及时对上、下铁型进行锁紧，在随后的铁型输送过程中尽量避免铁型之间的相互碰撞
缺陷示意	 制动蹄　　　　　　　　曲轴

9.1.7 浇不足

铸件浇不足一般是因为铁液数量不够而造成的，表现为铸件尺寸不完整。铁型覆砂铸件浇不足缺陷产生的原因主要有以下几个方面：其一是金属液浇注后，当直浇道和浇口中的金属液尚未凝固时过早地铲除浇口杯，这样就会造成铸型型腔最高处静压头不够，而使铸件最高处浇不足、缺肉现象发生；对于铸件高度尺寸大、铸型型腔最高处与铁型上平面距离小（一般小于 20mm）的铁型覆砂铸造生产，这类缺陷比较多，这是人为操作引起的。例如，铁型覆砂铸造 S195 球墨铸铁曲轴时，由于过早地移去浇口杯，而使两只扇子板上端（扇尖）缺肉（水平分型铁型覆砂铸造，浇注后移去浇口杯，是为了便于开型取出铸件）。正常的操作是观察浇口杯中铁液凝固，当达到糊状时，直浇口铁液已基本凝固，曲轴扇子板上端铁液已凝固，已不存在压头不足的问题，此时用铲子铲去浇口杯，使直浇口上不留浇口杯痕迹）。其二是铁型覆砂铸型型腔的排设设置不合理，金属液浇注过程中铸型型腔上部的气体来不及排出，造成型腔上部在浇注过程中憋气，形成浇不足缺陷，这不是人为操作引起的。其三是金属液浇注过程中没有及时在上、下铁型分型面处进行引火，使浇注中的高温金属液与覆砂层接触，覆砂层产生的气体没有及时从型腔中引出，造成型腔中气体压力过大，最终产生浇不足缺陷，这是人为操作引起的缺陷。当然，金属液浇注温度过低，金属液的充型能力降低，也会造成浇不足缺陷，这往往在金属液浇注最后几箱时发生，这也可以算作人为操作引起的浇不足缺陷，应及时提高金属液的出炉温度。

铁型覆砂铸造实际生产中浇不足缺陷产生的原因和防止措施等见表 9-7。

表 9-7　浇不足缺陷产生的原因和防止措施

缺陷名称	浇不足
产品名称	各类铸件
铸件质量	不等
铸件材质	球墨铸铁、灰铸铁等
工艺方案	一箱单件或多件
缺陷状态	液体金属在充型时未能充满整个铸型，造成铸件上部不完整，缺陷边缘呈圆角，或者铸件上部出现光滑的凹陷
缺陷位置	铸件上部、铸件远端出现形状光滑不完整的凹陷、铸件死角处
产生的原因	1）铁液浇注温度过低 2）铁型型腔排气不畅 3）球墨铸铁铁液充型能力差 4）铁型覆砂铸造工艺问题 5）浇注金属液时没有及时在上、下铁型分型面处进行引火 6）铁液量不够一箱所需的铁液 7）过早铲除浇口杯，铁液静压头不够

（续）

防止措施	1）适当提高铁液浇注温度 2）加强浇注过程中铁型型腔中产生气体的排气，特别是铸件最高处的排气，并且在浇注时加强引火 3）提高铁液的流动性，在铁液的熔化及处理过程中注意铁液的氧化。对于灰铸铁件、球墨铸铁件，可适当提高铁液的碳当量，以提高铁液的流动性 4）在铁型覆砂铸造工艺设计中，对内浇道的开设位置、截面大小、数量均需充分考虑充型时间和充型距离等因素 5）提高铁液静压头
缺陷示意	 中轴

9.1.8　飞边、毛刺

　　飞边、毛刺是铸造生产中经常出现的缺陷，主要产生在铸件的分型面位置。铁型覆砂铸造生产中飞边、毛刺产生的原因与砂型铸造有很大的不同。铁型覆砂铸造的铁型为完全刚性的铸型，生产中铁型被反复地加热、冷却，会产生很大的应力，即使是设计合理，长期使用后铁型分型平面也会产生一定的变形。覆砂造型时，覆砂造型机顶升力强大的液压缸会将铁型平面压平，但在上、下铁型合箱时，铁型恢复了原来的变形，上、下铁型平面的结合处会有一定的间隙，需要通过铁型的锁箱装置将上、下铁型合紧贴合。当浇注球墨铸铁、灰铸铁铁液时，铁液在凝固冷却过程中会产生石墨化膨胀，若合箱锁紧装置锁紧不够，上、下铁型分型面处的间隙增大，就会产生飞边、毛刺，这是人为操作产生的飞边、毛刺缺陷。工装、模样也会造成飞边、毛刺缺陷的产生，当铁型因反复使用、铁型应力造成永久变形时，应及时对铁型分型面重新进行机械加工，保证分型面平面度符合图样要求，从工装、模样装备上防止飞边、毛刺缺陷的产生。

　　铁型覆砂铸造实际生产中飞边、毛刺缺陷产生的原因和防止措施等见表 9-8。

表 9-8　飞边、毛刺缺陷产生的原因和防止措施

缺陷名称	分型面飞边、毛刺
产品名称	各类铸件
铸件质量	大小不等
铸件材质	各种材质
工艺方案	水平分型、水平浇注
缺陷状态	厚薄不均，需打磨才能去除

（续）

缺陷位置	一般在铸件分型面处
产生的原因	1）铁型合箱后箱扣没有锁紧 2）铁型反复使用后，铁型的分型面平面有变形，合箱时上、下铁型分型面存在的较大间隙 3）铁型的刚性不够，浇注时在热应力、静压力的作用下，凝固冷却时在石墨化膨胀力的作用下，铁型分型平面上没有锁紧装置的部位产生弹性变形，使该处的上、下铁型分型面之间存在间隙 4）铁型合箱时上、下铁型分型面上没有清理干净
防止措施	1）在铁液浇注前，必须再次对铁型进行锁紧，尤其是对第二天浇注的冷铁型，浇注前一定要再次锁紧箱扣 2）对于较长铸件，上、下铁型合箱后的锁紧方式，除两端锁紧外，在铁型的中部还需增加一道锁紧装置，以免在铁液浇注过程中铁型中间拱起，造成铁液从中间分型面泄漏 3）铁型反复使用，因热应力造成铁型变形后，应及时对铁型进行去应力退火，并对铁型分型面进行机械加工修整，确保铁型分型面平整 4）上、下铁型合箱时，需将上、下铁型的分型面清理干净
缺陷示意	

9.1.9　冷隔

冷隔的产生与铁型覆砂铸造生产中金属液的冷却速度快有很大的关系。对铁型覆砂铸造生产，铁型内腔上的覆砂层很薄，铸型的热传导能力强，金属液浇注进入铸型后，金属液的温度降差大，金属液的流动充型能力下降很快，充型距离缩短。因此，铁型覆砂铸造的浇注系统设计与砂型铸造有很大的不同，一般希望浇注充型速度快、充型时间短。设置内浇口时，各内浇口之间的距离相对砂型而言要短一些。此外，铁型覆砂铸型基本没有透气性，在浇注过程中型腔的排气功能差，覆砂层中树脂受热产生大量的气体，这些释放出来的气体在铸型中形成一定的气压，也会阻碍金属液的充型，对冷隔缺陷的产生起到一定的作用。如何及时将这些气体引出铸型型腔，是减少冷隔缺陷的有效手段。

铁型覆砂铸造实际生产中冷隔缺陷产生的原因和防止措施等见表9-9。

表 9-9　冷隔缺陷产生的原因和防止措施

缺陷名称	冷隔
产品名称	各类铸件
铸件质量	不等
铸件材质	球墨铸铁、灰铸铁等
工艺方案	铁型覆砂铸造
缺陷状态	冷隔缝与表面垂直，边缘有些呈圆角，用肉眼就能清楚地辨认。有些冷隔片可以直接从铸件上挖除，挖除后的铸件表面处呈光滑、不平整表面
缺陷位置	铸件上部、铸件宽大表面、两股金属液流交汇处
产生的原因	1）铁液浇注温度过低 2）浇注时铁液流量和流速太低 3）浇注系统的内浇口位置、数量、截面积设计不合理 4）铁型覆型铸型型腔浇注时排气不畅
防止措施	1）适当提高铁液浇注温度 2）加强浇注过程中铁型型腔中产生气体的排出，在浇注过程中及时对铁型进行引火 3）加高浇口杯、加大浇口截面积、增加内浇口数量，加快浇注时铁液的浇入速度 4）浇注过程中一般采用慢—快—慢的浇注方式，浇口杯在浇注过程中应一直充满 5）采取调整铁液成分、改进铁液处理方法等措施来提高铁液的流动性 6）增加浇注系统及产生冷隔处的覆砂层厚度，以降低铁液在这些部位的冷却速度
缺陷示意	

缺陷名称	冷隔
产品名称	高铁电机 N 端端盖
铸件质量	184.4kg
铸件材质	EN-GJS-400-18-LT，相当于 QT400-18
工艺方案	一箱 1 件，水平造型，水平浇注，浇注系统从铸件一侧多点进铁液
缺陷状态	冷隔，在拐角处有明显的铁液对流交接痕迹、缝
缺陷位置	铸件上部拐角表面及附近平面，远离内浇口处
产生的原因	1）铸件该处远离浇注内浇口，铁液流动至此相对温度较低 2）该处下部有一较大泥芯，此处型腔在浇注时产生较大量的气体 3）产品零件重量重，浇注时间较长，铁液有较大降温
防止措施	1）在该部位上方增设排气装置，加强在该部位的排气 2）加大离该部位最近处的内浇口截面积，提高充型能力 3）在保证铸件铁液球化要求的前提下，适当减少球化剂的加入量，提高铁液充型流动性 4）该件产量低，没有采用生产线方式生产，直接将铁型放置于地面浇注。可将铁型适当倾斜放置，使铁液更易于流向铸件冷隔部位

9.1.10　粘砂

粘砂指铸件表面上粘连附着一层金属和砂粒的混合物，一般出现在铁型覆砂铸件的覆砂造型覆砂层不紧实位置、死角、热节处等。铁型覆砂铸型采用射砂造型时，铁型上开设了很多射砂孔，射砂孔位置开设不当，很容易使覆砂层表面不紧实。当金属液浇注时，如果金属液流过这些不紧实的覆砂层，就很容易钻入覆砂层松散砂层的间隙中，金属液凝固冷却后，就形成了机械粘砂。有时因铸件结构的原因，铁型的射砂孔很难布置以避免铸型型腔覆砂层射不实，这就需要采用其他措施，如喷刷涂料的方法，来实现该位置区域的覆砂层表面光洁、无缝隙。所用型砂的耐火度不够，也是产生粘砂的重要原因。

铁型覆砂铸造实际生产中粘砂缺陷产生的原因和防止措施等见表 9-10。

表 9-10　粘砂缺陷产生的原因和防止措施

缺陷名称	粘砂
产品名称	电梯曳引机机座
铸件质量	158kg
铸件材质	HT250
工艺方案	一箱 1 件，水平造型，水平浇注
缺陷状态	铸件表面有机械粘砂砂粒
缺陷位置	在机座死角、转角处、热节处、上表面
产生的原因	1）机座产生粘砂位置处的覆砂层不太紧实 2）当浇注球墨铸铁铁液时，一般没有粘砂，而采用灰铸铁浇注时则有粘砂缺陷产生，因为灰铸铁的流动性好 3）铁液浇注温度高时粘砂现象更为严重 4）浇注时型腔引火不及时，粘砂现象增加
防止措施	1）合理调整铁型的射砂孔位置，提高容易粘砂处的覆砂层紧实度 2）对于铸型中不能开设射砂孔的容易粘砂的部位，可在此处设置排气装置，使该处在覆砂造型时得到紧实的覆砂层 3）对于铸型中难以提高紧实度的覆砂层位置，其表面加涂料涂刷 4）灰铸铁铁液流动性好，可适当降低灰铸铁铁液的浇注温度 5）浇注过程中及时对铁型进行引火，以降低铸型中铁液压力 6）对于铸型热节处的表面或重量较重的铸件，在其表面涂刷强度高的耐热涂料
缺陷示意	 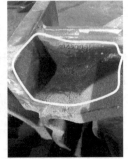
缺陷名称	粘砂
产品名称	铁路车辆闸瓦托
铸件质量	7.2kg

（续）

铸件材质	铸钢
工艺方案	一箱6件，水平造型，水平浇注，冒口补缩
缺陷状态	铸件上表面有机械粘砂砂粒
缺陷位置	在上表面拐角处、热节处等
产生的原因	1）产生粘砂位置处的覆砂层不太紧实 2）拐角处、热节处等部位的散热条件差，钢液温度高，这些部位的覆膜砂难以承受高温钢液较长时间的烘烤 3）所用的覆膜砂耐热性能差
防止措施	1）合理调整铁型的射砂孔位置，提高容易粘砂处的覆砂层紧实度 2）加强模板、铁型型腔中这些部位的射砂排气，使该处在覆砂造型时得到紧实的覆砂层 3）由原来普通铸铁用覆膜砂改为铸钢用覆膜砂 4）对铸件铸型的热节部位表面涂刷耐热涂料
缺陷示意	

缺陷名称	粘砂
产品名称	轴承盖
铸件质量	3kg
铸件材质	QT500-7
工艺方案	一箱32件，水平造型，水平浇注
缺陷状态	表面大量粘砂
缺陷位置	铸件整个上表面、浇口附近尤为严重
产生的原因	1）覆膜砂强度差 2）覆膜砂耐热性能差
防止措施	更换、选用耐热性能好的覆膜砂

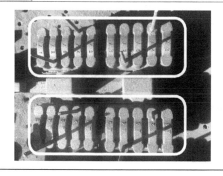

9.2 其他缺陷

铁型覆砂铸件除了上述缺陷外，还会因其他一些特有的生产工艺条件、原辅材料、生产操作等方面的原因产生的缺陷，如皱皮、钻铁液与凸出条纹、裂纹、凹缩、表面凹纹等。这些缺陷的产生主要是人为操作的因素造成，当然也有一些是因工装、模样、生产装备等因素造成。

铁型覆砂铸造实际生产中其他缺陷产生的原因和防止措施等见表9-11～表9-15。

表 9-11　皱皮缺陷产生的原因和防止措施

缺陷名称	皱皮
产品名称	轮边器壳体
铸件质量	36kg
铸件材质	QT450-10
工艺方案	一箱两件，顶面法兰侧浇
缺陷状态	法兰上表面布满无规则皱皮
缺陷位置	在铸型的最上层表面，皱皮缝的深度为 2~5mm
产生的原因	在铸件生产过程中，每天在铁型轮转循环运行 8 圈后，皱皮现象越来越严重，废品率呈上升趋势。铁型循环使用，铁型温度持续升高，合箱后，覆砂层持续向型腔内排放有机气体 1）铁液浇入后直接与型腔中的气体发生反应，使铁液表面氧化 2）铁液有一定的氧化，铁液表面张力大 3）球化剂加入量偏大
防止措施	1）更换覆膜砂，采用快发气型覆膜砂，在浇注前覆砂层基本不再向外冒气 2）浇注过程中铁液一直充满浇口杯，减少球墨铸铁铁液与空气的氧化 3）在满足铁液球化要求的前提下，减少球化剂的加入量，降低铁液的表面张力 4）生产过程中增加铁型的数量，减少生产过程中铁型的循环次数或控制铁型温度

表 9-12　钻铁液缺陷、凸出条纹缺陷产生的原因和防止措施

缺陷名称	钻铁液、凸出条纹
产品名称	制动鼓
铸件质量	73kg
铸件材质	HT200
工艺方案	一箱一件，从铸件上部中间以十字薄壁内浇口浇注
缺陷状态	铁液渗入铸型覆砂层与铁型型腔之间而形成的多肉铁片状缺陷或不规则凸出条纹
缺陷位置	在制动鼓内腔圆角处
产生的原因	1）铁液沿十字内浇口浇入，浇注过程中 4 个内浇口相对应的制动鼓内腔圆角处一直处于铁液过流区域，此处型砂层过热 2）圆角处砂层热膨胀量大于其附近其他区域，会造成此处与边上区域结合处产生裂缝，使铁液钻入型砂与铁型结合处。铁液钻得深，就形成钻铁液铁片；钻得浅，就形成不规则凸条纹 3）覆膜砂热强度不够

（续）

防止措施	1）选用热膨胀量小的覆膜砂或颗粒分散度范围大的覆膜砂 2）选用热强度相对较高覆膜砂 3）在铸型型腔容易钻铁液的区域涂刷耐热涂料 4）加大十字薄壁内浇口的长度，提高铁液充型能力，降低浇口相对应的制动鼓内腔圆角处过热强度
缺陷示意	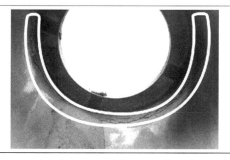

表 9-13　裂纹缺陷产生的原因和防止措施

缺陷名称	裂纹
产品名称	制动鼓
铸件质量	68kg
铸件材质	HT200
工艺方案	一箱一件，从铸件上部中间以十字薄壁内浇口浇注
缺陷状态	直线式贯穿裂纹
缺陷位置	贯穿制动鼓外圆及上部法兰面
产生的原因	1）制动鼓铸型型腔同样采用铁型覆砂形成，铁液浇注后，铸件紧紧包裹着铁型覆砂型腔，冷却过程中收缩产生的应力很大 2）覆膜砂强度高，退让性差 3）铸件强度性能不够
防止措施	1）适当减少铁液成分中的碳含量，提高硅含量，加强孕育，从而提高铸件的强度性能 2）选用颗粒度分散的覆膜砂，使铸件凝固冷却中型砂易于退让 3）选用相对强度低的覆膜砂，提高型砂的溃散性 4）缩短铁型开箱时间，铁液凝固后尽早开箱
缺陷示意	

表 9-14　凹缩缺陷产生的原因和防止措施

缺陷名称	凹缩
产品名称	轴承毂
铸件质量	11.7kg
铸件材质	QT500-7
工艺方案	一箱 12 件，双层布置；每层 6 件，两层之间用砂芯隔开
缺陷状态	下层铸件的上平面有凹陷
缺陷位置	在下层铸件两侧的上平面
产生的原因	本铸件采用铁型覆砂铸造工艺生产，上下两层铸件型腔中间采用砂芯隔断，铸件型腔除下层铸件的上平面由砂芯形成，上层铸件的下平面由砂芯形成之外，其余各面均为铁型覆砂形成。铁液先从下层注入，下层型腔充满后，铁液进入上层型腔 1）在生产过程中，铁液浇满下层铸件后，下层铸件的上平面是砂芯，该砂芯上面还有上层铸件铁液的浇注，因此该下层铸件的上平面冷却速度很慢 2）下层铸件上平面的铁液冷却最慢，下层铸件的内浇口补缩通道早已封闭 3）铁液中的碳含量产生的石墨化膨胀不足以抵消铁液冷却产生的收缩
防止措施	1）加快上下层隔断砂芯的冷却速度，将完全的砂芯改为铁芯覆砂型芯，使上下两层隔断平面的冷却速度与铸件其他面的冷却速度基本一致 2）将进入下层铸件的内浇口截面面积加大，延长内浇口的液态铁液补缩时间 3）在不出现石墨漂浮的前提下，提高铁液的碳当量，增加铁型覆砂铸造该产品的石墨化膨胀量，提高该产品生产过程中的石墨化自补缩能力
缺陷示意	

表 9-15　表面凹纹缺陷产生的原因和防止措施

缺陷名称	表面凹纹
产品名称	六缸曲轴
铸件质量	96kg
铸件材质	QT800-2
工艺方案	一箱两件曲轴，水平造型，水平浇注；内浇口开设在中间第 3、4 曲拐平衡块分型面上
缺陷状态	呈现不规则的凹陷条纹
缺陷位置	靠近分型面处的垂直面上，如平衡块垂直面、主轴颈圆曲面上等

（续）

产生的原因	在浇注过程中，覆膜砂层受热膨胀后，覆砂层只能向型腔内翘裂，最终铸件形成表面凹纹 1）这类曲轴质量大，铸件凝固冷却时间长，覆砂层受热时间长 2）覆砂层热膨胀量大 3）覆砂层热强度较低，受热时易与铁型脱离 4）铁型分型面处覆膜砂与铁型型腔壁的结合力差
防止措施	1）选用分散度高的覆膜砂或热膨胀量小的覆膜砂 2）提高覆膜砂与铁型型腔的结合力，选用热强度高、耐热性好的覆膜砂 3）适当降低浇注温度，减小覆膜砂受热 4）将分型面处铁型型腔的垂直面改为带有一定倾角的斜面，加大覆砂层与该处铁型型腔的接触面积，相应增加了此处覆膜砂与铁型型腔的结合力 5）增加这些部位的覆砂层厚度，以防止覆膜砂层与铁型型腔翘裂脱离
缺陷示意	

9.3　铸件质量控制

　　从上述内容可以看出，铁型覆砂铸造生产过程中产生的大部分铸造缺陷，都是由于生产过程中人为操作过程不当造成的，而且这些不当的操作应该都是一些低级的人为错误，或者说是应该完全可以避免的。这种人为操作的失误，是造成企业在生产同样的产品时使用同样的生产装备、工装、模样，有的班组的废品率超过 10%，而有的班组却低于 1% 的主要原因。铁型覆砂铸造生产中铸件的前期工艺设计、工装和模样的设计及配置、原辅材料的选择、金属液熔化、处理工艺的设置及参数确定、生产线各种装备的合理配置、覆砂造型装备的选择等对铸件缺陷的产生都有着很大的影响。铁型覆砂铸造生产的这些软、硬件条件在铸件生产的前期就得到充分的论证、设计、试验、优化和验证，在最终实施铸件生产前都应该得到落实。因此，在实际生产中，提高铁型覆砂铸件的质量，很大程度上就是如何很好地把控铁型覆砂铸造生产过程中每一个生产工序的操作。

　　铁型覆砂铸造生产过程中每个工序的操作规程和质量控制要点及可能产生的缺陷如下所述。

　　（1）造型工序　造型工序是将铁型内腔通过覆砂造型机覆上一层致密、光洁的覆砂层，形成铸型的工序。在这个工序中，工人的操作规程和要点：首先必须将上次射砂黏附在模板上的砂块、砂片清除干净，尤其是将模板分型面上的砂块、砂片清除干净；定时对模板喷涂脱模剂；铁型与模板合型后、造型前，必须注意观察两者分型平面是否完全贴合；必须注意观察铁型上平面与射砂板平面是否完全贴合；射砂前必须严格执行造型工艺确定的射砂造型各项参数范围。因本工序操作不当，可能会造成的铸造缺陷有粘砂、砂眼、多肉、铸件尺寸精度不达标等。同时因射砂时模板平面与铁型平面没有完全贴合或铁型上平面与射砂板平面没有完全贴合，造成射砂造型时覆膜砂从这两处间隙中喷射出来，还会造成覆膜砂的大量浪费，既增加了生产成本，恶化了生产环境，同时还会影响生产率。

（2）下芯、合箱工序　在这个工序中，工人的操作规程和要点：首先是吹除上下铸型型腔中的散砂；清除铁型分型面平面上的砂片或散砂；将直浇道口顶部砂层打通，将直浇道口内圆口修刮平整；对因起模造成覆砂层破损的部位进行修补；对起模放置形成铸型内腔或外腔的砂芯进行修补；再次对铸型进行浮砂、散砂吹除作业，将铸型型腔中因修补、下芯掉落的砂粒吹去；放置金属液过滤装置；合箱时应注意上下铁型定位装置一定要对准，避免两者之间因没有对准上下型腔、砂芯芯头摩擦，造成覆砂层、砂芯等破损，在型腔中留有砂粒、砂块；合箱时应避免上下铁型的剧烈碰撞。这个工序操作作业不当，可能会造成的铸造缺陷有砂眼、多肉、错箱、铸件尺寸精度不达标等。这个工序是整个铁型覆砂铸造生产过程中人工操作比较多的工序，也是需要具备一定技能的岗位，如对铸型进行修补、下芯等。因此，这个工序工人的操作是否得当，对铸件的质量影响很大。应对该工序岗位的员工进行特别的培训，掌握一定的作业技能。

（3）锁箱、合箱后铸型的输送工序　铁型覆砂的铸型为刚性铸型，基本没有退让性。在生产球墨铸铁件、灰铸铁件时，当浇入铸型的铁液凝固冷却时，铁液中的碳会以石墨的形态从铁液中析出，产生石墨化膨胀。铁型覆砂铸造工艺生产球墨铸铁件、灰铸铁件时的工艺优势就是可利用铁型覆砂铸造刚性铸型，通过铁液中的石墨化膨胀来抵消铁液因凝固冷却产生的收缩，生产出组织致密的铸件，实现无冒口铸造。为了防止铁液在凝固冷却过程中因石墨化膨胀，引起上下铁型抬箱，铁液从上下铁型的分型面泄漏出来，必须对上下铁型锁紧合严。上下铁型合箱后的锁箱工序的步骤和操作规程：当采用沿铁型长度轴线两端吊轴锁紧方式时，应将两个椭圆环型箱卡分别套入上下铁型两端的吊轴上，两端同时开始旋紧，旋紧过程中两端吊轴的锁紧应保持一致。当采用铁型跑边四根锁紧螺杆锁紧时，应首先对两面跑边对角线方向的两根螺杆进行同时旋紧锁紧作业，然后对另一对角线上的两根螺杆进行同时旋紧锁紧作业。箱卡在浇注时必须呈完全锁紧状态，这一点尤其重要。对于第二天进行浇注的冷铁型，因热胀冷缩的作用，箱卡可能会松，浇注前必须重新对锁紧箱卡进行旋紧。锁紧后的铁型在输送过程中，应保证铁型与其前后的铁型相互之间不能碰撞，防止撞坏铸型的覆砂层。对于第二天才浇注的铁型（即当天最后放置于浇注段的铁型，不浇注），应在浇口上放置盖板，盖住浇注口，防止车间粉尘或废砂落入浇注系统。本工序操作作业不当，可能会造成的铸造缺陷有砂眼、多肉、错箱、飞边、毛刺、浇不足、缩松等。这个工序的操作技术性不强，但要求有很强的责任心，每个步骤的操作都不能偷懒，每个步骤的操作都要求规范。

（4）浇注、冷却工序　浇注是将浇包中的金属液浇入铸型直至充满整个铸型的过程。铁型覆砂铸造的浇注系统一般没有冒口集渣，结构紧凑，其挡渣性能差，浇注过程要求高。浇注时采用慢—快—慢的方式，在整个浇注过程中，直浇道应始终保持充满状态。当浇注完成时，不能马上移动浇包，应停顿几秒，确定铁液完全充满铸型后才能移动，防止铁液因铸型中气压较大来不及排气，待气体排出后，铁液继续进入铸型，造成浇口杯静压力不足，不能很好起到液态补缩的作用。当浇注金属液时，一定要注意进行铁型分型面及铁型出气孔的引火，及时将浇注过程中覆膜砂产生的气体引出铸型。浇注完成后，不能立即铲除浇口杯，使浇口杯中的金属液能对铸型起到很好的液态补缩作用，待浇口杯金属液呈糊状状态时，及时将浇口杯铲离铁型，保证铁型开箱时，浇口杯不会妨碍铸件与铁型的分离。这个工序操作不当，可能会造成的铸造缺陷有夹渣、浇不足、缩松缩孔、气孔、凹陷、铁豆、冷隔等。这个工序的操作需要掌握一定的技能，浇注技术的好坏，对铸件的废品率高低、生产环境的影响起到很关键的作用。随着装备技术的不断提升，目前铁型覆砂铸造生产中已逐步开始采用各种浇注机来替代人工浇注，可以确定静压头、浇注位置和每箱的浇注时间，定量地完成对铸型的金属液充型浇注，极大地提高了铸件的质量，大大减少了因浇注产生的铸造缺陷。

（5）开箱、出铸件工序　铸型中金属液完全凝固后，在一定的时间内需进行上下铁型的松开箱卡、开箱分离，以及将铸件从铁型中取出。这个工序的操作步骤和操作规程如下：根据铸件的凝固冷却要求设定的时间，及时地进行松箱卡；然后按铸件铸态金相组织所要求的时间，将上下铁型打开。一般将铸件留在下铁型中，然后通过翻箱出铸件或吊装的方式，将铸件从下铁型型腔中分离出来。需要提醒的是，上述的两个时间都是建立在计算机凝固模拟、长期生产经验及实际生产验证的基础上，每种产品有所不同，生产中应严格控制执行。本工序操作不当，可能会造成的铸造缺陷有飞边、毛刺、浇不足、缩松、缩孔及铸态金相组织不合格等缺陷。对于较大平面的薄壁铸件，提前开箱，可能还会造成铸件外形变形超出产品要求，尺寸精度超差等缺陷。

（6）铁型清理工序　铁型的清理主要是指清理铁型型腔浇注后残留的覆砂层，铁型射砂孔中的废砂柱，铁型分型面因浇注时铁液泄漏粘在分型面出气槽中和分型面上的铁片、铁段，以及上铁型上表面金属液浇注时飞溅上去的铁豆等。这个工序的操作就是把上述杂物从铁型上清除干净。需要说明的是，对于采用发气量大的覆膜砂，还需定期清理铁型分型面处因覆膜砂树脂汽化产生的焦油，避免这些焦油带来铸件气孔缺陷。这个工序的操作作业环境相对较差，作业强度大。目前该工序已基本采用机械装置来替代人工进行作业，但仍然需要操作人员进行检查及少量的后续清理工作。本工序操作不当，可能会造成的铸造缺陷有砂眼、粘砂、铸件尺寸精度不达标等缺陷。

（7）铁型加热、冷却工序　铁型覆砂铸造生产是利用铁型的余热来进行覆砂层的固化，因此铁型的温度对铁型覆砂铸型的质量有很大的影响。铁型的温度应保持在一个合适的范围，过高或过低对铸型覆砂层都不利。因为生产线、工装制作成本和生产率等因素，生产中实际应用铁型的数量有限，往往在一个生产节拍中，常常会有铁型温度不在合适的覆膜砂固化温度范围内的情况，需要对铁型进行加热或冷却；同时，上下铁型的温度差也会造成上下铸型尺寸精度上的偏差。因此，该工序中的作业人员必须对清理完毕的铁型进行测温，然后根据需要进行加热或冷却，并确定加热、冷却的时间等。这个工序的操作，很大程度上是凭借自身积累的经验。本工序操作不当，可能会造成的铸造缺陷有砂眼、粘砂、气孔、铸件尺寸精度不达标等缺陷。随着机械化、自动化、智能化生产的不断深入，目前该工序已逐步被智能一体化的专机替代。

9.4　本章小结

本章介绍了铁型覆砂铸造生产中产生的各类铸造缺陷，分析了这些缺陷产生的原因，提出了防止措施。针对铁型覆砂铸造生产中各个工序对铸件质量的影响，提出了各个工序的操作规程及要点，可用于指导铁型覆砂铸造生产。铁型覆砂铸造生产的质量控制就是控制和完善各个生产工序的操作步骤，严格执行各个工序的操作规范。鉴于金属原材料、覆膜砂等原辅材料对铁型覆砂铸造缺陷产生的敏感性，建议金属原材料、覆砂造型原材料在铁型覆砂铸造生产中尽可能不要变化；如有改变，则需进行工艺试验及评估，试验成功后再进入大批量生产。

参 考 文 献

[1] 马益诚，潘东杰，黄列群，等. 铁型覆砂铸造球铁斜楔 [J]. 现代铸铁，2002（1）：43-45.

[2] 林方夫，胡建新，马益诚，等. 铁型覆砂铸造磨球工艺的试验研究 [J]. 铸造，2006,55（11）：1188-1191.

[3] 何芝梅，黄列群，薛存球，等. 耐压转向器壳体的铸造生产 [J]. 铸造，2002,51（2）：121-122.

[4] 马益诚，应浩. 铁型覆砂铸造后悬架的工艺设计 [J]. 铸造技术，2012,33（11）：1342-1344.

[5] 马益诚，黄列群，潘东杰，等. 铁型覆砂铸造行星架的凝固模拟及工艺优化 [J]. 机电工程，2013,30（6）：714-716.

[6] 张亮，黄怀忠. 铁型覆砂铸造灰铸铁制动鼓的生产控制 [J]. 铸造，2011,60（7）：707-709.

[7] 潘东杰，何芝梅，夏小江，等. 铁型覆砂铸造在轮边器壳体生产的应用 [J]. 铸造，2014，63（2）：162-165.

[8] 夏小江，潘东杰，刘同帮，等. 汽车桥壳铁型覆砂铸造 [J]. 铸造技术，2017,38（11）：2781-2784.

[9] 夏小江，潘东杰，马益诚，等. 曳引机机座的铁型覆砂铸造工艺 [J]. 热加工工艺，2015,44（7）：132-134.

[10] 魏剑涛，黄列群. 压缩机螺杆铸造工艺与自动化生产线的研究开发 [J]. 浙江理工大学学报，2015,33（1）：100-103.

[11] 寇伟伟，潘东杰，夏小江，等. 飞轮铸件覆砂铁型铸造数值模拟研究 [J]. 现代铸铁，2013（4）：54-60.

[12] 朱国，黄列群，潘东杰，等. 泵阀类铸件覆砂铁型铸造工艺及生产线 [J]. 现代铸铁，2015（5）：41-44.

[13] 沈永华. 适用多工况的铁型覆砂造型机研制 [J]. 铸造，2013，62（12）：1193-1207.

[14] 黄列群，潘东杰. 铁型覆砂铸造技术在缸套毛坯生产上的应用 [J]. 内燃机配件，2001（6）：11-13.

[15] 龚萍，章建国，梅俊，等. 铁型覆砂铸造 4JB1 球铁曲轴 [J]. 现代铸铁，2001（4）：42-43.

[16] 黄列群，潘东杰，何芝梅，等. 铁型覆砂铸造及其发展 [J]. 现代铸铁，2006（3）：12-18.

[17] 刘同帮，黄列群，潘东杰，等. 循环四工位铁型覆砂造型机研制 [J]. 铸造，2014,63（5）：457-460.

[18] 朱丹，黄列群，潘东杰，等. 三工位下顶式自动射芯机的研发 [J]. 现代铸铁，2016（3）：63-66.

［19］马益诚，黄列群，沈永华，等. 铁型覆砂铸造前悬架的凝固模拟及工艺优化［J］. 热加工工艺，2013,42（13）：54-59.

［20］柳百成，黄天佑. 中国材料工程大典：第18卷 材料铸造成形工程（上）［M］. 北京：化学工业出版社，2006.

［21］柳百成，黄天佑. 中国材料工程大典：第18卷 材料铸造成形工程（下）［M］. 北京：化学工业出版社，2006.

［22］周建新，廖敦明. 铸造CAD/CAE［M］. 北京：化学工业出版社，2009.

［23］李远才. 覆膜砂及制型（芯）技术［M］. 北京：机械工业出版社，2008.

［24］董选普，李继强. 铸造工艺学［M］. 北京：化学工业出版社，2009.

［25］寇伟伟. 铁型覆砂铸造充型过程研究及球墨铸铁曲轴冷却分析［D］. 杭州：浙江工业大学，2013.

［26］朱国. 铁型覆砂铸造在泵阀件毛坯生产中的应用［D］. 杭州：浙江工业大学，2016.

［27］汤瑶. 铁型覆砂铸造凝固过程温度场的研究及对缩松缺陷的影响［D］. 杭州：浙江工业大学，2011.

［28］黄列群，董凌云，潘东杰，等. 铁型及覆砂层厚度对铸件凝固的影响［J］. 机电工程，2012,29（2）：163-166.

［29］柳百成，荆涛，等. 铸造工程的模拟仿真与质量控制［M］. 北京：机械工业出版社，2001.

［30］严倪. 铸造中覆膜砂制芯工艺的应用［J］. 科学之友，2011（2）：21-22.

［31］尹士文，李翠翠，李佃国，等. 铁型覆砂铸造工艺及装备［J］. 铸造，2015，64（8）：796-801.

［32］柯志敏，关敏权，李建辉. 采用覆砂金属型工艺生产QT600-3球墨铸铁的试验［J］. 中国铸造装备与技术，2009（1）：32-33.

［33］邹荣剑. 酸性感应电炉炼钢技术［J］. 中国铸造装备与技术，2011（1）：20-22.

［34］刘文川，李朝峰，范仲根，等. ZH860射芯机热（冷）芯盒附件结构的优化设计［J］. 中国铸造装备与技术，2006（2）：61-64.

［35］尹士文，郭荣村，董宪英. 覆砂铁型铸造工艺的铁型冷却装置［J］. 现代铸造，2007（6）：79-80.

［36］肖建云，江超. Z8612射芯机用工装设计［J］. 现代铸铁，2006（4）：86-88.

［37］孙玉芹. 基于铁型覆砂的曲轴铸造智能化生产线设计［J］. 铸造技术，2013，34（10）：1381-1383.

［38］冯胜山. 我国铸造行业废弃物减排现状及技术对策［J］. 中国铸造装备与技术，2009（5）：1-8.

［39］李明，徐世娜，李红功，等. 悬链式翻箱机的研发与应用［J］. 中国铸造装备与技术，2014（5）：39-42.

［40］郭建平. 中频感应炉生产的节电途径［J］. 铸造设备研究，2005，8（4）：25-27.

［41］孙清洲，孙学忠，庄云海. 热法再生覆膜砂的特点与应用［J］. 铸造，2002,51（7）：450-455.

［42］库光全. 高铬耐磨铸铁成分及工艺优化研究［D］. 合肥：合肥工业大学，2016.

［43］潘东杰，李涛，亓凌，等. 铁型覆砂铸造曲轴自动化生产线的研制［J］. 铸造，2011，60（10）：998-1000.

［44］潘东杰，夏小江，汤瑶，等. 铁型覆砂铸造技术在泵阀铸件生产上的应用［J］. 铸造技术，2015,36（3）：701-705.

［45］朱丹，潘东杰，沈永华，等. 五方向分型自动射芯机的研发［J］. 铸造,2012,61（12）：1422-1424.

［46］朱丹，潘东杰，沈永华，等. 汽车离合器压盘压盖铸件铁型覆砂铸造工艺［J］. 铸造，2014,63（10）：999-1001.

［47］朱丹，姜加学，潘东杰，等. 铁型覆砂铸造工艺生产牵引电机端盖的实践［J］. 铸造，2018,37（8）：737-739.